高等学校土木工程专业“十四五”系列教材

土 力 学

王军保　裴巧玲　罗　扬　饶平平　主编

中国建筑工业出版社

图书在版编目（CIP）数据

土力学/王军保等主编. —北京：中国建筑工业出版社，2021.9
高等学校土木工程专业“十四五”系列教材
ISBN 978-7-112-26180-2

Ⅰ.①土… Ⅱ.①王… Ⅲ.①土力学-高等学校-教材 Ⅳ.①TU43

中国版本图书馆CIP数据核字（2021）第121709号

本书根据《高等学校土木工程本科指导性专业规范》，以适应土木工程专业培养高素质人才的要求，立足应用型人才培养目标的需求编写，遵循实用性和适用性的原则，注重基本概念的阐述和基本原理的工程应用，有利于培养学生分析与解决实际问题的能力。全书共8章，具体为：绪论，土的物理性质与工程分类，土中的应力计算，土的压缩性与地基沉降，土的抗剪强度理论，土压力计算，地基承载力，边坡稳定性分析。本书以“互联网＋”模式开发了与本书配套的微课资源，拓展学习资料等相关学习资源，微信扫描书中二维码即可免费获得。

本书可作为高等学校土木工程、岩土工程、交通工程、道路与铁道工程、地下工程、工程管理专业及其他相关专业的教材，也可作为土木工程技术人员的参考书，还可作为国家注册土木工程师（岩土）等执业资格注册考试辅导用书。

为了更好地支持相应课程的教学，我们向采用本书作为教材的教师提供课件，有需要者可与出版社联系。建工书院：http://edu.cabplink.com，邮箱：jckj@cabp.com.cn，2917266507@qq.com，电话：（010）58337285。

* * *

责任编辑：聂　伟
责任校对：赵　菲

高等学校土木工程专业“十四五”系列教材
土　力　学
王军保　裴巧玲　罗　扬　饶平平　主编
*
中国建筑工业出版社出版、发行（北京海淀三里河路9号）
各地新华书店、建筑书店经销
霸州市顺浩图文科技发展有限公司制版
北京建筑工业印刷厂印刷
*
开本：787毫米×1092毫米　1/16　印张：12½　字数：307千字
2021年9月第一版　2021年9月第一次印刷
定价：**36.00**元（附配套数字资源及赠教师课件）
ISBN 978-7-112-26180-2
（37862）

前　　言

“土力学”是高等学校土木工程专业一门必修专业基础课。本教材根据《高等学校土木工程本科指导性专业规范》，对教学内容进行拓展，适当融入建筑工程、道路与桥梁工程、岩土工程等专业的相关专业知识，结合本团队教师长期的教学改革和实践经验编写而成。

本教材围绕土力学在土木工程应用中的三大核心问题——强度问题、变形问题和渗透问题展开编写。力求内容与现行规范与标准相结合，体现理论与实践结合的教学理念，通过对实际工程问题的分析，有助于培养学生分析与解决实际问题的能力。教材编写时努力做到结构完整、由浅入深、循序渐进、实用性强。

随着数字化技术的进步，本教材结合应用型人才培养目标的需求，以“互联网+”模式开发了与本书配套的微课资源，拓展学习资料等相关学习资源。

本教材具有以下特点：

1. 针对“土力学”课程特点，为了使学生更加直观地理解土力学基本概念、原理和计算方法，也方便教师教学，以“互联网+”模式开发了与本书配套的微课资源，可通过二维码链接拓展学习资料和习题答案等学习资源。

2. 教材注重理论与实践应用结合。通过对实际工程问题的分析，帮助学生理解公式推导中一些假设的工程实际意义，有助于培养学生分析与解决实际问题的能力。

3. 涵盖内容广泛，满足不同层次学生的学习需求。为了方便学生自学，本教材选编了较多的注册土木工程师（岩土）、结构工程师执业资格考试的例题和习题，提高部分在章节号或题号上以 * 注明，教师可根据教学情况灵活选取，学生可根据需要选择学习。

本教材共分为 8 章。具体编写分工为：第 1、6、7 章由西安建筑科技大学华清学院裴巧玲编写，第 2、4 章由西安建筑科技大学罗扬编写，第 3、5 章由西安建筑科技大学王军保编写，第 8 章由上海理工大学饶平平编写，全书由王军保、裴巧玲统稿。

本教材在编写过程中得到了西安建筑科技大学岩土教研室教师的大力支持和帮助，在此向他们表示衷心的感谢。本书遵循最新规范编写，并参考了大量文献资料。鉴于作者水平有限，书中难免有错误及不妥之处，敬请读者批评指正。

目　　录

第1章　绪　　论

1.1　土力学、地基及基础的概念

土是地壳表层岩石经过物理、化学、生物风化作用以及剥蚀、搬运、沉积作用后覆盖在地表上的没有胶结或胶结很弱的碎散矿物颗粒的集合体。其形成年代、生成环境及物质组成等复杂性，使得土的种类繁多、构造复杂、工程特性差异大。例如我国沿海及内陆地区的软土，西北、华北和东北等地区的黄土，高寒地区的永冻土以及分布广泛的红黏土、膨胀土和杂填土等，其性质各不相同。因此在建筑设计之前，必须充分了解、研究建筑场地土层成因、构造、物理力学性质、地下水分布以及可能影响场地稳定性的不良地质现象等，对场地的工程地质条件作出正确的评价。

土力学是利用连续介质力学的基本力学知识，研究土受力后的应力、应变、强度、稳定和渗透等规律的应用学科。其研究对象是碎散矿物颗粒的集合体——碎散材料，其物理、化学和力学性质与一般刚性或弹性固体以及流体等均有所不同。因此，必须通过专门的土工试验技术进行探讨。

人类所建造的建筑物和构筑物都是修建在一定地层（土层或岩层）上，这些地层直接承受建筑物荷载，是建筑物安全的基础。在土木工程中，通常将承受建筑物荷载的那一部分土（岩）体称为地基，设置于建筑物底部承受并将上部结构荷载传递到地基土层的下部结构称为基础，如图1-1所示。一般而言，未经人工处理就可以满足设计要求的地基称为天然地基。若地基软弱、承载力不能满足设计要求，则需对地基进行加固处理（如采用换土垫层、深层密实、排水固结等方法进行处理），称为人工地基。根据基础埋置深度不同可分为浅基础和深基础。通常把埋置深度不超过5m，只需经过挖槽、排水等普通程序就可以建造起来的基础称为浅基础；反之，若土质不良，须把基础埋置于深处较好地层时，就得借助特殊施工方法，建造各种类型的深基础（如桩基础、墩基、沉井和地下连续墙等）。

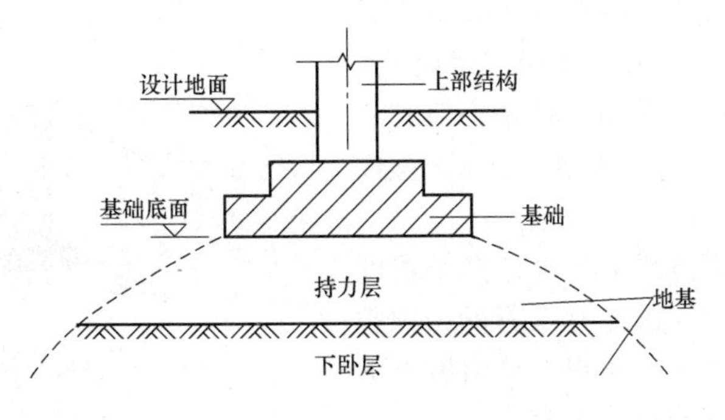

图1-1　地基及基础示意图

建筑物的建造会使地基中原有应力状态发生变化，可能会引起地基的强度失稳和变形（沉降）问题。因此，地基与基础设计必须满足三个基本条件：

① 承载能力的要求：作用于地基上的荷载（基底压力）不得超过地基的承载能力，保证建筑物不因地基承载力不足产生失稳而破坏或影响正常使用，具有防止整体破坏的安全储备；

② 抗变形能力的要求：基础沉降不得超过地基变形容许值，保证建筑物不因地基变形过大而损坏或影响正常使用；

③ 稳定性的要求：挡土墙、边坡以及地基基础具有足够防止失稳破坏的安全储备。

码 1-1 绪论（一）

1.2 与土力学相关的工程问题

土力学涉及领域广泛，广泛应用于土木工程、交通工程、地下工程、水利工程、采矿和环境工程等。如民用建筑、工业建筑、桥梁等以土作为建筑地基；隧道、涵洞及地下建筑等以土作为构筑物的环境；路堤、土石坝等以土作为建筑材料。由此可知，土力学是指导土木、交通、公路、桥梁、铁路、水利等领域科学研究和工程设计的重要理论来源。

工程实践中，与土力学相关的工程问题主要体现在如下三个方面：

1.2.1 强度问题

与土的强度问题相关的应用包括地基土承载力不足、滑坡、挡土结构物破坏、砂土振动液化等。

随着大型、重型和高层建筑物的日益增多，在设计与施工方面对土力学重视不足，不按照程序、规范进行勘察、设计和施工，由于地基基础承载力不足引起的工程事故时有发生。例如，1913 年建造的加拿大特朗斯康谷仓（图 1-2），由 65 个圆柱形筒仓组成，长 59.4m，宽 23.5m，高 31m，其下为钢筋混凝土筏板基础。由于事前不了解基础下埋藏有厚达 16m 的软黏土层，建成后初次储存谷物时，基底平均压力（320kPa）超过了地基极限承载力，致使谷仓西侧突然陷入土中 8.8m，东侧则抬高 1.5m，仓身整体倾斜近 27°，这时地基发生整体破坏。由于谷仓整体性很强，筒仓完好无损。事后在筒仓下增设 70 多个支撑于基岩上的混凝土墩，使用 388 个 50t 千斤顶，才将筒仓纠正过来，但其标高比原来降低了 4m。这是典型的地基土强度破坏的问题。

图 1-2 加拿大特朗斯康谷仓

中国香港宝成大厦滑坡是由地基土强度破坏引起的（图 1-3）。1972 年 7 月的中国香港宝城路附近，20000m^3 残积土从山坡上下滑，巨大滑动体正好冲过一幢高层住宅——宝城大厦，顷刻间宝城大厦被冲毁倒塌并砸毁相邻的一幢五层住宅，造成 67 人死亡，20

人受伤。其主要原因是山坡上残积土本身强度较低，加之雨水渗入，使土体强度大大降低，同时坡体内产生了明显的渗流力，使得土体滑动力超过土的强度，从而引发山体滑坡。

图 1-3　中国香港宝成大厦滑坡

2009 年 6 月 27 日的上海“楼倒倒”事件发生于凌晨 5 时 30 分左右，上海市闵行区莲花河畔景苑小区一栋在建的 13 层住宅楼发生整体倒塌，楼房底部原本应深入地下的数十根 PHC 桩被“整齐”地折断后裸露在外，如图 1-4 所示。事故发生前该大楼南侧正在开挖深达 4.6m 的地下车库基坑，开挖的土方顺势堆到了楼房北侧，在短期内堆土约有 10m 高、堆土面积足足有一个足球场那么大，大楼两侧产生极大压力差，从而导致土体破坏，使土体产生过大的水平位移，过大的水平力超过了桩基的抗侧能力，使得桩体折断、房屋倾倒。该事故是一非典型的土压力破坏问题。

图 1-4　上海“楼倒倒”事件

1.2.2　变形问题

地基土体不仅要有足够的强度，其自身变形还不得超过建（构）筑物所允许的变形值，否则建（构）筑物会因地基变形过大而损坏，导致其倾斜、开裂而影响正常使用。

如图 1-5 所示的世界著名的意大利比萨斜塔就是地基不均匀沉降造成的，并因此而得名。我国苏州虎丘塔（图 1-6）建于公元 959 年，是一座七级八角形砖塔，塔底直径 13.66m，高 47.5m，全部塔重支撑在内外 12 个砖墩上。由于地基为厚度不等的杂填土和粉质黏土夹块石，地基土发生的不均匀沉降导致塔身严重偏斜。自 1957 年初次测定到

1978年，塔顶的位移由1.7m发展至2.3m，塔的重心偏离基础轴线0.924m。由于塔身严重向东北倾斜，各砖墩受力不均，致使底层偏心受压处的砌体多处出现纵向裂缝。

图1-5　意大利比萨斜塔

图1-6　苏州虎丘塔

1.2.3　渗透问题

土的渗透特性、土的强度特性、变形特性是土力学的三大基本力学性质。岩土工程中大量问题都与土的渗透性密切相关，如坝基的渗流、基坑降水的渗流、垃圾填埋场防渗液、管涌和流土防治等都需要采用土的渗流理论来解决。

发生在1976年美国爱达荷州的堤堂坝（Teton dam）溃决是一个典型的由于设计问题引发的管涌破坏。该事故直接导致4万公顷农田被淹、52km铁路被毁，11人死亡，25000人无家可归。堤堂坝是一座防洪、发电、旅游、灌溉等综合利用工程。降雨使坝水位上升速率超过限定速率3倍多。事发之初坝下游出现清水沿岩石垂直裂隙流出，后该渗水点出现窄长湿沟，随后右侧坝趾有混水流出并明显增大，伴随着一声炸裂，新渗水点出现且迅速增大形成漩涡，坝体最终破坏。专家分析推测，由于两侧开挖岩坡过陡，对齿槽内填土产生支承拱作用，进而导致了坝内局部土体出现应力释放。当水从上游岩石裂隙流至齿槽，高压水对齿槽土体产生渗透而通向下游岩石裂隙，最终造成土体发生管涌破坏。该事故的发生给工程界敲响了警钟，如果大坝的设计方案，经过除设计师之外的完全独立的专家组的审查，也许事故就不会发生。

强度问题、变形问题和渗透问题是土力学课程三大核心问题，是土力学课程学习的重点。

1.3　土力学的发展历程

码1-2　绪论（二）

自远古以来，人类就广泛利用土作为建筑地基和建筑材料。如河姆渡文化遗址中发现的7000年前钱塘江南岸沼泽地带木构建筑下的木桩，《后汉书》记载的秦朝在修筑驰道时采用“隐以金椎”的路基压实方法，以及灰土垫层、石灰桩和水撼砂垫层等地基处理方法。再比如都江堰水利工程、举世闻名的万里长城、隋朝南北大运河、赵州桥和世界闻名的古埃及金字塔、古罗马桥梁，都体现了古代劳动人民在工程实践中积累了丰富的土木工程经验。但是受社会生产水平和技术条件的限制，直到18世纪，人们对土的认识基本上还处于感性认知阶段。

18世纪工业革命以后，随着工业的发展，大型建筑、公路、铁路工程的兴建，出现了许多与土有关的工程问题，促进了土力学理论的产生和发展。1773年，法国的库仑（Coulomb）根据砂土试验创立了著名的砂土抗剪强度公式，提出了计算挡土墙土压力的滑楔理论。1856年，法国工程师达西（H. Darcy）研究了砂土的渗透性，提出了层流运动的达西定律。1857年，英国学者朗肯（W. J. M. Rankine）从另一个途径提出了挡土墙土压力理论，对土体强度理论的发展起到了很大的作用。此外，法国学者布辛内斯克于1885年求得了半无限弹性体在竖向作用力作用下的应力和变形的理论解答。这些古典理论对土力学的发展起到了极大的推动作用，至今仍不失其理论和实用价值。

20世纪20年代开始，土力学得到了迅速发展。1915年，由瑞典学者彼德森（K. E. Petterson）首先提出，并由瑞典的费伦纽斯（W. Fellenius）及美国的泰勒（D. W. Taylor）进一步发展形成了土坡稳定分析的整体圆弧滑动面法。1920年，法国学者普朗特尔（L. Prandtl）发表了地基剪切破坏滑动面形状和极限承载力公式。1925年美籍奥地利人太沙基（K. Terzaghi）出版了第一本《土力学》专著，提出了饱和土体的有效应力原理和饱和土体的渗透固结理论，阐明了碎散颗粒材料与连续固体材料在应力-应变关系上的重大区别，使土力学成为一门独立的学科。

1936年在美国召开了第一届国际土力学与基础工程会议，此后世界各国相继举办了各种学术会议，促进了不同国家与地区之间土力学研究成果的交流。中国土木工程学会于1957年起设立了土力学及基础工程委员会，并于1978年成立了土力学及基础工程学会。

伴随着世界各国超高层建筑、超深基坑、超高土坝、高速铁路等兴建，土力学得到了进一步发展。许多学者积极研究土的本构模型（即土的应力-变形-强度-时间模型）、土的弹塑性与黏弹性理论和土的动力特性。20世纪60年代以来，电子计算机对更接近于土本质的力学模型进行复杂的快速计算；同时，现代科学技术的发展，也提高了土工试验的测试精度，土力学进入了一个新的发展时期。1993年D. G. 弗雷德隆德（Fredlund）和H. 拉哈尔佐（Rahardjo）出版了《非饱和土力学》一书，引起了国内外土力学界的关注。

在20世纪50年代，我国学者陈宗基教授对岩土的流变学和黏土结构进行了研究。1983年，黄文熙院士编写的专著《土的工程性质》提出了考虑土侧向变形的地基沉降计算方法，并系统地介绍了各种土的应力-应变本构模型的理论和研究成果。沈珠江院士在土体本构模型、土体静动力数值分析、非饱和土理论研究等方面取得了令人瞩目的成就。

21世纪，土力学理论与实践在非饱和土力学、环境土力学、土的破坏理论等方面取得了长足发展。

1.4 土力学课程的特点与学习要求

土力学内容涉及工程地质学、材料力学、弹性力学、流体力学等几个学科，内容广泛，综合性强。由于土是自然界的历史产物，其本身具有碎散性、三相性和自然变异性，要很确切地描述土体的受力条件、施工过程以及环境的影响等，还存在诸多的困难。因此，我们在研究土工问题时，既要运用一般连续力学的基本原理和方法，将土的性质、加载条件和边界条件理想化，对土工问题的解决方法作一定程序的简化，又要借助现场勘察、土工测试技术、试验等手段获取计算参数进行计算。在工程施工中，通过不断采集监测数据进行分析，以避免理论计算出现的误差或工程性质、条件变化对工程造成危害。

全书共分 8 章。第 1 章为绪论；第 2 章介绍了土的物理性质与工程分类，是本教材的基础与主线；第 3 章土中的应力计算，主要介绍了各种情况下土中的应力计算和分布；第 4 章土的压缩性与地基沉降和第 5 章土的抗剪强度理论是本教材的重点；第 6～8 章是土力学理论的具体应用，介绍了挡土墙土压力理论、地基承载力理论及边坡稳定性分析等内容。

土力学是一门学科。由于土体的复杂性和多样性，对于许多复杂工程问题，需要作近似处理，因而应用土力学解决实际问题常带有条件约束。因此，在学习土力学时，要注意以下几点：①注意掌握土具有碎散性、三相性、自然变异性的基本特点。通过与其他材料对比，加深对土的特点理解，能有助于掌握土的其他物理特性。②掌握土工试验的基本方法和技能，了解现场试验测试方法，准确确定土的物理力学参数，以提高分析问题、解决实际问题的能力。③注意土力学基本计算方法的适用范围及基本假定，分析这些假设可能引起的误差。④注重理论联系实践，在牢固掌握土的应力、变形、强度特性和渗透特性的基础上，能综合利用这些基本概念和原理，结合工程实际情况解决岩土工程的强度问题、变形问题和渗透问题。

第2章　土的物理性质与工程分类

2.1　土的形成

土是岩石在地质作用下经风化、破碎、剥蚀、搬运、沉积等过程的产物。土经过压密固结、胶结硬化也可再生成岩石。岩石与土构成地壳。土作为建（构）筑物的地基，是土力学的主要研究对象。

岩石的风化一般可分为物理风化、化学风化和生物风化。

物理风化就是指岩石经受风、霜、雨、雪的侵蚀，或受波浪的冲击、地震作用等各种力的作用，温度的变化、冻胀等因素使整体岩石产生裂隙、崩解碎裂成岩块、岩屑的过程。例如，岩体冷却时引起的温度应力或地表附近日常的气温变化都可导致岩体开裂，雨水渗入这些裂缝后冻胀将促使裂缝张开，最后岩体崩解成岩块。通过同样的过程，这些岩块又可进一步碎裂成岩屑。在干旱地区，大风刮起的砂、砾相互摩擦并撞击岩体，引起岩体剥落和岩块碎裂。这种风化作用只改变颗粒的大小与形状，不改变岩石的矿物成分。

化学风化是指岩体与水溶液和气体等发生溶解、水化、水解、碳酸化和氧化等作用，形成新的矿物。化学风化不仅改变岩石的物理状态，同时也改变其化学成分。例如，正长石［$K(AlSi_3O_8)$］经水解作用后，K^+ 与水中 OH^- 离子结合，形成 KOH 随水流失；析出一部分 SiO_2 可呈胶体溶液随水流失，或形成蛋白石［$SiO_2 \cdot nH_2O$］残留于原地；其余部分可形成难溶于水的高岭石［$Al_4(Si_4O_{10})(OH)_8$］而残留于原地。

生物风化是指岩石在动、植物及微生物影响下所受到的破坏作用。

目前土木工程主要研究地球表面覆盖的第四纪沉积物，它是由原岩风化产物经各种地质作用而成的沉积物，距今有100万年的历史。由于沉积的历史不长，第四纪沉积物尚未胶结岩化，因此第四纪形成的各种沉积物通常是松散软弱的多孔体，与岩石的性质有很大的差别。不同成因的第四纪沉积物也具有不同的工程特性。根据成因类型，第四纪沉积物可分为残积物、坡积物、洪积物、冲积物和风积物等。

残积物也称为残积土，是残留在原地未被搬运的那一部分原岩风化剥蚀后的产物，它的分布受地形控制。由于风化剥蚀产物是未经搬运的，颗粒磨圆度或分选性较差，没有层理构造。

坡积物也称为坡积土，是雨雪流水的地质作用将高处原岩风化剥蚀后的产物缓慢地洗刷剥蚀，顺着斜坡逐渐向下移动，沉积在较平缓的山坡上而形成的沉积物。一般坡积土土质不均，且其厚度变化很大，尤其是新近堆积的坡积土，土质疏松，压缩性较高。

洪积物也称为洪积土，是由于暴雨或大量融雪聚集而成的山洪急流，它冲刷地表并夹带大量的碎屑物质堆积于山谷冲口或山前平缓地带而形成洪积土。靠近沟口的洪积土颗粒较粗，地下水位埋藏较深，土的承载能力一般较高，是良好的天然地基；离山较远的地段是洪积层外围的细碎屑沉积段，其成分均匀，厚度较大，通常也是良好的地基。

冲积物也称为冲积土，是河流流水的地质作用将两岸基岩及其上部覆盖的坡积物、洪积物剥蚀后搬运、沉积在河流坡降平缓地带形成的沉积物。冲积土分布范围很广，其主要类型有山区河谷冲积土、山前平原冲积土、平原河谷冲积土、三角洲冲积土等，其特点是具有明显的层理构造。碎屑物质常呈圆形或亚圆形颗粒，其搬运的距离越长，则沉积的物质越细。

风积物也称为风积土，是由风力带动土粒经过一段搬运距离后沉积下来的堆积物，主要有砂土和黄土，分布在西北、华北地区。风积土没有明显的层理，颗粒以带角的细砂粒和粉粒为主，同一地区颗粒较均匀。干旱地带粉质土粒细小，土粒之间的黏结力很弱。典型的风积土，如黄土（或黄土类土）具有肉眼可见的竖直细根孔，颗粒组成以带角的粉粒为主，常占干土总质量的60%～70%，并含有少量的黏土和盐类胶结物。由于黄土天然孔隙比一般在1.00左右，具有一些大孔隙，因而密度很低。黄土分布在干旱地区，含水率很低，一般为10%左右，干燥时胶结强度较大，可是一遇水，土体结构即遭破坏，胶结强度迅速降低，黄土地基会在自重或建筑物荷载作用下急剧下沉，黄土的这种性质称为湿陷性。在黄土地区修造建筑物时一定要充分注意到黄土的这一性质。

除上述五种成因类型的沉积物外，还有湖泊沉积物、海洋沉积物、冰川沉积物等。

2.2　土的三相组成

土是由固体土颗粒、水和气体组成的三相分散系。固体颗粒是三相分散系中的主体，构成土的骨架，颗粒大小及其搭配是影响土性质的基本因素。土粒的矿物成分与土粒大小有密切的关系，通常粗大土粒其矿物成分往往保持母岩未被风化的原生矿物，而细小土粒主要是次生矿物等无机物质以及土形成过程中混入的有机质。土粒的形状与土粒大小也有很大关系，粗大土粒其形状都是块状或柱状，而细小土粒主要呈片状。土中水体是溶解各种离子的溶液，其含量多少也明显影响土的性质，如含水率高的土往往比较软，特别是由细小颗粒组成的黏性土，其含水多少直接影响土的强度。土中气体可以与大气相连，也可以气泡形式存在，对土性影响相对较小。土的性质一方面取决于每一相的特性，另一方面取决于土的三相比例关系。由于气体易被压缩，水能从土体流进或流出，土的三相相对比例会随时间和荷载条件的变化而变化，土的一系列性质也随之改变。土在形成过程中所经历的每一个环节以及在形成后沉积时间的长短、外界环境的变化都对土的性质有显著的影响。

土的三相组成物质、相对含量等各种因素必然在土的松密、干湿、软硬等一系列物理性质上有不同的反映，土的物理性质又在一定程度上决定了它的力学性质，所以土的三相组成是土的最基本的工程特性。

2.2.1　土中固体颗粒

1. 粒组划分

自然界中土粒的大小千差万别，有粒径小于微米的黏土颗粒，也有粒径在数十甚至上百厘米的巨石。土粒的大小称为粒度。在工程中，粒度不同，矿物成分不同，土的工程性质也不同。例如颗粒粗大的卵石、砾石和砂，大多数时候为浑圆和棱角状的石英颗粒，具有较大的透水性而无黏性；颗粒细小的黏粒，则属于针状或片状的黏土矿物，具有黏滞性而透水性低。为了便于分析，工程中常把粒径大小、性质相近的土粒合并为一组，称为粒组。同一粒组的土具有相近的工程性质，而与相邻粒组又有明显区别。划分粒组的分界粒径称为界限粒径。对于粒组的划分方法，各个国家、各个部门并不统一。表 2-1 提供的是一种常用的土粒粒组的划分方法，表中根据我国的《土的工程分类标准》GB/T 50145—2007 按照粒径从大到小依次将粒组划分为漂石（块石）、卵石（碎石）、圆砾（角砾）、砂粒、粉粒及黏粒 6 大粒组，各粒组的界限粒径分别为 200mm、60mm、2mm、0.075mm 和 0.005mm。

土粒粒组的划分 **表 2-1**

粒组统称	粒组名称		粒径范围(mm)	一般特性
巨粒	漂石(块石)颗粒		$d>200$	透水性很大,无黏性,无毛细水
	卵石(碎石)颗粒		$60<d\leqslant 200$	
粗粒	圆砾(角砾)颗粒	粗	$20<d\leqslant 60$	透水性大,无黏性,毛细水上升高度不超过粒径大小
		中	$5<d\leqslant 20$	
		细	$2<d\leqslant 5$	
	砂粒	粗	$0.5<d\leqslant 2$	易透水,无黏性,遇水不膨胀,干燥时松散,毛细水上升高度不大
		中	$0.25<d\leqslant 0.5$	
		细	$0.075<d\leqslant 0.25$	
细粒	粉粒		$0.005<d\leqslant 0.075$	透水性小,湿时稍有黏性,遇水膨胀小,干时稍有收缩,毛细水上升高度较大而快,易冻胀
	黏粒		$d\leqslant 0.005$	透水性很小,湿时有黏性、可塑性,遇水膨胀大,干时收缩显著;毛细水上升高度大,但速度慢

注：1. 漂石、卵石和圆砾颗粒均呈一定的磨圆状（圆形或亚圆形）；块石、碎石和角砾颗粒均呈棱角状；
2. 粉粒也称粉土粒，粉粒的粒径上限 0.075mm，相当于 200 号筛的孔径；
3. 黏粒也称黏土粒，黏粒的粒径上限也有采用 0.002mm 为标准的。

2. 土的颗粒级配

自然界的土通常是不同粒组的混合物，而土的工程性质不仅与土粒的大小有关，还与不同粒组的相对含量有关。土体中土粒的大小及其组成情况，通常以土中各个粒组的相对含量（各粒组占土粒总质量的百分数）来表示，称为土的颗粒级配。为了解各粒组的相对含量，需要进行颗粒分析，颗粒分析的方法有筛分法和沉降分析法。

码 2-1 土的颗粒级配

筛分法适用于粒径大于 0.075mm 的土。试验时将风干的均匀土样放入一套孔径不同的标准筛，标准筛的孔径依次为 60mm、40mm、20mm、10mm、5mm、2mm、1mm、0.5mm、0.25mm、0.075mm，经筛析机上、下振动，将土粒分开，称出留在每个筛上的土重，即可求出留在每个筛上土重的相对含量。

对于粒径小于 0.075mm 的土可用沉降分析法。沉降分析法有密度计法、移液管法等。沉降分析法的原理是土粒在水中的沉降原理，如图 2-1 所示，将定量的土样与水混合倾注于量筒中，经过搅拌，使各种粒径的土粒在悬液中均匀分布，此时悬液浓度（单位体积悬液内含有的土粒重量）在上下不同深度处是相等的。但静置后，土粒在悬液中下沉，

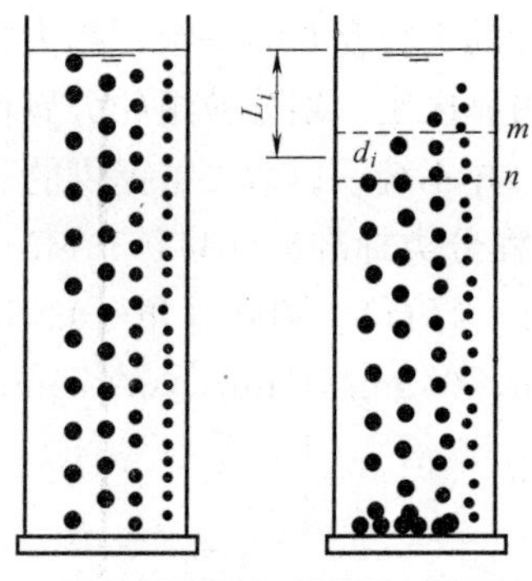

图 2-1　土粒在悬液中的沉降

较粗的颗粒沉降较快，在深度 L_i 处只含有粒径小于等于 d_i 的土粒，悬液浓度降低了。如在深度 L_i 处考虑一小区段 mn，则 mn 区段在 t_i 时悬液中土粒的浓度与开始时土粒的浓度之比，即为土粒的累计百分含量。关于 d_i 的计算原理，土粒下沉时的速度与土粒形状、粒径、质量密度以及水的黏滞度有关。当土粒简化为理想球体时，土粒的沉降速度可以用斯笃克斯（Stokes，1845）定律计算。

颗粒分析的结果常用两种方式表达：列表法、级配曲线法。

（1）列表法：列出表格，直接表达各粒组的百分含量。

（2）级配曲线法：根据筛分试验结果，采用级配曲线法表示土粒的颗粒级配或粒度成分。该方法是一种比较全面和通用的图解法，其特点是可简单获得定量指标，特别适用于几种土级配好坏的相对比较。半对数坐标的颗粒级配曲线如图 2-2 所示，横坐标代表粒径，以对数坐标表示；纵坐标表示小于（或大于）某粒径的土重累计百分含量。由累计曲线的坡度可以大致判断土粒的均匀程度或级配是否良好。如曲线较陡，表示粒径大小相差不多，土粒较均匀，级配不良；反之，曲线平缓，则表示粒径大小相差悬殊，土粒不均匀，级配良好。颗粒级配曲线在土木、水利电力等工程中经常使用，从级配曲线中可直接求得各粒组的颗粒含量及粒径分布的均匀程度，进而估测土的工程性质。为此，工程中引入了不均匀系数 C_u 和曲率系数 C_c 来反映土颗粒的不均匀程度。

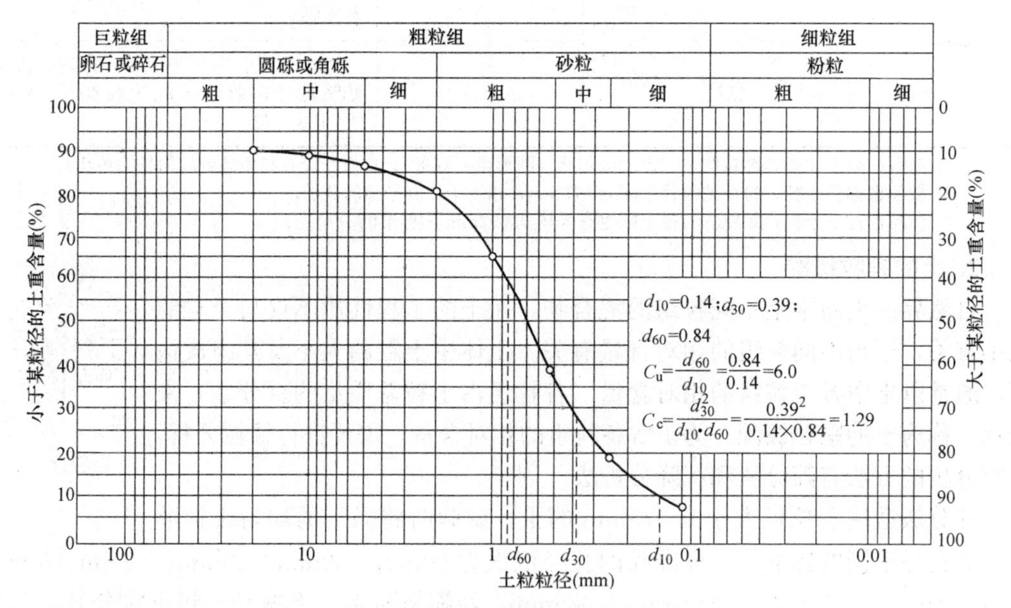

图 2-2　土的颗粒级配累计曲线

$$C_u=\frac{d_{60}}{d_{10}} \tag{2-1}$$

$$C_c=\frac{d_{30}^2}{d_{10} \cdot d_{60}} \tag{2-2}$$

式中　d_{10}——有效粒径，在级配曲线上小于该粒径的土粒质量累计百分数为10%；

d_{30}——中值粒径，对应级配曲线上小于该粒径的土粒质量累计百分数为30%；

d_{60}——限制粒径，在级配曲线上小于该粒径的土粒质量累计百分数为60%。

不均匀系数 C_u 反映大小不同粒组的分布情况。若土的颗粒级配曲线是连续的，C_u 越大，d_{60} 与 d_{10} 相距越远，则曲线越平缓，表示土中的粒组变化范围宽，土粒不均匀；反之，C_u 越小，d_{60} 与 d_{10} 相距越近，曲线越陡，表示土中的粒组变化范围窄，土粒均匀。C_u 越大，表示土粒大小的分布范围越大，其级配越良好，作为填方工程的土料时，则比较容易获得较大的密实度。一般情况下，工程上把 $C_u<5$ 的土称为均粒土，属于级配不良；$C_u>10$ 的土属于级配良好的土。

曲率系数 C_c 反映土颗粒粒径分布曲线形态。若土的颗粒级配曲线不连续，表明土体中各粒组分布不均衡，如在该曲线上出现水平段，水平段粒组范围颗粒缺失。这种土缺少中间某些粒径，粒径级配曲线呈台阶状，土的组成特征是颗粒粗的较粗，细的较细，在同样的压实条件下，密实度不如级配连续的土高。经验表明，当级配连续时，C_c 的范围为1～3。因此，当 $C_c<1$ 或 $C_c>3$ 时，均表示级配曲线不连续。因此，单独只用一个参数指标 C_u 难以全面有效地判断土的级配良好与否，要同时考虑累积曲线的整体形状。一般认为：砾类土或砂类土同时满足 $C_u \geqslant 5$ 和 $C_c=1\sim3$ 时，判定为级配良好的土，反之为级配不良的土。

对于级配良好的土，较粗颗粒间的孔隙被较细的颗粒所填充，这一连锁充填效应使土的密实度较好。此时，地基土的强度和稳定性较好，透水性和压缩性也较小，可作为路堤、堤坝或其他土建工程良好的填方土料。

3. 土粒的矿物成分

土的矿物成分主要取决于母岩的成分及其所经受的风化作用。不同的矿物成分对土的性质有着不同的影响，其中以黏粒粒组的矿物成分尤为重要。漂石、卵石、圆砾等粗大土粒都是岩石的碎屑，它们的矿物成分与母岩相同，称为原生矿物。砂粒大部分是母岩中的单矿物颗粒，如石英、长石和云母等，其中石英的抗风化能力强，在砂粒中尤为多见。粉粒的矿物成分是多样性的，主要是石英和 $MgCO_3$、$CaCO_3$ 等难溶盐的颗粒。黏粒的矿物成分主要有黏土矿物、氧化物、氢氧化物和各种难溶盐类（如碳酸钙等），它们都是次生矿物。黏土矿物的颗粒很细小，多呈鳞片状或片状，其内部具有层状晶体结构。黏性矿物基本上是由两种晶片构成的（图2-3）。一种是硅氧晶片（简称硅片），它的基本单元是硅-氧（Si-O）四面体，由一个居中的硅原子和四个在角点的氧原子组成；另一种是铝氢氧晶片（简称铝片），它的基本单元为铝-氢氧离子（Al-OH）八面体，由一个居中的铝原子和六个在角点的氢氧离子组成。而硅片和铝片构成了两种类型的晶胞（晶格），即由一层硅片和一层铝片构成的二层型晶胞（1∶1型晶胞）和由两层硅片中间夹一层

码2-2　土的矿物成分

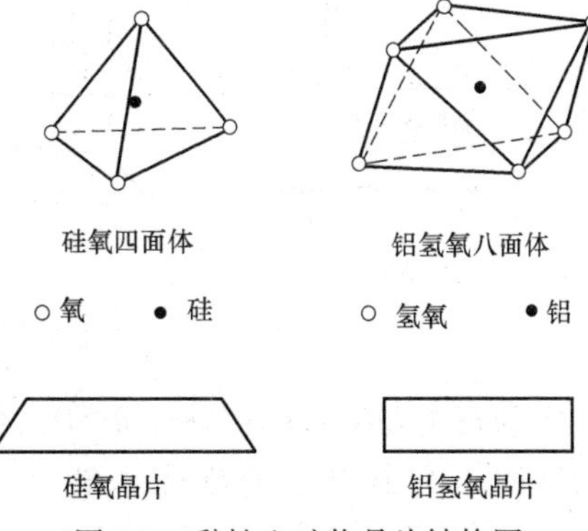

图2-3　黏性土矿物晶片结构图

铝片构成的三层型晶胞（2∶1 型晶胞）。黏土矿物颗粒基本上是由上述两种类型晶胞叠接而成，其中主要有蒙脱石、伊利石和高岭石三类，如图 2-4 所示。

(a) 蒙脱石

(b) 伊利石

(c) 高岭石

图 2-4　黏土矿物结构图

蒙脱石是化学风化的初期产物，其结构单元是 2∶1 型晶胞结构。晶胞间只有氧原子与氧原子的范德华键力连接，没有氢键，故其连接很弱，如图 2-5（a）所示。另外，夹在硅片中间的铝片内 Al^{3+} 常被低价的其他离子（如 Mg^{2+}）所代替，晶胞间出现多余的负电荷，可以吸引其他阳离子（如 Na^{+}、Ca^{2+}）或水化离子。因此，晶胞活动性极大，水分子可以进入，从而改变晶胞之间的距离，甚至达到完全分散到单晶胞。因此，当土中蒙脱石含量高时，则土具有很大的吸水膨胀和失水收缩的特性。

高岭石是长石风化的产物，其结构单元是二层型晶胞，如图 2-5（b）所示。这种晶胞间一面是露出铝片的氢氧基，另一面则是露出硅片的氧原子。晶胞之间除了较弱的范德华键力（分子键）之外，更主要的连接是氧原子与氢氧基之间的氢键，它具有较强的连接力，晶胞之间的距离不易改变，水分子不能进入。其晶胞活动性较小，使得高岭石的亲水性、膨胀性和收缩性均小于伊利石，更小于蒙脱石。

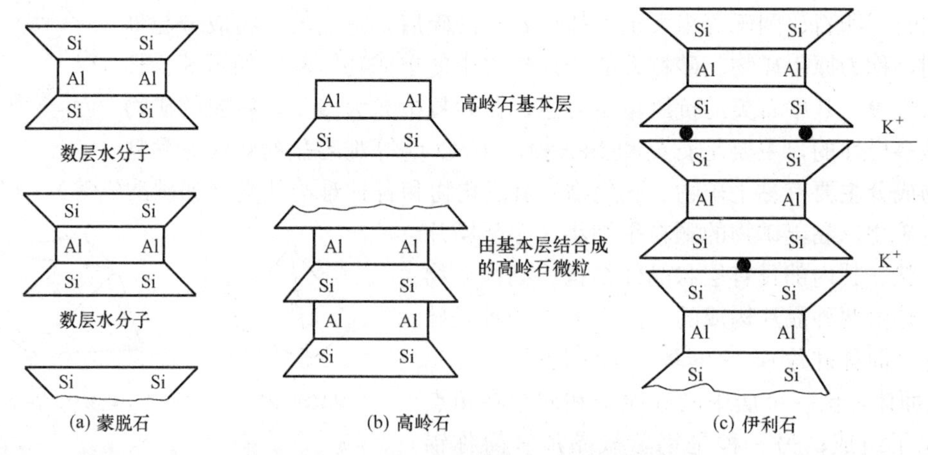

(a) 蒙脱石　(b) 高岭石　(c) 伊利石

图 2-5　黏土矿物结构单元示意图

伊利石主要是云母在碱性介质中风化的产物，也是由三层型晶胞叠接而成，晶胞间同样有氧原子与氧原子的范德华键力。但伊利石构成时，部分硅片中的 Si^{4+} 被低价的 Al^{3+}、Fe^{3+} 等所取代，相应四面体的表面将镶嵌一正价阳离子 K^{+}，以补偿正电荷的不足，如图 2-5（c）所示。嵌入的 K^{+} 离子增加了伊利石晶胞间的连接作用，所以伊利石的结晶构造的稳定性优于蒙脱石。

由于黏土矿物是很细小的扁平颗粒，颗粒表面具有很强的与水相互作用的能力，表面积越大，这种能力就越强。除黏土矿物外，黏粒组中还包括氢氧化物和腐殖质等胶态物质。如含水氧化铁，它在地层中分布很广，是地壳表层的含铁矿物物质分解的最后产物，使土呈现红色或褐色。土中胶态腐殖质的颗粒更小，能吸附大量水分子（亲水性强）。由于土中胶态腐殖质的存在，使土具有高塑性、膨胀性和黏性，这对工程建设是不利的。

4. 黏土颗粒带电现象

1807 年莫斯科大学列伊斯教授通过黏土的一项试验揭示了黏土颗粒的带电特性。他将两根带有电极的玻璃管插入一块潮湿的黏土块中，在玻璃管内注入深度相同的清水，接通直流电后发现：在阳极管中水面下降，水逐渐变浑；阴极管中水面上升，如图 2-6 所示。黏土颗粒泳向阳极说明黏土颗粒表面带有负电荷。我们将土中的黏土颗粒在电场中向某一电极移动的现象称为电泳；而水分子向相反电极移动的现象称为电渗。

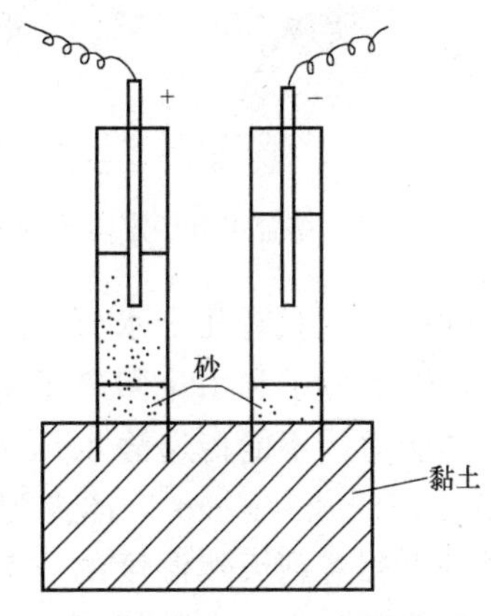

图 2-6　黏性土电泳、电渗现象

对于黏土颗粒表面带负电荷通常有以下原因：①离解：即晶体表面的某些矿物在水介质中产生离解，阳离子扩散于中，阴离子留在颗粒表面。②吸附：即土颗粒表面某些矿物把水介质中阴离子吸附在黏土颗粒表面。③同晶替换：即低价的阳离子，如 Mg^{2+}、K^{+}、Na^{+}、Ca^{2+} 等替换晶片内高价的 Si^{4+}、Al^{3+}，导致土颗粒带负电荷。由于黏土颗粒表面在水介质中表现出带电特性，在电场作用下，土中水里的阳离子会被吸引分布在土颗粒周围，并同时受到相邻土颗粒吸引，使得土颗粒聚拢在一起，形成黏聚力，如果有外力施加在这类土上，即使这些土颗粒之间出现相对位移，颗粒间也不会出现可见的裂缝，即为土的可塑性。

2.2.2　土中水

土的性质会随其含水率的不同而改变。实际上，土中水是成分复杂的电解质水溶液，它与土粒有着复杂的相互作用。土中水在不同作用力下会处于不同的状态，根据主要作用力的不同，工程对土中水的分类如表 2-2 所示。

土中水的类型　　**表 2-2**

水的类型		主要作用
结合水		物理化学力
自由水	毛细水	表面张力及重力
	重力水	重力

1. 结合水

结合水是受电分子吸引力作用吸附于土粒表面呈薄膜状的水，这种电分子吸引力高达几万个大气压，使水分子和土粒表面牢固地黏结在一起。由于土颗粒表面一般带有负电荷，在土粒周围形成电场，在电场范围内水分子和水溶液中的阳离子（Na^{+}、Ca^{2+}、

Al^{3+}等）被吸附在土粒表面。因为水分子是极性分子，氢原子端呈现正电荷，氧原子端呈现负电荷，一方面受到土粒形成电场的静电引力作用，另一方面又受到布朗运动（热运动）的作用。

在最靠近土粒表面处，静电引力最强，把水化离子和极性水分子牢固吸附在颗粒表面上形成固定层。在固定层外围，静电引力比较小，因此水化离子和极性分子的活动性比固定层中大些，形成扩散层。固定层和扩散层中所含的阳离子与土粒表面负电荷一起构成双电层（图2-7）。因此，结合水又可分为强结合水和弱结合水两种。强结合水相当于阳离子层的固定层（内层）的水，而弱合水则相当于扩散层中的水。

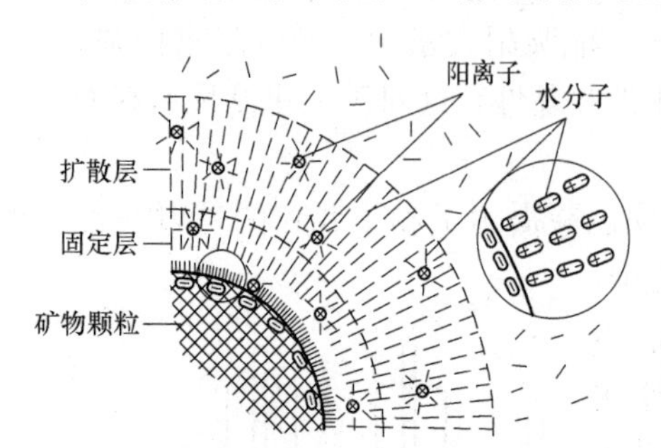

图2-7　结合水分子定向排列图

（1）强结合水

强结合水是指紧靠土粒表面的结合水，厚度很薄，大约只有几个水分子厚度。在离土粒表面较近的地方，由于静电引力达到最大，极性水分子和水化阳离子被牢固地吸附在颗粒表面。这部分水的特征是没有溶解盐类的能力，不能传递静水压力，只有吸热变成蒸汽时才能移动。其性质接近固体，密度为1.2～2.4g/cm^3，冰点为－78℃，具有极大的黏滞度、弹性和抗剪强度。如果将干燥的土移置到天然湿度的空气中，则土的质量将增加，直至土中吸着强结合水达到最大吸着度为止。土粒越细，土的比表面积越大，则最大吸着度就越大。砂土的最大吸着度约占土粒质量的1％，而黏土则可达17％。黏土中只有强结合水时，呈固体状态，磨碎后则呈粉末状态。

（2）弱结合水

弱结合水是紧靠在强结合水的外围形成的一层结合水膜。在离土粒表面较远的地方，静电引力比较小，极性水分子和水化阳离子的活动性比较大，从而形成弱结合水层（扩散层）。这部分水仍然不能传递静水压力，但较厚的弱结合水膜能向邻近较薄的水膜缓慢转移。当土中含有较多的弱结合水时，土具有一定的塑性。砂土比表面积较小，几乎不具有可塑性，而黏土的比表面积较大，其可塑性就大。弱结合水离土粒表面越远，受到电分子的引力越小，并逐渐过渡到自由水。弱结合水的厚度对黏性土的特征及工程性质有很大影响。

水溶液中阳离子的原子价越高，它与土颗粒之间的静电引力越强，则扩散层越薄。在实践中可以利用这种原理来改良土质。例如，用三价及二价离子（如Fe^{3+}、Ca^{2+}、Mg^{3+}）处理黏土，使得它的扩散层变薄，从而增加土的稳定性，减少膨胀性，提高土的强度；有时，可用含一价离子的盐溶液处理黏土，使扩散层增厚，而大大降低土的透水性。

2. 自由水

自由水是存在于土粒表面电场影响范围以外的水。它的性质与普通水相同，能传递静水压力，冰点为0℃，有溶解能力。自由水按其移动所受作用力不同，可以分为重力水和毛细水。

重力水是存在于地下水位以下透水土层中的水，它能在重力或压力差作用下运动，对土颗粒有浮力作用。当它在土孔隙中流动时，对所流经的土体施加渗流力（也称动水压力），对土中应力状态及地下构筑物稳定分析有重要的影响。

毛细水是存在于地下水位以上透水层中的水，它是由水与空气交界处表面张力作用而产生。若把土的孔隙看作是连续的变截面的毛细管，根据物理学可知（图 2-8）：

$$\pi r^2 h_c \gamma_w = 2\pi r T \cos\alpha$$

$$h_c = \frac{2T\cos\alpha}{r\gamma_w} \tag{2-3}$$

式中 h_c——毛细水上升高度；

T——表面张力；

r——毛细管半径；

γ_w——水的重度；

α——表面张力 T 的作用方向与毛细管壁的夹角。

由式（2-3）可知，毛细管直径越小，毛细水的上升高度越高。因此，黏性土中毛细水的上升高度比砂类土要大。

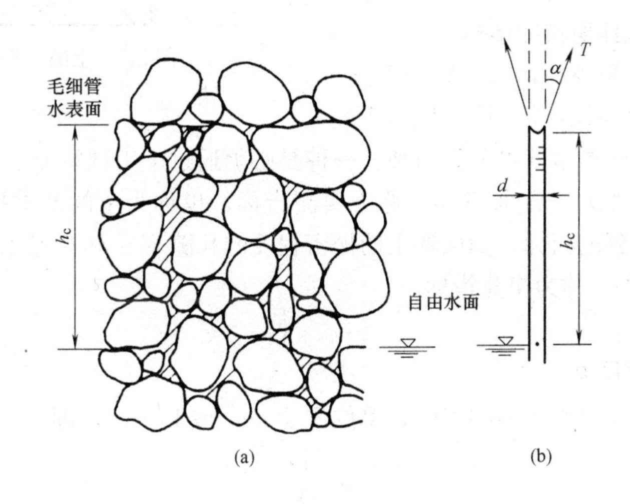

图 2-8　土中毛细水上升

2.2.3　土中气体

土中的气体存在于孔隙中未被水所占据的部位。土中气体以两种形式存在：一种是与大气相通的自由气体，一种是四周被土颗粒和水封闭的气体。

在近地表的粗粒土中，土中气体常与大气连通，在外力作用下，气体很快从孔隙中被挤出，它对土的性质影响不大。在细粒土中常存在与大气隔绝的封闭气泡。在外力作用下，气泡可被压缩或溶解于水中，当外力减小时，气泡会恢复原状或重新游离出来，使得土的压缩性增大。同时，土中封闭气体的存在还能阻塞土中的渗流通道，减小土的透水性。

对于淤泥和泥炭等有机质土，由于微生物的分解作用，在土中蓄积了某种可燃气体（如硫化氢、甲烷等），使土层在自重作用下长期得不到压密，而形成高压缩性土层。

2.3 土的三相物理性质指标

土的三相组成中各部分的质量和体积之间的比例关系对土的工程性质有重要的影响。表示土的三相组成比例关系的指标称为土的三相物理性质指标。它们是工程地质报告中不可缺少的部分，利用土的物理性质指标可间接地评定土的工程性质。

土中固体颗粒、水、气体三相物质实际是交错分布的，为了便于导出三相比例关系和说明问题，将其三相物质集中起来，构成理想的三相草图，如图 2-9 所示。图中符号意义如下：

m_s——土粒质量；

m_w——土中水的质量；

m_a——土中气体质量，可忽略不计；

m——土的总质量，$m=m_s+m_w$；

V_s——土粒的体积；

V_w——土中水所占的体积；

V_a——土中气体所占的体积；

V_v——土中孔隙体积，$V_v=V_w+V_a$；

V——土的总体积，$V=V_s+V_w+V_a$。

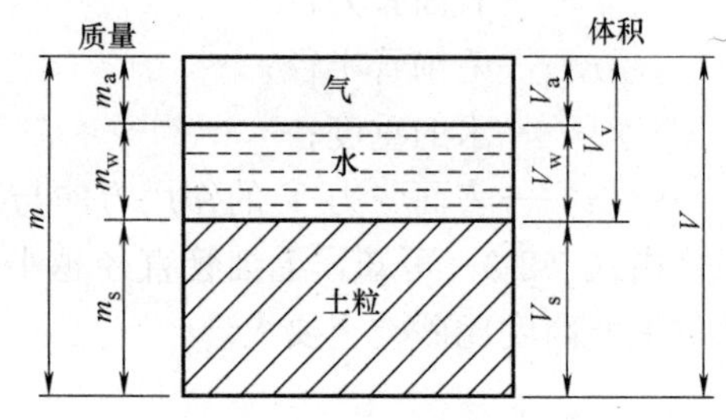

图 2-9　土的三相组成示意图

土的三相物理性质指标可分为两种：一种是必须通过土工试验测定的指标，如土的密度 ρ、土粒相对密度 d_s、含水率 w，称为实测指标，也称为土的基本指标；另一种是根据实测指标换算得到的指标，如反映土的松密程度的孔隙率 n 和孔隙比 e，反映土中含水程度的饱和度 S_r 等，称为换算指标。

2.3.1 实测指标

1. 土的天然密度 $\boldsymbol{\rho}$

单位体积土的质量称为土的密度，单位为 g/cm^3 或 kg/m^3，即

$$\rho=\frac{m}{V} \tag{2-4}$$

天然状态下土的密度变化范围很大，一般黏性土 $\rho=1.8\sim2.0g/cm^3$，砂土 $\rho=1.6\sim2.0g/cm^3$，腐殖土 $\rho=1.5\sim1.7g/cm^3$。

对具有黏聚力的土体，其密度一般用“环刀法”测定。用容积已知的圆环刀刃口向下切取原状土样，使保持天然状态的土样压满环刀内，用天平称得环刀内土样质量，其与环刀容积之比值即为土的密度。

对于散状的土体，其密度一般用灌砂法测定。在散粒体的土体中，按规定挖一直径 150～250mm，深度 200～300mm 的试坑，将挖出的土全部收集并称其质量；用标准砂将试坑填满，称标准砂质量，计算得出试坑体积；试坑挖出全部土质量与其体积之比即为散粒土的密度。

单位体积土的重量称为土的重度，用 γ 表示，单位为“kN/m^3”，表达式为：

$$\gamma=\frac{mg}{V}=\rho g \tag{2-5}$$

式中　g——重力加速度，约等于 9.81m/s^2 或 9.81N/kg，在土力学计算中一般取 10N/kg。

2. 土的含水率 w

土中水的质量与土粒质量之比称为土的含水率，以百分数计，即

$$w=\frac{m_w}{m_s}\times 100\% \tag{2-6}$$

土的含水率反映土的干湿程度。含水率越大，一般来说，土也越软。土的含水率变化幅度很大，它与土的种类、埋藏条件及所处的地理环境等有关。一般干的粗砂土，其值接近于零，而饱和砂土可达 40%，坚硬黏土含水率可小于 30%，而饱和状态的软黏土（如淤泥）可达 60%或更大。泥炭土含水率可达 300%，甚至更高。一般来说，同一类土，当其含水率增大时，则其强度降低。

土的含水率一般用“烘干法”测定。先称小块原状土样湿土质量（15～30g），然后置于烘箱内维持 100～105℃烘至恒重，再称干土质量，湿土与干土质量之差与干土质量之比，就是土的含水率。

3. 土粒相对密度 d_s

土粒质量与同体积 4℃时水的质量之比称为土粒相对密度，无量纲，即

$$d_s=\frac{m_s}{V_s}\cdot\frac{1}{\rho_{w1}}=\frac{\rho_s}{\rho_{w1}} \tag{2-7}$$

式中　ρ_s——土粒密度，即土粒单位体积的质量（g/cm^3）；

ρ_{w1}——纯水在 4℃时的质量（单位体积的质量），等于 1g/cm^3 或 10kg/cm^3。

一般情况下，土粒相对密度在数值上就等于土粒密度。土粒相对密度取决于土的矿物成分，它的数值一般为 2.6～2.8；同一类的土，其土粒相对密度的变化幅度不大。

土粒相对密度在实验室内用“比重瓶法”测定。将风干碾碎的土样注入比重瓶内，由排出同体积的水的质量原理测定土颗粒的体积 V_s。由于相对密度变化幅度不大，通常可按经验数值选用。一般土粒相对密度参考值如表 2-3 所示。

土粒相对密度参考值　　**表 2-3**

土的名称	砂土	粉土	黏性土		有机质土	炭土
			粉质黏土	黏土		
土粒相对密度	2.65～2.69	2.70～2.71	2.72～2.73	2.74～2.76	2.4～2.5	1.5～1.8

2.3.2　换算指标

1. 反映土中孔隙含量的指标

（1）土的孔隙比 e

土中孔隙体积与土颗粒体积之比称为孔隙比 e，即

$$e=\frac{V_v}{V_s} \tag{2-8}$$

孔隙比 e 用小数表示，它是土的重要物理指标，可以用来评价天然土层的密实程度。一般 $e<0.6$ 的土是密实的低压缩性土，$e>1.0$ 的土是疏松的高压缩性土。

（2）土的孔隙率 n

土中孔隙体积与总体积之比称为孔隙率 n，以百分数表示，即：

$$n=\frac{V_v}{V}\times100\%\tag{2-9}$$

2. 反映土中含水程度的指标

土的饱和度 S_r

土中孔隙水体积与孔隙总体积之比，称为土的饱和度，以百分数表示，即：

$$S_r=\frac{V_w}{V_v}\times100\%\tag{2-10}$$

土的饱和度反映土中孔隙被水充满的程度，若 $S_r=100\%$表示土孔隙中充满水，土是完全饱和。$S_r=0$ 为完全干燥的土。根据饱和度 S_r 的指标砂土分为稍湿、很湿与饱和三种湿度状态，其划分标准见表 2-4。

砂类土湿度状态的划分 **表 2-4**

砂土湿度状态	稍湿	很湿	饱和
饱和度	$S_r\leqslant50\%$	$50\%<S_r\leqslant80\%$	$S_r>80\%$

3. 反映特殊条件下土的密度和重度

(1) 土的干密度 ρ_d 和土的干重度 γ_d

单位体积土中固体颗粒的质量，称为土的干密度，即为完全干燥情况下单位体积土体的质量，即：

$$\rho_d=\frac{m_s}{V}\tag{2-11}$$

单位体积土中固体颗粒的重量称为土的干重度 γ_d，单位是"kN/m^3"，即：

$$\gamma_d=\rho_d g\tag{2-12}$$

土的干密度反映填方工程（如土坝、路基和人工压实地基）中填土的松密，可控制填土的压实质量。

(2) 土的饱和密度 ρ_{sat} 和饱和重度 γ_{sat}

土孔隙中全部充满水时的单位体积质量，称为土的饱和密度 ρ_{sat}，即：

$$\rho_{sat}=\frac{m_s+V_v\rho_w}{V}\tag{2-13}$$

土孔隙中全部充满水时单位体积的重量，称为土的饱和重度 γ_{sat}，即：

$$\gamma_{sat}=\frac{m_s g+V_v\gamma_w}{V}\tag{2-14}$$

式中 γ_w——水的重度，工程实用上常近似取值 $10kN/m^3$。

(3) 土的有效密度和有效重度 γ'

在地下水位以下的土，单位体积土中土粒的质量扣除同体积水的质量后，即为单位体积土中土粒的有效质量，称为土的有效密度 ρ'，即：

$$\rho'=\frac{m_s-V_v\rho_w}{V}\tag{2-15}$$

地下水位以下的土，单位体积土中土粒的重量扣除同体积水的重量后，称为土的有效

重度 γ'，即：

$$\gamma'=\frac{m_s-V_v\rho_w}{V}g=\gamma_{sat}-\gamma_w \tag{2-16}$$

对于同一种土，在体积不变的条件下各种密度或重度指标在数值上有如下关系：

$$\rho'<\rho_d\leqslant\rho\leqslant\rho_{sat} \text{ 或 } \gamma'<\gamma_d\leqslant\gamma\leqslant\gamma_{sat}$$

2.3.3 土的三相比例指标的换算

如前所述，土的三相比例指标中，土的天然密度 ρ、含水率 w、土粒相对密度 d_s 是通过试验直接测定的。在测定这三个基本指标后，根据定义可以换算出其余各个指标。

常采用如图 2-10 所示三相草图进行各指标间关系的推导。令 $V_s=1$，则有：

$$V_v=e, V=1+e, m_s=V_s d_s\rho_w=d_s\rho_w, m_w=w\cdot m_s$$

$$m=m_s+m_w=(1+w)d_s\rho_w$$

由 $\rho=\dfrac{m}{V}=\dfrac{d_s(1+w)\rho_w}{1+e}$，得：

$$e=\frac{d_s(1+w)\rho_w}{\rho}-1 \tag{2-17}$$

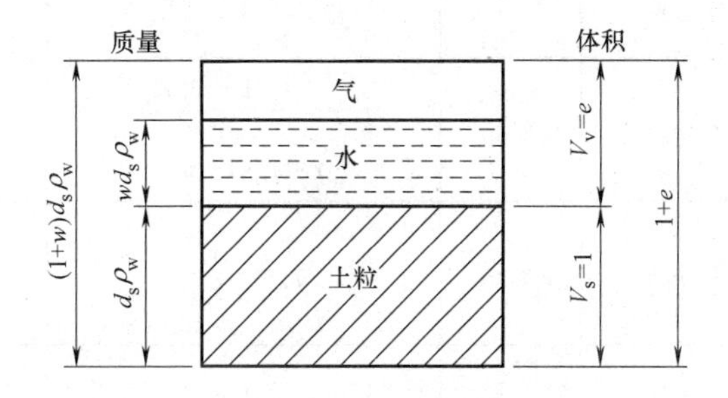

图 2-10　土的三相物理指标换算图

其余换算指标依据定义推导如下：

$$\rho_d=\frac{m_s}{V}=\frac{d_s\rho_w}{1+e}=\frac{\rho}{1+w} \tag{2-18}$$

$$\rho_{sat}=\frac{m_s+V_v\rho_w}{V}=\frac{(d_s+e)\rho_w}{1+e} \tag{2-19}$$

$$\gamma'=\frac{m_s g-V_s\gamma_w}{V}=\frac{m_s g-(V-V_v)\gamma_w}{V}=\frac{m_s g+V_v\gamma_w-V\gamma_w}{V}=\gamma_{sat}-\gamma_w \tag{2-20}$$

$$n=\frac{V_v}{V}=\frac{e}{1+e} \tag{2-21}$$

$$S_r=\frac{V_w}{V_v}=\frac{m_w}{V_v\rho_w}=\frac{wd_s}{e} \tag{2-22}$$

将土的三相物理指标换算公式列于表 2-5 中。

土的三相物理指标换算公式 **表 2-5**

指标名称	符号	表达式	单位	换算公式	常见数值范围
土粒相对密度	d_s	$d_s=\frac{m_s}{V_s}\cdot\frac{1}{\rho_{w1}}$		$d_s=\frac{S_r e}{w}$	黏性土:2.72～2.75 粉土:2.70～2.71 砂土:2.65～2.69
含水率	w	$w=\frac{m_w}{m_s}\times100\%$		$w=\frac{S_r e}{d_s}\times100\%$ $=\left(\frac{\rho}{\rho_d}-1\right)\times100\%$	20%～60%
密度	ρ	$\rho=\frac{m}{V}$	g/cm³	$\rho=\frac{d_s+S_r e}{1+e}\rho_w$ $\rho=\frac{d_s(1+w)\rho_w}{1+e}$	1.6～2.0
干密度	ρ_d	$\rho_d=\frac{m_s}{V}$	g/cm³	$\rho_d=\frac{\rho}{1+w}$ $\rho_d=\frac{d_s}{1+e}\rho_w$	1.3～1.8
饱和密度	ρ_{sat}	$\rho_{sat}=\frac{m_s+V_v\rho_w}{V}$	g/cm³	$\rho_{sat}=\frac{d_s+e}{1+e}\rho_w$	1.8～2.3
重度	γ	$\gamma=\rho g$	kN/m³	$\gamma=\frac{d_s(1+w)\gamma_w}{1+e}$ $\gamma=\gamma_d(1+w)$	16～20
干重度	γ_d	$\gamma_d=\rho_d g$	kN/m³	$\gamma_d=\frac{\gamma}{1+w}$	13～18
饱和重度	γ_{sat}	$\gamma_{sat}=\rho_{sat}g$	kN/m³	$\gamma_{sat}=\frac{d_s+e}{1+e}\gamma_w$	18～23
有效重度	γ'	$\gamma'=\frac{m_s g-V_s\gamma_w}{V}$	kN/m³	$\gamma'=\gamma_{sat}-\gamma_w=\frac{(d_s-1)\gamma_w}{1+e}$	8～13
孔隙比	e	$e=\frac{V_v}{V_s}$		$e=\frac{d_s(1+w)\rho_w}{\rho}-1$	黏性土和粉土： 0.40～1.20 砂土：0.30～0.90
孔隙率	n	$n=\frac{V_v}{V}\times100\%$		$n=\frac{e}{1+e}$	黏性土和粉土： 30%～60% 砂土：25%～45%
饱和度	S_r	$S_r=\frac{V_w}{V_v}\times100\%$		$S_r=\frac{wd_s}{e}=\frac{w\gamma_d}{n\gamma_w}$	0～100

【例 2-1】 某原状土样的体积为 200cm³，湿土的质量为 350g，烘干后测得质量为 290g，土的相对密度为 2.68，计算该土样的密度、重度、含水率、干密度、干重度、孔隙比和饱和重度。

【解】 已知 $V=200\text{cm}^3$，$m=350\text{g}$，$m_s=290\text{g}$，$d_s=2.66$

（1）根据定义，该土的密度

$$\rho=\frac{m}{V}=\frac{350}{200}=1.75\text{g/cm}^3$$

土的重度

$$\gamma=\rho g=1.75\times10=17.5\text{kN/m}^3$$

（2）由已知条件得土中水的质量为

$$m_w=m-m_s=350-290=60\text{g}$$

含水率

$$w=\frac{m_w}{m_s}\times100\%=\frac{60}{290}\times100\%=20.7\%$$

（3）干密度

$$\rho_d=\frac{m_s}{V}=\frac{290}{200}=1.45\text{g/cm}^3$$

（4）干重度

$$\gamma_d=\rho_d g=1.45\times10=14.5\text{kN/m}^3$$

（5）土的孔隙比

$$e=\frac{d_s\rho_w(1+w)}{\rho}-1=\frac{2.68\times(1+20.7\%)\times1}{1.75}-1=0.85$$

（6）饱和土重度

$$\gamma_{sat}=\frac{d_s+e}{1+e}\gamma_w=\frac{2.68+0.85}{1+0.85}\times10=19.08\text{kN/m}^3$$

【例 2-2】 某干砂试样干密度 $\rho_d=1.66\text{g/cm}^3$，土粒相对密度 $d_s=2.69$，置于雨中，若砂样体积不变，饱和度增至40%时，此砂在雨中的含水率、密度和重度各是多少？

【解】 对于干砂试样，其干密度应为 $\rho_d=1.66\text{g/cm}^3$

孔隙比：$e=\frac{d_s\rho_w}{\rho_d}-1=\frac{2.69\times1}{1.66}-1=0.62$

雨后含水率：$w=\frac{S_r e}{d_s}=\frac{40\%\times0.62}{2.69}=9.2\%$

雨后砂样密度：$\rho=\frac{d_s(1+w)}{1+e}\rho_w=\frac{2.69\times(1+9.2\%)}{1+0.62}=1.81\text{g/cm}^3$

雨后砂样重度：$\gamma=\rho g=1.81\times10=18.1\text{kN/m}^3$

2.4 无黏性土的密实度

无黏性土一般是指砂类土和碎石类土。这类土中一般黏粒含量甚少，不具有可塑性，呈单粒结构。无黏性土的密实程度与其工程性质有着密切的关系。无黏性土呈密实状态时，土的强度较大，可作为良好的天然地基；呈疏松状态时，承载能力较小，受荷载作用压缩变形大，是不良地基，尤其是饱和粉细砂，稳定性很差，在振动荷载作用下可能产生液化。

2.4.1 砂土的密实度

砂土的密实度可用天然孔隙比衡量。对于砂土，当孔隙比 $e<0.6$ 时属于密实的砂土，

是良好的地基土；当孔隙比 $e>0.95$ 时为松散状态，不宜作为天然地基。

根据孔隙比 e 来评价砂土的密实度虽然简单，但没有考虑土颗粒级配的影响。例如，有某一确定的天然孔隙比，对均粒的砂土，即级配不良的砂土，可能处于密实状态；而对于级配良好的砂土，同样具有这一孔隙比，则可能为中密或稍密状态。因此，为了合理确定砂土的密实度状态，在工程上提出了相对密实度 D_r 的概念。相对密实度的表达式为：

$$D_r=\frac{e_{max}-e}{e_{max}-e_{min}} \tag{2-23}$$

式中 e_{max}——砂土的最大孔隙比，即在最松散状态时的孔隙比，一般用“松砂器法”测定；

e_{min}——砂土的最小孔隙比，即在最密实状态下的孔隙比，一般用“振击法”测定；

e——砂土在天然状态下的孔隙比。

从上式可看出：$e=e_{min}$ 时，$D_r=1$，土呈最密实状态；

$e=e_{max}$ 时，$D_r=0$，土呈最松散状态。

因此，D_r 值能反映无黏性土的密实度。根据 D_r 值划分砂土密实度的标准如表 2-6 所示。

按相对密实度 D_r 划分砂土密实度 **表 2-6**

密实度	密实	中密	松散
D_r	$2/3<D_r\leqslant 1$	$1/3<D_r\leqslant 2/3$	$D_r\leqslant 1/3$

相对密实度从理论上反映了颗粒级配、颗粒形状等因素。但由于对砂土很难采取原状土样，故天然孔隙比 e 值不易确定，而且最大、最小孔隙比的试验方法存在人为因素影响，对同一砂土的试验结果往往离散性很大。因此，《建筑地基基础设计规范》GB 50007—2011 和《公路桥涵地基与基础设计规范》JTG 3363—2019 中均用标准贯入锤击数 N 来划分砂土的密实度，如表 2-7 所示。

砂土的密实度 **表 2-7**

密实度	密实	中密	稍密	松散
标贯击数 N	$N>30$	$15<N\leqslant 30$	$10<N\leqslant 15$	$N\leqslant 10$

2.4.2 碎石土的密实度

《建筑地基基础设计规范》GB 50007—2011 中，碎石土的密实度可按重型（圆锥）动力触探试验锤击数 $N_{63.5}$ 划分，如表 2-8 所示。

码 2-3 砂土与碎石土的密实度

碎石土的密实度 **表 2-8**

密实度	密实	中密	稍密	松散
$N_{63.5}$	$N_{63.5}>20$	$10<N_{63.5}\leqslant 20$	$5<N_{63.5}\leqslant 10$	$N_{63.5}\leqslant 5$

注：1. 本表适用于平均粒径小于或等于 50mm 且最大粒径不超过 100mm 的卵石、碎石、圆砾、角砾；对于平均粒径大于 50mm 或最大粒径大于 100mm 的碎石土，可按规范附录鉴别其密实度；

2. 表内 $N_{63.5}$ 为经综合修正后的平均值。

碎石土颗粒较粗，更不易取得原状土样，也难以将贯入器击入其中。对这类土更多的是在现场进行观察，根据其骨架颗粒含量、排列、可挖性及可钻性鉴别。表 2-9 为碎石类土的野外鉴别方法。

碎石土密实度的野外鉴别方法 **表 2-9**

密实度	骨架颗粒含量和排列	可挖性	可钻性
密实	骨架颗粒含量大于总重量的70%，呈交错排列，连续接触	锹镐挖掘困难，用撬棍方能松动；井壁一般较稳定	钻进极困难，冲击钻探时，钻杆、吊锤跳动剧烈；孔壁较稳定
中密	骨架颗粒含量等于总重量的60%～70%，呈交错排列，大部分接触	锹镐可挖掘，井壁有掉块现象，从井壁取出大颗粒时能保持颗粒凹面形状	钻进较困难；冲击钻探时，钻杆、吊锤跳动不剧烈；孔壁有坍塌现象
稍密	骨架颗粒含量等于总重量的55%～60%，排列混乱，大部分不接触	锹可以挖掘；井壁易坍塌；从井壁取出大颗粒后砂土立即坍落	钻进较容易；冲击钻探时钻杆稍有跳动；孔壁易坍塌
松散	骨架颗粒含量小于总重量的55%，排列十分混乱，绝大部分不接触	锹易挖掘，井壁极易坍塌	钻进很容易；冲击钻探时钻杆无跳动；孔壁极易坍塌

注：1. 骨架颗粒是指与碎石土分类名称相对应粒径的颗粒；
2. 碎石土密实度的划分应按表列各项要求综合确定。

2.5 黏性土的物理特性

2.5.1 黏性土的界限含水率

黏性土是指具有黏聚力的所有细粒土，包括粉土、粉质黏土和黏土。工程实践表明，黏性土的含水率对其工程性质影响很大。当含水率很低时，水被颗粒表面的电荷吸附于颗粒表面，土中水为强结合水，而强结合水的性质接近于固定，此时，土呈现固态或半固态。当含水率增加，吸附在颗粒周围的水膜增厚，土颗粒周围除强结合水外还出现了弱结合水，弱结合水不能自由流动，具有黏滞性，土体呈现可塑状态。黏性土的可塑状态是指黏性土在某含水率范围内可用外力塑成任何形状而不产生裂纹，并当外力移去后仍能保持既得的形状，黏性土的这种特性称为可塑性。弱结合水的存在是土具有可塑性的主要原因。当土的含水率继续增加，土中开始出现自由水，土体像液体泥浆那样不能保持其形状，极易流动，呈现出流动状态。土从固态进入到半固态、可塑态、流动状态的过程如图 2-11 所示。

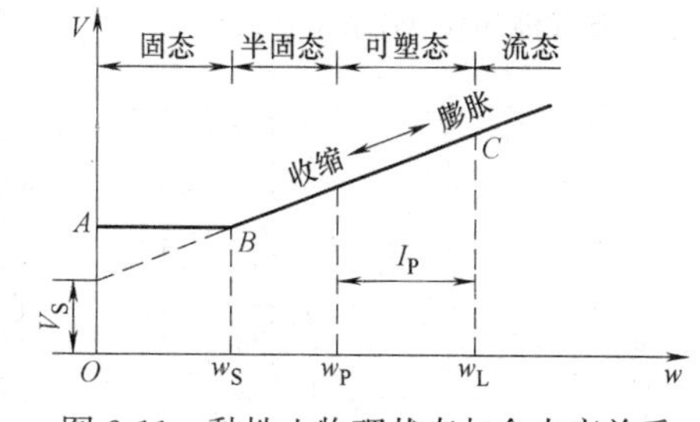

图 2-11 黏性土物理状态与含水率关系

1. 界限含水率

黏性土由一种状态转到另一种状态的界限含水率称为界限含水率。它对黏性土的分类及工程性质评价有重要意义。

缩限（w_S）——黏性土由半固体状态转变固体状态的界限含水率，即黏性土随含水率的减小而体积开始不变时的含水率称为缩限，用 w_S 表示。

塑限（w_P）——黏性土由可塑状态转变为半固态的界限含水率称为塑限，用 w_P 表示。此时，土中的强结合水膜达到最大，并开始出现弱结合水。

液限（w_L）——黏性土由流动状态转变为可塑状态的界限含水率称为液限，用 w_L 表示。此时，土中水开始出现自由水。

2. 液限和塑限的测定

我国采用锥式液限仪（图 2-12）测定黏性土的液限。测试方法如下：将盛土杯中装满调和均匀的重塑土样，刮平杯口表面，放置于底座上，将 76g、锥角为 30°的圆锥体轻放在试样表面的中心，使其在自重作用下沉入试样，若圆锥体经过 5s 恰好沉入 10mm，这时杯内土样的含水率就是液限值 w_L。为了避免放锥时的人为晃动影响，现在多采用电磁放锥的方法，可以提高测试精度，实践证明其效果较好。

码 2-4　液限与塑限

在国际上，美国、日本等国家使用碟式液限仪（图 2-13）来测定黏性土的液限。它是将调成浓糊状的试样装在碟内，刮平表面，用开槽器在土中成槽，槽底宽度为 2mm，然后将碟子抬高 10mm，使碟子自由落下，连续 25 次，如土槽合拢长度为 13mm，这时试样的含水率就是液限。

黏性土的塑限 w_P 采用"搓条法"测定，该法是把调制均匀的湿土样，放在毛玻璃板上用手掌慢慢搓成小土条，若土条搓到直径为 3mm 时恰好断裂，这时断裂土条的含水率就是塑限 w_P。搓条法受人为因素影响较大，因而成果不稳定。近年来许多单位都在探索一些新的方法，以便取代搓条法，如液塑限联合测定法。

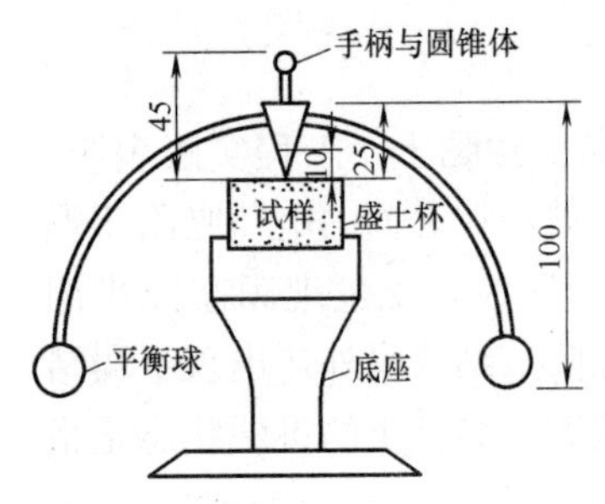

图 2-12　锥式液限仪（单位：mm）

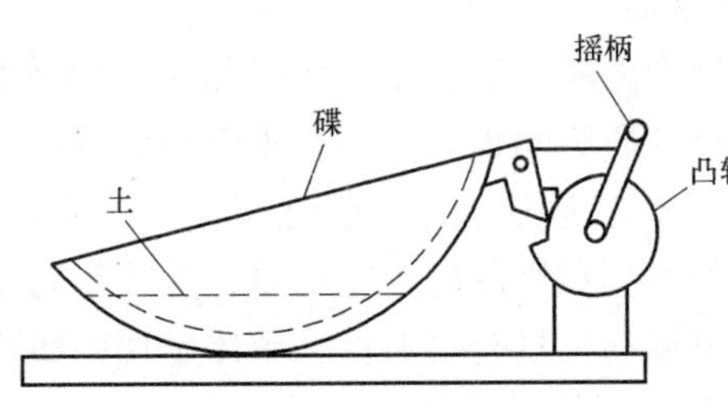

图 2-13　蝶式液限仪

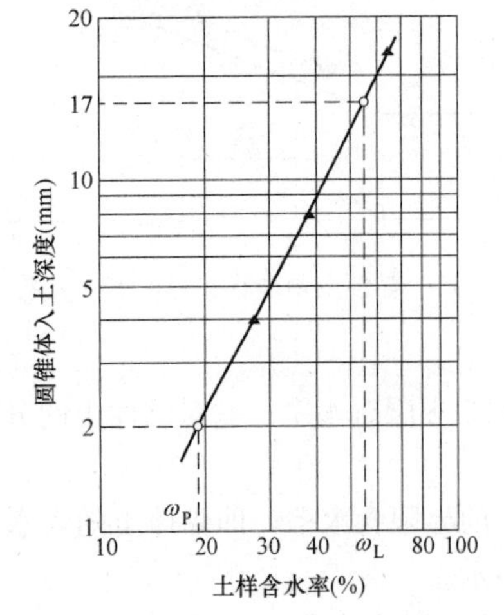

图 2-14　圆锥入土深度和含水率的关系

联合测定法求液限、塑限是采取锥式液限仪以电磁放锥法对黏性土试样按不同的含水率进行若干次试验（一般为 3 组），并按测定结果在双对数坐标纸上做出 76g 圆锥体的入土深度与含水率的关系曲线（图 2-14）。根据大量试验资料，它接近于一条直线。

为了使国内外液限测定结果具有可比性，现行标准《土工试验方法标准》GB/T 50123、《土的工程分类标准》GB/T 50145 规定，在含水率与圆锥入土深度的关系图上取圆锥入土深度 17mm 所对应的含水率为液限，取圆锥入土深度 10mm 所对应的含水率为 10mm 液限，取圆锥入土深度为 2mm 所对应的含水率为塑限。现行《公路土工试验规程》JTG E40 规定：采用 76g 圆锥仪下沉深度 17mm 或 100g 圆锥仪下沉深度 20mm 的液限值，与碟式液限仪测定的液限值相当。

2.5.2 黏性土的塑性指数和液性指数

1. 塑性指数 I_P

土的塑性指数是液限与塑限的差值（省略%符号），用符号 I_P 表示，即

$$I_P = w_L - w_P \tag{2-24}$$

塑性指数 I_P 表示土处于可塑状态的含水率变化范围，它与土中结合水的含量、土的颗粒组成、矿物成分以及土中水的离子成分和浓度等因素有关。一般来说，土粒越细，且细颗粒（黏粒）的含量越高，则其比表面积和结合水含量越高，I_P 值越大；黏土矿物（尤其是蒙脱石）具有的结合水量大，I_P 也大；水中高价阳离子的浓度增加时，土粒表面吸附的反离子层的厚度变薄，结合水含量相应减少，I_P 也变小，反之则大。因此，塑性指数 I_P 在一定程度上综合反映了影响黏性土特征的各种主要因素，在工程上常用其对黏性土进行分类。

2. 液性指数 I_L

土的液性指数是指黏性土的天然含水率与塑限的差值除以塑性指数，用符号 I_L 表示，即

$$I_L = \frac{w - w_P}{w_L - w_P} = \frac{w - w_P}{I_P} \tag{2-25}$$

由式（2-25）可见：当 $I_L < 0$ 时，即 $w < w_P$，土处于坚硬状态；当 $0 \leqslant I_L \leqslant 1.0$ 时，即 $w_P \leqslant w \leqslant w_L$，土是可塑的；当 $I_L > 1.0$ 时，即 $w > w_L$。因此，液性指数值可以反映黏性土的软硬状态，I_L 值越大，黏性土越软。

《建筑地基基础设计规范》GB 50007—2011 规定黏性土根据液性指数值划分为坚硬、硬塑、可塑、软塑及流塑五种状态，如表 2-10 所示。需要注意的是，该规范采用圆锥入土深度 10mm 所对应的液限计算液性指数。

黏性土软硬状态的划分 **表 2-10**

状态	坚硬	硬塑	可塑	软塑	流塑
液性指数	$I_L \leqslant 0$	$0 < I_L \leqslant 0.25$	$0.25 < I_L \leqslant 0.75$	$0.75 < I_L \leqslant 1.0$	$I_L > 1.0$

由液限和塑限的测定方法可知，液限 w_L 和塑限 w_P 都是土样在完全扰动的情况下测得的，因此它只反映了天然结构已破坏的重塑土物理状态的界限含水率。它们反映黏土颗粒与水的相互作用，但并不完全反映具有结构性的黏性土体与水的关系，以及作用后表现出的物理状态。因此，保持天然结构的原状土，在其含水率达到液限以后，并不处于流动状态，即室内测得的 $I_L > 1.0$ 的天然原状土并未真正处于流动状态，而称其为流塑状态。在含水率相同的情况下，原状土要比重塑土坚硬。

2.5.3 黏性土的灵敏度和触变性

1. 黏性土的灵敏度

黏性土的一个重要特征是具有天然结构性，当天然结构被破坏时，土粒间的胶结物质以及土粒、离子、水分子之间所组成的平衡体系受到破坏，黏性土的强度降低，压缩性增大。土的结构性对强度的这种影响一般用灵敏度来衡量。土的灵敏度是具有天然结构性原

状土的强度与完全扰动后重塑土的强度之比，重塑试样具有与原状试样相同的尺寸、重度和含水率。强度测定通常采用无侧限抗压强度试验（详见第5章）。对于黏性土的灵敏度可按下式计算：

$$S_t = q_u / q'_u \tag{2-26}$$

式中 q_u——原状土试样的无侧限抗压强度（kPa）；

q'_u——重塑土试样的无侧限抗压强度（kPa）。

根据灵敏度可将饱和黏性土分为低灵敏度（$1<S_t \leqslant 2$）、中灵敏度（$2<S_t \leqslant 4$）、高灵敏度（$S_t>4$）。土的灵敏度越高，结构性越强，扰动后土的强度降低越多，所以在地基处理和基础施工中应尽量减少对黏性土结构的扰动。

2. 黏性土的触变性

与土的结构性相反的是土的触变性。饱和黏性土的结构受到扰动后，强度降低，但随着静置时间增加，土粒、离子、水分子之间又组成新的平衡体系，土的强度逐渐恢复，这种性质称为土的触变性。在黏性土中沉桩时，常利用振动的方法破坏桩侧土与桩尖土的结构，降低沉桩阻力。但在沉桩完成后，土的强度随时间逐渐恢复，使桩的承载能力逐渐增加，这就是利用了土的触变性机理。

软黏土易于触变的实质是这类土的微观结构主要为片架结构，含有大量的结合水。土体的强度主要来源于土粒间的连接特征，即粒间电分子力产生的“原始黏聚力”和粒间胶结物产生的“固化黏聚力”。当土体被扰动时，这两类黏聚力被破坏或部分破坏，土体强度降低。但扰动破坏的外力停止后，被破坏的粒间电分子力可随时间部分恢复，因而强度有所增大。然而，固化黏聚力的破坏是无法在短时间内恢复的。因此，易于触变的土被扰动而降低的强度仅能部分恢复。

2.6 土的压实性

在土木工程建设中，经常会遇到需要将土按一定要求进行堆填和密实的情况，例如路堤、土坝、桥台、挡土墙、管道埋设、基础垫层以及基坑回填等。填土经过挖掘、搬运之后，原状结构已被破坏，含水率也已经发生变化，堆填时必然在土团之间留下许多大孔隙。为了提高填土的密实程度，降低其透水性和压缩性，通常采用分层压实的办法来处理填方土和地基。压实就是利用外部的夯击能，使土颗粒重新排列压实变密，从而增强土颗粒之间的摩擦和咬合力，并增加土颗粒间的分子引力，使土在短时间内得到新的结构强度。在室内通常采用击实试验测定土的压实度；在现场通过夯打、碾压或振动达到工程填土所要求的压实度。

土的压实效果一般用干重度 γ_d 来表示。未经压实松散土的干重度一般为 11.0～13.0kN/m^3，经压实后可达 15.5～18.0kN/m^3，一般填土为 16.0～17.0kN/m^3。

在一定的压实功能下使土最容易压实，并能达到最大干重度时的含水率称为土的最优（或最佳）含水率，用 w_{op} 表示，相对应的干重度称为最大干重度，用 γ_{dmax} 表示。

2.6.1 击实试验及压实特性

击实试验是在室内研究土的压实性的基本方法。击实试验分为重型和轻型两种，分别适用于粒径不大于 20mm 的土和粒径小于 5mm 的黏性土。击实仪器主要包括击实筒、击实锤及导筒等。试验时，用同一种土配制成5～6份含水率不同的试样，将含水率一定的土样分层装入击实筒，每铺一层后用击实锤按规定的落距和击数锤击土样。试验达到规定击数后，测定被击实土样含水率和干重度，如此重复上述试验，并将结果绘制成含水率与干重度的关系曲线，称为击实曲线，如图2-15所示。

击实曲线具有以下特点：

(1) 曲线具有峰值。峰值点所对应的纵坐标值为最大干重度，相应的横坐标为最优含水率，用w_{op}表示。当土的含水率达到最优含水率w_{op}时，才能被击实至最大干重度γ_{dmax}，达到最佳的击实效果。

(2) 击实曲线的形态。击实曲线在最优含水率两侧的形态不同，曲线左段比右段坡度陡，说明土的含水率小于最优含水率，处于偏干状态时，含水率对土的干重度影响更为显著。

(3) 击实曲线与饱和曲线的位置关系。理论饱和曲线表示当土处于饱和状态时的w-γ_{dmax}关系。击实曲线位于理论饱和曲线左侧，表明击实土不可能被击实到完全饱和状态。试验证明，黏性土在最佳击实情况（即击实曲线峰值）下，其饱和度通常为80%左右。这表明当土的含水率接近和大于最佳值时，土孔隙中的气体越来越处于与大气不连通的状态，击实作用已不能将其排出土外。

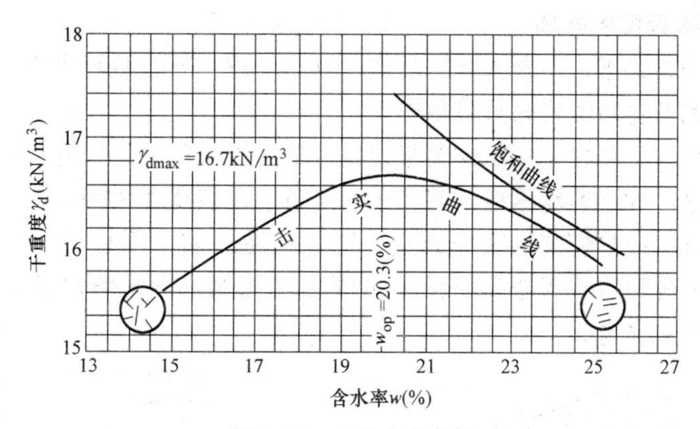

图2-15　土的击实曲线

2.6.2　影响击实效果的因素

大量的工程实践和试验研究表明，影响土的压实效果的主要因素是土的含水率、压实功、土的类别和颗粒级配等。

1. 含水率的影响

含水率的大小对土的击实效果影响极大。在同一击实功作用下，当土的含水率小于最优含水率时，随含水率增大，击实土干重度增大。当土的含水率大于最优含水率时，随含水率增大，击实土干重度减小。究其原因是当土很干时，土中水以强结合水状态存在，土颗粒之间的摩擦力、黏聚力都很大，土粒相对移动有困难，因而不宜压实。当含水率增大时，逐渐出现了弱结合水，且逐渐增厚，摩擦力和黏聚力减小，土颗粒之间彼此容易移动，故随着含水率增大，土的击实干重度增大，直至最优含水率时，干重度达到最大值。当土的含水率大于最优含水率后，水所占据的体积增大，限制了颗粒的进一步接近。含水率越大，水占据的体积越大，颗粒能够所占据的体积越小，因而干重度逐渐减小。由此可见，含水率不同，在一定击实功下，其击实效果也不同。

2. 压实功的影响

压实功是除含水率以外的另一个影响击实效果的重要因素。夯击的压实功与夯锤的质量、落高、夯击次数以及被夯击土的厚度等有关，碾压的压实功则与碾压机具的质量、接触面积、碾压遍数以及土层的厚度等有关。

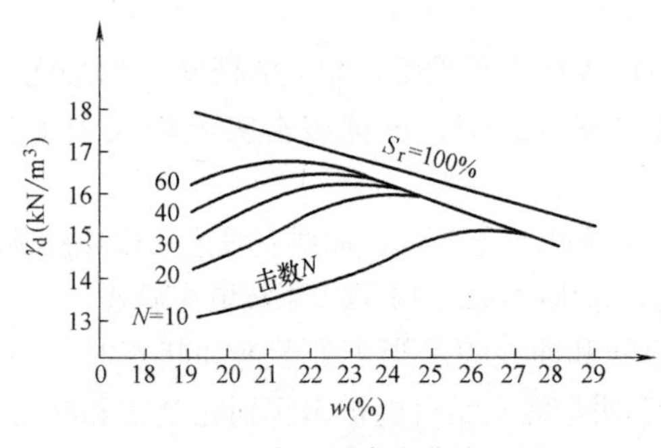

图 2-16　压实功对击实曲线的影响

图 2-16 表示了同一种土样在压实功下对击实曲线的影响。加大土的压实功能，能克服较大的粒间阻力，会使土的最大干重度增大，最优含水率减小。同时，当土的含水率较小时，增加压实功的效果显著，当含水率较高时，含水率与干重度的关系趋近于饱和曲线，增大压实功，改善土的密实度效果较差。另外，随着压实功的增加，最优含水率值变小，因此在填土压实工程中，若土的含水率较小，需选用压实功较大的机具；若土的含水率较大，则应选择压实功较小的机具，否则会出现“橡皮土”现象。

3. 不同土类和级配的影响

在同一压实功条件下，不同土类的击实特性不一样，土的颗粒大小、级配、矿物成分和添加的材料等因素也对压实效果有影响。

在相同压实功下，黏性土在黏粒含量较高、塑性指数越大，吸附水层越薄，击实过程中土粒错动越困难，故压实越困难，最大干重度越小，最优含水率越高。反之，土颗粒越粗，就越能在低含水率时获得最大干重度。图 2-17 是 5 种不同粒径、级配的土样在同一标准击实试验中所得到的 5 条击实曲线。由图 2-17 可见，含粗颗粒越多的土样，最大干重度越大，最优含水率越低。

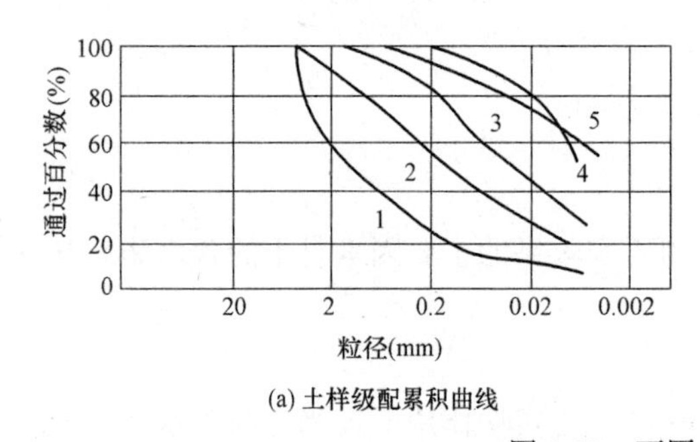

(a) 土样级配累积曲线　　(b) 击实曲线

图 2-17　不同土样的击实曲线

对于砂性土，其干重度和含水率之间关系如图 2-18 所示，其与黏性土的曲线不同。含水率接近于零，有较高的干重度。一般干砂和完全饱和的砂土击实时容易密实，干重度较大；而潮湿状态的砂，因有毛细压力作用使砂土互相靠紧，阻止颗粒移动，击实效果不好；故最优含水率一般不适用于砂性土等无黏性土。无黏性土压实标准，通常以相对密实度 D_r 控制，一般不进行击实试验。

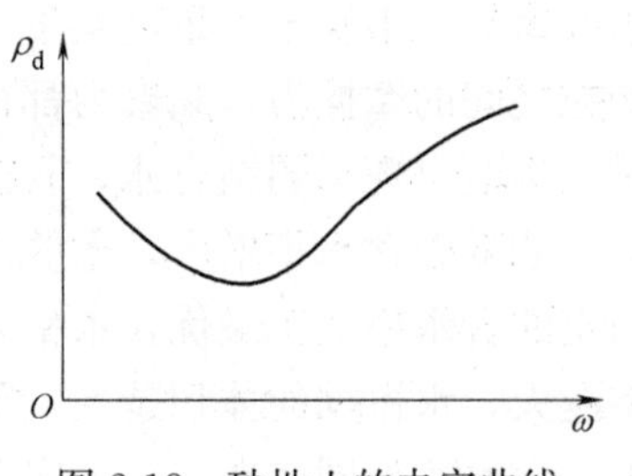

图 2-18　砂性土的击实曲线

2.6.3 压实特性在现场填土中的应用

土的压实特性均是从室内击实试验中得到的，而现场碾压或夯实的情况与室内击实试验有差别。例如，现场填筑时的碾压机械和击实试验的自由落锤的工作情况不一样，前者大都是碾压，而后者则是冲击。现场填筑中，土在填方中的变形条件与击实试验时土在刚性击实筒中的变形条件也不一样，前者可产生一定的侧向变形，后者则完全受侧向限制。目前还未能从理论上找出两者的普遍规律。但为了把室内的击实试验结果用于实际工程的设计与施工，必须研究室内击实试验和现场碾压的关系。

实践表明，尽管工地试验结果与室内试验结果有一定的差异，但用室内击实试验来模拟工地填土的压实是可靠的。现场填土压实质量的控制，采用压实系数来表示：

$$\lambda_c = \frac{\gamma'_{dmax}}{\gamma_{dmax}} \tag{2-27}$$

式中 γ'_{dmax}——工地碾压时要求达到的干重度；

γ_{dmax}——室内击实试验得到的最大干重度。

λ_c 值越接近于1，表示对填土压实质量的要求越高，这一标准应用于主要受力层或者重要工程中。对于路基的下层或次要工程，λ_c 值可取得小一些，具体取值参见《建筑地基基础设计规范》GB 50007—2011、《公路路基设计规范》JTG D30—2015、《建筑地基处理技术规范》JGJ 79—2012 等相关规范。从现场填土压实和室内击实试验对比可见，室内击实试验既是研究土的压实特性的室内基本方法，又为实际填方工程提供了两方面用途：一方面用来判别在某一压实功作用下土的击实性能是否良好，以及土可能达到的最佳密实度范围与相应的含水率，为现场填方选用合理填土含水率和填筑密度提供依据；另一方面是为制备试样以研究现场填土的力学特性提供合理的密度和含水率。

2.7 地基土的工程分类

土是自然地质历史的产物，它的成分、结构和性质千变万化，其工程性质也是千差万别的。为了能大致判别土的工程特性和评价土作为地基或建筑材料的适宜性，有必要对土进行工程分类。土的工程分类是根据分类用途和土的各种性质的差异将其划分为一定的类别。根据分类名称可大致判断土体的工程特性，评价土体作为建筑材料的适宜性以及结合其他性质指标来确定地基土的承载力等。

2.7.1 建筑地基土的工程分类

《建筑地基基础设计规范》GB 50007 和《岩土工程勘察规范》GB 50021 对地基土进行工程分类的特点是：注重土的天然结构特性和强度，并始终与土的主要工程特性——变形和强度特征紧密联系。因此，首先考虑了按地质年代和地质成因的划分，同时将某些特殊形成条件和特殊工程性质的区域性特殊土与普通土区别开来。

这种分类方法的体系比较简单，按照土的颗粒级配和塑性指数将地基土分成碎石土、砂土、黏性土和特殊土；依据土的特殊性分为软土、湿陷性黄土、红黏土、膨胀土、盐渍土和人工填土。

1. 岩石的工程分类

（1）岩石按照坚硬程度分类

岩石根据坚硬程度分为硬质岩石和软质岩石两类（表 2-11）。

岩石坚硬程度分类　　表 2-11

类别	强度(MPa)	代表性岩石
硬质岩石	≥30	花岗岩、闪长岩、玄武岩、石英砂岩、硅质砾岩、花岗片麻岩、石英岩等
软质岩石	<30	页岩、黏土岩、绿泥石片岩、云母片岩

注：强度系指未风化的饱和单轴极限抗压强度。

（2）岩石按风化程度分类

在建筑场地和地基勘察工作中，一般根据岩石的风化所形成的特征，包括矿物变异、结构和构造、坚硬强度以及可挖掘性或可钻性等，而将岩石按风化程度划分为残积土、全风化、强风化、中等风化、微风化和未风化 6 个种类，见表 2-12。

岩石风化程度分类　　表 2-12

风化程度	野外观察的特征	风化程度参数指标	
		波速比 K_v	风化系数
残积土	组织结构全部破坏，已风化成土状，锹镐易挖掘，干钻易钻进，具有可塑性	<0.2	—
全风化	结构基本破坏，但尚可辨认，有残余结构强度，干钻可钻进	0.2～0.4	—
强风化	结构大部分破坏，矿物成分显著变化，风化裂隙很发育，岩体破碎，用镐可挖，干钻不易钻进	0.4～0.6	<0.4
中等风化	结构部分破坏，岩节理面有次生矿物，风化裂隙发育，岩体被切割成岩块。用镐难挖，岩芯钻方可钻进	0.6～0.8	0.4～0.8
微风化	结构基本未变，仅节理面有渲染或变色。有少量风化裂隙	0.8～0.9	
未风化	岩质新鲜，偶见风化痕迹	0.9～1.0	

2. 按颗粒级配或塑性指数分类

（1）碎石类土

碎石类土是粒径大于 2mm 的颗粒含量超过全重 50%的土。根据颗粒级配和颗粒形状分为漂石、块石、卵石、碎石、圆砾和角砾，其分类标准见表 2-13。

碎石类土的分类　　表 2-13

土的名称	颗粒形状	颗粒级配(mm)
漂石	圆形及亚圆形为主	粒径大于 200mm 的颗粒含量超过全重的 50%
块石	棱角形为主	
卵石	圆形及亚圆形为主	粒径大于 20mm 的颗粒含量超过全重的 50%
碎石	棱角形为主	
圆砾	圆形及亚圆形为主	粒径大于 2mm 的颗粒含量超过全重的 50%
角砾	棱角形为主	

注：分类时应根据粒组含量由大到小以最先符合者确定。

(2) 砂类土

砂类土是指粒径大于 2mm 的颗粒含量不超过全重 50%、粒径大于 0.075mm 的颗粒超过全重 50%的土。根据粒组含量砂土可分为砾砂、粗砂、中砂、细砂和粉砂，其分类标准见表 2-14。

砂类土的分类 **表 2-14**

土的名称	颗粒级配
砾砂	粒径大于 2mm 的颗粒含量占全重的 25%～50%
粗砂	粒径大于 0.5mm 的颗粒含量超过全重的 50%
中砂	粒径大于 0.25mm 的颗粒含量超过全重的 50%
细砂	粒径大于 0.075mm 的颗粒含量超过全重的 85%
粉砂	粒径大于 0.075mm 的颗粒含量超过全重的 50%

注：分类时应根据粒组含量由大到小以最先符合者确定。

(3) 粉土

粉土是指粒径大于 0.075mm 的颗粒含量不超过全重 50%且塑性指数 $I_p \leqslant 10$ 的土。必要时可根据黏粒含量分为黏质粉土和砂质粉土，分类标准见表 2-15。

粉土的分类 **表 2-15**

土的名称	黏粒含量 M_c	土的名称	黏粒含量 M_c
黏质粉土	≥10%	砂质粉土	＜10%

注：黏粒是指粒径小于 0.005mm 的颗粒。

(4) 黏性土

塑性指数 $I_p > 10$ 的土称为黏性土。根据塑性指数 I_p 土可分为粉质黏土和黏土，其分类标准见表 2-16。

黏性土按塑性指数分类 **表 2-16**

土的名称	粉质黏土	黏土
塑性指数	$10 < I_p \leqslant 17$	$I_p > 17$

注：确定 I_p 时，液限以 76g 圆锥仪沉入土样中深度 10mm 为准。

3. 特殊土

特殊土是指由特殊性质的矿物组成或在特定地理环境或人为条件下形成的特殊性质的土，其分布具有明显的区域性。特殊土主要包括软土、湿陷性黄土、膨胀土、红黏土、冻土、盐渍土和人工填土等。

(1) 软土

软土是指天然孔隙比大于或等于 1.0，且天然含水率大于液限的细粒土。其主要分布在我国东南沿海地区，内陆的河流两岸河漫滩、湖泊盆地和山涧洼地等也有零星分布。其包括淤泥、淤泥质土、泥炭、泥炭质土，具体分类标准见表 2-17。

软土分类 **表 2-17**

土的名称	淤泥	淤泥质土	泥炭	泥炭质土
分类标准	$e \geqslant 1.5$	$1.0 \leqslant e \leqslant 1.5$	$W_u > 60\%$	$10\% < W_u \leqslant 60\%$

注：W_u 系指有机质含量。

软土具有天然含水率高，孔隙比大，压缩系数高，抗剪强度低，渗透性差的特性。大部分还具有高灵敏度的结构性。软土的这些特性对建筑、公路和铁路工程的勘察设计、施工等极为不利。尤其是泥炭含水率极高，压缩性很大，且不均匀。泥炭往往以夹层构造存在于一般黏土层中，对工程十分不利，必须引起足够重视。

软土地基处理的关键在于，加快土中水的排出的同时要确保软土地基的稳定性。目前工程上常采用排水固结法（砂井法或真空预压法）的进行加固处理。该方法是通过布置垂直排水井，改善软土地基的排水条件，采取加压、抽气、抽水或电渗等措施，在确保软土地基稳定性的前提下使软土中的水能够快速排出，使沉降提前完成，有效提高软土地基的强度。

（2）湿陷性黄土

黄土是一种典型的风积土，含有大量碳酸盐类且常能以肉眼观察到大孔隙的黄色粉末状土。其主要分布在我国陕西、山西、甘肃、内蒙古、河南、宁夏、青海等地区。天然黄土在未受水浸湿时，一般强度较高，压缩性较低。但当其遇水浸湿后，黄土自身大孔隙的结构迅速破坏，并发生显著附加下沉，其强度也迅速降低，这类黄土称为湿陷性黄土。湿陷性黄土根据上覆土自重应力下是否发生湿陷变形，又分为自重湿陷性黄土和非自重湿陷性黄土。

因黄土湿陷而引起的建筑物不均匀沉降是造成黄土地区工程事故的主要原因，故在湿陷性黄土地基上进行工程建设时，必须考虑因地基湿陷引起的附加沉降对工程可能造成的危害，选择适宜的地基处理方法，避免或消除地基的湿陷或因少量湿陷所造成的危害。一般工程上对湿陷性黄土地基的处理主要目的是消除黄土的湿陷性，以提高黄土地基的承载力，常用的黄土地基处理方法有：重锤表层夯实、强夯法、灰土挤密桩法、素土桩法和桩基础等。

（3）膨胀土

膨胀土是指黏粒成分主要由亲水性矿物伊利石和蒙脱石组成的黏性土，在环境温度和湿度变化时，会产生显著的吸水膨胀和失水收缩特性，其自由膨胀率大于或等于40%。其主要分布在广西、云南、湖北、安徽、四川、山东等20多个地区。由于膨胀土通常强度较高，压缩性较低，易被误认为是良好的地基，而一旦遇水，就呈现出较大的吸水膨胀和失水收缩的特性，导致建筑物或地坪开裂、变形而破坏。因此，当利用膨胀土作为地基时需要采取必要的处理措施。

土体含水率的变化所引起膨胀土体积的改变是造成膨胀土地基产生危害的根本原因。因此，实际工程中常采用预湿膨胀法对膨胀土地基进行处理，即在施工前使土体加水变湿而膨胀，并在土中维持高含水率，这样可以使得膨胀土体积不变，土体的结构不会遭到破坏。

（4）盐渍土

盐渍土是土中易溶盐含量大于0.5%的土，具有融陷、盐胀、腐蚀等工程特性。盐渍土中常见的易溶盐有氯盐（$NaCl$、KCl、$CaCl_2$、$MgCl_2$）、硫酸盐（Na_2SO_4、$MgSO_4$）和碳酸盐（Na_2CO_3、$NaHCO_3$、$CaCO_3$）。按盐渍土中易溶盐的化学成分将盐渍土划分为氯盐型、硫酸盐型和碳酸盐型盐渍土。其中氯盐型吸水性强，含水率高时松软易翻浆，产生融陷；硫酸盐型易吸水膨胀、失水收缩，性质类似膨胀土；碳酸盐型碱性大、土颗粒结合力小、强度低。

（5）红黏土

红黏土是指碳酸盐岩系的岩石在亚热带温湿气候条件下经风化作用形成的棕红、褐黄色的高塑性黏土。其液限一般大于50%，上硬下软，具有明显的收缩性、裂隙发育。红黏土经再搬运后仍保留基本特征，其液限大于45%小于50%的土称为次生红黏土。红黏土的矿物主要为高岭石、伊利石和绿泥石等黏土矿物，具有稳定的结晶格架，土中多是结合水。我国的红黏土分布以贵州、云南、广西等地区最为典型，且分布较广。

作为天然地基，红黏土对建筑物的影响主要体现在裂隙发育会引起结构破坏和不均匀沉降。一般工程上常采用晾晒法、深层搅拌桩法、土工合成材料加固法对其进行加固处理。

（6）冻土

土中含有的水分在寒冷季节（温度低于0℃时）可冻结成冰，形成冻土。冻土按其冻融情况一般分为季节性冻土和多年冻土两类。季节性冻土是指冬季冻结而夏季融化的土层，每年交替冻融一次，主要分布在我国黑龙江南部、内蒙古东北部、吉林西北部等地。多年冻土是指土的温度等于或低于0℃、含有固态水且这种状态在自然界连续保持三年或三年以上的土，其主要分布在东北大兴安岭、小兴安岭，西部阿尔泰山、天山、祁连山及青藏高原等地。

季节性冻土地基在冻结过程中，会产生冻胀，基础底面与基础周围会受到不均匀的冻胀力作用，会使建筑物倾斜、开裂，危及安全；夏季时冻土融化，强度显著降低，使建筑物产生过大的沉降或倾斜。因此，在设计时，要兼顾冻土的冻胀和融陷变形对工程所带来的危害，并采取必要的防止措施。

土体发生冻胀的机理可用"结合水迁移学说"来解释。当土层中温度降至冻结温度以下时，土孔隙中的自由水首先冻结成冰晶体，随着温度继续下降，弱结合水的最外层也开始冻结，使冰晶体逐渐扩大，这样使冰晶体周围土颗粒的结合水膜减薄。结合水膜的减薄使土体中产生剩余的分子引力，附近未冻结区水膜较厚处的结合水被吸引到冻结区的水膜较薄处，被吸引到冻结区的水分因负温作用冻结，使冰晶体增大，此时又产生剩余的分子引力，如此循环，形成水分的迁移效应。如若附近有适当水源补给通道（即毛细通道），能够源源不断地补充被吸引的结合水，则未冻结区的水分就会不断向冻结区迁移聚集，冰晶体扩大，在土层中形成冰透镜体，土体体积发生隆胀，即冻胀现象。一般粉土颗粒的粒径较小，具有显著的毛细现象；而黏性土尽管颗粒更细，有较厚的结合水膜，但毛细孔很小，对水分迁移的阻力很大，其冻胀性较粉土要小；砂土等粗粒土，孔隙较大，毛细现象不显著，因而不会发生冻胀。根据对土的冻胀机理分析可知，粉土、粉质黏土冻胀性要强于砂土、黏性土。故在工程中常在地基或路基中换填中粗砂，以防止冻胀。此外还可采用保温法对冻土地基进行处理，即在建筑物基础底面四周设置隔热层，增大热阻，延迟地基土的冻结，保持土体温度，进而降低冻融循环的影响。

（7）人工填土

人工填土是指由于人类活动而堆填形成的各类土，其物质成分杂乱，均匀性较差。根据其物质组成和成因分为素填土、压实填土、杂填土和冲填土。

素填土是由碎石土、砂土、粉土、黏性土等组成的填土。经过压实或夯实的素填土为压实填土。杂填土为含有建筑垃圾、工业废料、生活垃圾等杂物的填土。冲填土为由水力冲填泥砂形成的填土。

通常人工填土的工程性质不良，强度低，压缩性高且不均匀。其中压实填土相对较好。杂填土因成分复杂，平面与立面分布很不均匀，无规律，工程性质最差。

2.7.2 公路桥涵地基土的工程分类

公路桥涵地基土的分类应符合《公路桥涵地基与基础设计规范》JTG 3363—2019 的规定。公路桥涵地基的岩土分为岩石、碎石土、砂土、粉土、黏性土和特殊性岩土。其中碎石土、砂土、粉土的分类方法与《建筑地基基础设计规范》GB 50007—2011 完全相同，参见表 2-13～表 2-15。

黏性土是指塑性指数大于 10 且粒径大于 0.075mm 的颗粒含量不超过全重 50%的土。黏性土根据塑性指数分为粉质黏土和黏土，分类标准见表 2-16。

黏性土根据沉积年代按表 2-18 分为老黏性土、一般黏性土和新近沉积黏性土。

黏性土的沉积年代分类　　表 2-18

沉积年代	土的分类
第四纪晚更新世(Q3)及以前	老黏性土
第四纪全新世(Q4)	一般黏性土
第四纪全新世(Q4)以后	新近沉积黏性土

2.8 土的渗透性与渗透破坏

土是具有连续孔隙的介质，在水位差作用下，水透过土中孔隙流动的现象称为渗透。土体具有被水透过的性质称为土的渗透性。由于水的渗透引起的土工结构渗漏、土坡失稳、地基变形等均属于土体的渗流问题。水在土中渗流，一方面会引起水头损失或基坑积水，影响工程进度；另一方面将引起土体内部应力状态变化，产生变形，改变地基的稳定条件，直接影响工程安全。实践中，在高层建筑基础及桥梁墩台基础工程中深挖基坑排水时需计算涌水量，以配置排水设备和进行支挡结构的设计计算；在河滩上修筑堤坝或渗水路堤时，需考虑路堤填料的渗透性；在计算饱和黏性土地基上建筑物的沉降和时间的关系时，也需掌握土的渗透性。因此，土的渗透及渗流与土体强度、变形问题一样，是土力学中主要的课题之一。

2.8.1 土的渗透性

1. 渗流中的总水头与水力坡降

驱使水在土体中产生渗流的因素很多，如重力、压力、温度等，大多数情况只考虑重力因素的影响。渗流时水总是从势能高的点向势能低的点流动。为了研究方便，评价土体渗流驱动力大小时，常采用水头的概念来描述水体流动中的位能和动能。水头是指单位重量水体所具有的总能量。根据 D·伯努利方程，渗流中一点的总水头是位置水头 z、压力水头 $\frac{u}{\gamma_w}$ 和流速水头 $\frac{v^2}{2g}$ 三者之和，即

$$h=z+\frac{u}{\gamma_w}+\frac{v^2}{2g} \tag{2-28}$$

式中　h——总水头；

v——水的渗流速度；

u——孔隙水压力；

γ_w——水的重度；

z——距离基准面的高度；

g——重力加速度。

图 2-19 表示土中渗流水流经过 A、B 两点时各种水头之间关系。按照式（2-28），A、B 两点总水头可分别表示为：

$$h_A = z_A + \frac{u_A}{\gamma_w} + \frac{v_A^2}{2g} \tag{2-29}$$

$$h_B = z_B + \frac{u_B}{\gamma_w} + \frac{v_B^2}{2g} \tag{2-30}$$

$$\Delta h = h_A - h_B \tag{2-31}$$

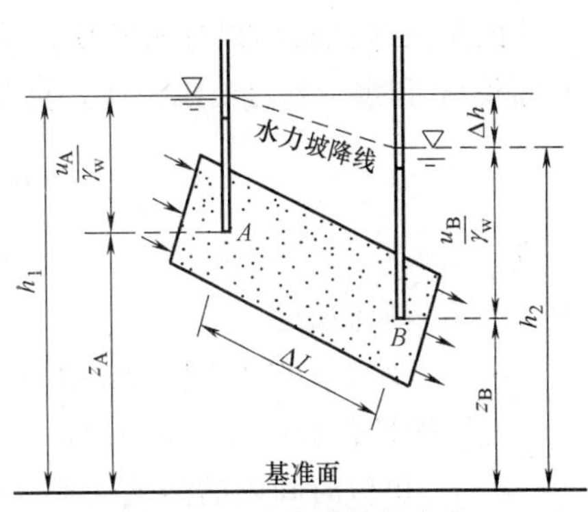

图 2-19　渗流中的总水头、位置水头和压力水头

Δh 表示 A、B 两点的总水头差，反映了两点间水流由于摩阻力造成的能量损失。只有当饱和土体中两点间的总水头差 $\Delta h > 0$ 时，才会出现渗流。

实际应用时，由于土中渗流阻力大，渗流速度一般都很小，因而流速水头可以忽略不计。故常将位置水头与压力水头之和称为测管水头。这样渗流中任一点的总水头就可以用测管水头来代替，式（2-28）可简化为

$$h = z + \frac{u}{\gamma_w} \tag{2-32}$$

图 2-19 中 A、B 两点的测管水头连线就是水力坡降线。由于渗流过程中 A、B 两点间存在水头损失，用无量纲的形式来表示，即

$$i = \frac{\Delta h}{L} \tag{2-33}$$

式中　i——水力梯度，又称水力坡降，即单位渗流长度上的水头损失；

Δh——A、B 两点的总水头差；

L——A、B 两点间的渗流路径。

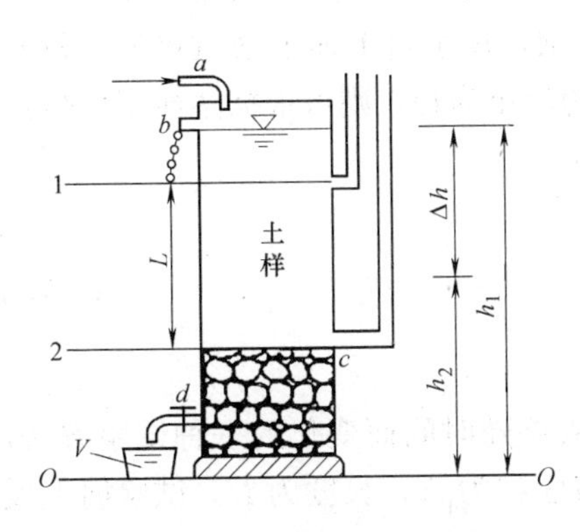

图 2-20　砂土的渗透试验装置

2. 达西定律

地下水在土体孔隙中渗透时，由于土的孔隙细小、曲折，且渗透阻力较大，所以水在土中的渗流缓慢，属于层流状态，即相邻两个水分子运动的轨迹相互平行而不混掺。为了揭示水在土体中的渗透规律，1856 年，法国工程师达西对砂土进行了大量的渗透试验，得出了土中水渗流速度与水力梯度之间的相互关系，即达西定律。

渗透试验装置如图 2-20 所示，主要部分是一个上端开口的直立圆筒，筒的侧壁安有测压管，筒的上

部设有溢流装置，下部有泄水管。在筒的底部装有碎石，上覆多孔滤板；砂土试样置于滤板之上，其断面面积为 A，长度为 L，两个测压管分别处于土试样的顶部 1 和底部 2 处。水由上部进水管 a 注入筒内，并以溢水管 b 保持筒内恒定水位。透过土样的水从装有控制阀门 d 的弯管流入容器 V 中。

当筒的上部水面保持恒定以后，通过砂土的渗流是恒定流，测压管中的水面将恒定不变。以图中 O-O 面为基准面，分别测得土样顶部和底部测压管中的水头 h_1 和 h_2，同时测定通过试样渗流出的水量，Δh 为渗流流经长度 L 砂土后的水头损失。

达西对大量试验结果分析发现，单位时间内水流通过试样截面渗流出的流量 q 与试样截面面积 A 和水力梯度 i 成正比，且与土的渗透性质有关，即：

$$q=kA\frac{\Delta h}{L}=kAi \tag{2-34}$$

或

$$v=ki \tag{2-35}$$

式中 v——渗流速度（m/s）；

k——反映土的透水性能的比例系数，称为渗透系数，其相当于水力梯度时的渗透速度（cm/s，m/dy）；

q——单位时间内的渗流流量（m^3/s）；

i——水力梯度；

A——水流流过的土的截面面积（m^2）。

式（2-34）或式（2-35）称为达西定律。达西定律表明渗流速度与水力梯度之间呈线性关系，是土中水渗流的基本定律。

特别指出，达西定律是对处于层流流态的水流建立的基本假定；渗流速度是以整个断面面积计算的假想平均流速，不是孔隙中水的真正流速；渗流路径以试样的长度作为渗流长度，不是渗透水流的实际渗流长度。

3. 土的渗透系数 k 的测定

渗透系数 k 反映了土的渗透性的强弱。土的颗粒越细小，渗透系数 k 值越小，土的渗透性能越差。k 值一般可通过室内渗透试验或现场渗透试验确定。室内试验包括常水头渗透试验和变水头渗透试验，现场试验主要采用抽水试验。以下介绍室内渗透试验方法。

（1）常水头渗透试验

常水头渗透试验就是在试验时，水头保持为一常数，如图 2-21（a）所示。L 为试验厚度，A 为试样截面面积。试验开始时，先打开供水闸，使水自上而下通过试样，待水在试样中的渗流达到稳定后，测得时间 t 内流过试样的流量为 Q，则可根据达西定律得：

$$Q=qt=kAit=kA\frac{h}{L}t$$

$$k=\frac{QL}{Aht} \tag{2-36}$$

（2）变水头渗透试验

变水头渗透试验就是在整个试验过程中，渗透水头差随时间而变化的一种试验方法，如图 2-21（b）所示。在试验筒内装置土样，土样的截面积为 A，长度为 L。试验筒上设置储水管，储水管截面积为 a。在试验过程中储水管中的水头逐渐减小，若试验开始时储

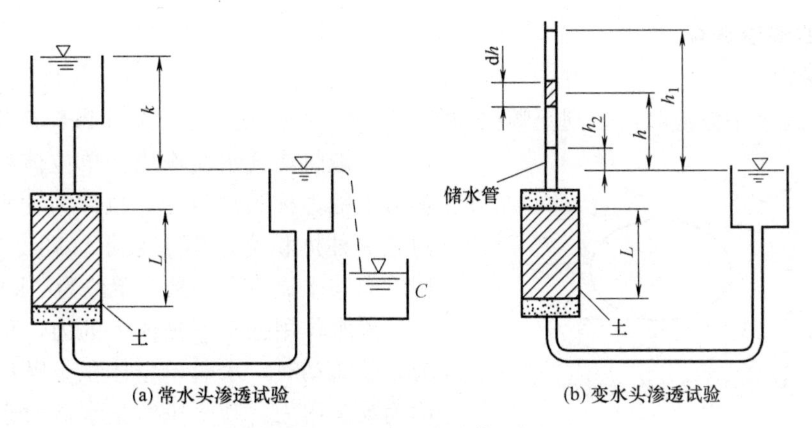

图 2-21　渗透试验装置图

水管水头为 h_1，经过时间 t 后降为 h_2。设在时间 $\mathrm{d}t$ 内水头降低 $\mathrm{d}h$，则在 $\mathrm{d}t$ 时间内储水管内减少的水量为：

$$\mathrm{d}Q=-a\,\mathrm{d}h \tag{2-37}$$

式中，负号表示水量 Q 随水头 h 的降低而增加。根据达西定律得，$\mathrm{d}t$ 时间内通过土样的流量为：

$$\mathrm{d}Q=q\,\mathrm{d}t=kAi\,\mathrm{d}t=kA\,\frac{h}{L}\mathrm{d}t \tag{2-38}$$

联立式（2-37）、式（2-38）得：

$$-a\,\mathrm{d}h=kA\,\frac{h}{L}\mathrm{d}t$$

两边积分，根据边界条件，试验开始 $t=t_1$ 时，水头高度为 h_1，试验结束 $t=t_2$ 时，水头高度为 h_2，得：

$$\int_{t_1}^{t_2}\mathrm{d}t=-\int_{h_1}^{h_2}\frac{aL\,\mathrm{d}h}{kAh}$$

得：

$$t_2-t_1=\frac{aL}{kA}\ln\frac{h_1}{h_2}$$

$$k=\frac{aL}{A(t_2-t_1)}\ln\frac{h_1}{h_2} \tag{2-39}$$

改用常对数表示，则：

$$k=2.3\,\frac{aL}{A(t_2-t_1)}\lg\frac{h_1}{h_2} \tag{2-40}$$

各种土常见的渗透系数变化范围见表 2-19。

土的渗透系数参考值　　　　**表 2-19**

土的类型	渗透系数(m/s)	土的类型	渗透系数(m/s)
黏土	$<5\times10^{-8}$	细砂	$1\times10^{-5}\sim5\times10^{-5}$
粉质黏土	$5\times10^{-8}\sim1\times10^{-6}$	中砂	$5\times10^{-5}\sim2\times10^{-4}$
粉土	$1\times10^{-6}\sim5\times10^{-6}$	粗砂	$2\times10^{-4}\sim5\times10^{-4}$
黄土	$2.5\times10^{-6}\sim5\times10^{-6}$	圆砾	$5\times10^{-4}\sim1\times10^{-3}$
粉砂	$5\times10^{-6}\sim1\times10^{-5}$	卵石	$1\times10^{-3}\sim5\times10^{-3}$

2.8.2 土的渗透破坏

1. 渗透力

地下水在水中渗流时，受到土颗粒的阻力作用，相应地，水也对土颗粒产生了反作用力。一般将渗透水流作用在单位体积土体中土颗粒上的力称为渗透力，也称为动水力，渗透力是一种体积力，用 j 表示（图 2-22），其作用方向与水流方向一致，单位为"kN/m^3"。

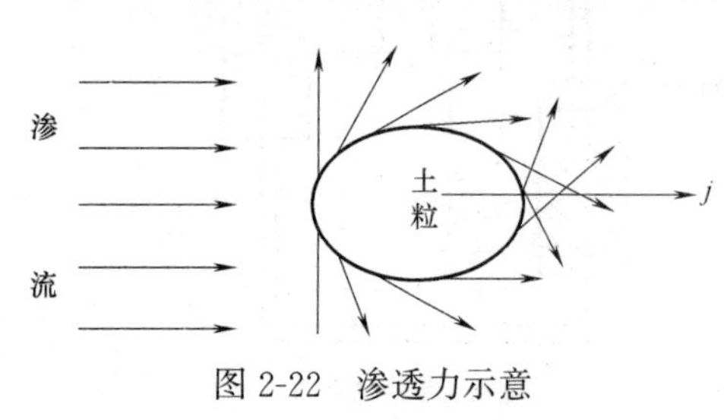

图 2-22 渗透力示意

静水作用在水下物体上的力，称为静水压力。水流动时，水对单位体积土颗粒作用的力称为动水压力。动水压力是水流对土体施加的体积力，与水流受到土颗粒的阻力大小相等而方向相反。

在土中沿水流渗流方向取一土柱，长度 L，截面面积 A，如图 2-23（a）所示。土柱 a、b 两点测压管水头分别为 h_1、h_2，距基准面的位置水头为 z_1、z_2，其水头差为 Δh。现取土柱为脱离体，如图 2-23（b）所示，分析土柱所受的各种力。

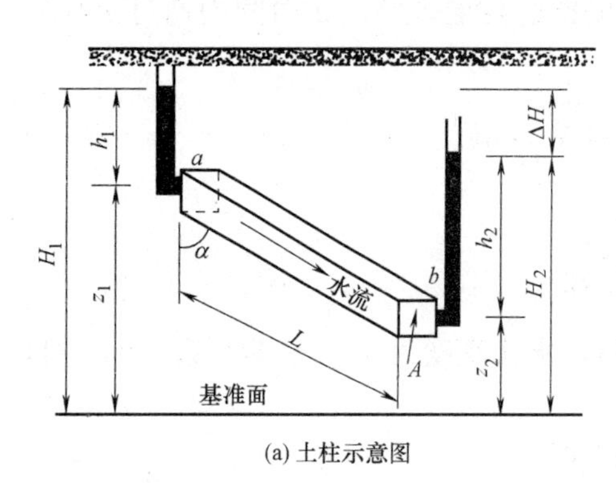

(a) 土柱示意图

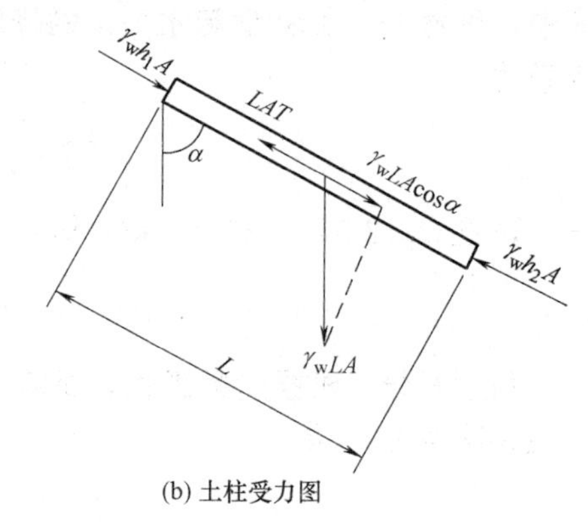

(b) 土柱受力图

图 2-23 渗流时土柱受力分析示意图

（1）作用在土柱体的截面 a 处的静水压力 $\gamma_w h_1 A$，其方向与水流方向一致。

（2）作用在土柱体的截面 b 处的静水压力 $\gamma_w h_2 A$，其方向与水流方向相反。

（3）孔隙水重力和土粒浮力的反力之和。土粒浮力的反力指水对土颗粒有浮力作用，由作用力和反作用力知，土颗粒对水也作用一大小相等、方向相反的力，称为土粒浮力的反力，其值为土粒同体积的水柱重力，二者方向都与水流方向一致，即：

$$G_w = V_v\gamma_w + V_s\gamma_w = \gamma_w nLA\cos\alpha + \gamma_w(1-n)LA\cos\alpha = \gamma_w LA\cos\alpha$$

式中 n——土的孔隙率。

（4）渗流时，土颗粒对孔隙水的阻力 LAT，其方向与水流方向相反。

由作用在土柱 ab 上的静力平衡条件可得：

$$\gamma_w h_1 A - \gamma_w h_2 A + \gamma_w LA\cos\alpha - LAT = 0$$

将 $\cos\alpha = \dfrac{z_1 - z_2}{L}$ 代入上式得：

$$T = \gamma_w \frac{(h_1 + z_1) - (h_2 - z_2)}{L} = \gamma_w \frac{H_1 - H_2}{L} = \gamma_w i$$

由于渗透力的大小与单位土体内水流所受到的阻力大小相等、方向相反，故渗透力计算公式为：

$$j = T = \gamma_{w} i \tag{2-41}$$

以上各式中　j——渗透力（动水力）（kN/m^3）；

γ_{w}——水的重度（kN/m^3）；

T——单位土体内土颗粒对水的阻力；

α——水流流线与铅锤线间的夹角。

由式（2-41）可知渗透力是一个体积力，量纲与 γ_{w} 相同，大小与水力梯度成正比，方向与渗流方向一致。

2. 渗透破坏

渗透力对土体产生的影响，与其作用方向密切相关。当水的渗流方向为自上而下时，渗透力的作用方向与土颗粒的重力方向一致，使得土颗粒间压力的增大，土体趋于稳定；当水的渗流方向为自下而上时，渗透力的作用方向与土颗粒的重力方向相反，使得土颗粒间压力的减小。当渗透力 j 与土体的有效重度 γ' 相等时，即土粒间的压力等于零，土颗粒处于悬浮失稳状态。

码 2-5　流土、管涌形成与预防措施

由于水的渗流作用，使地基土体发生变形或破坏的失稳现象称为渗透破坏。土的渗透变形主要有流土（砂）、管涌、接触流失和接触冲刷四种基本形式。前两种发生在单一土层中，后两种发生在成层土中。

（1）流土（砂）

流土（砂）是指在向上的渗透水流作用下，表层土局部范围内的土体或颗粒同时发生悬浮、移动的现象。任何类型的土，只要水力梯度达到一定数值，就会发生流土破坏。流土（砂）常发生在堤坝下游渗出处或基坑开挖渗流出口处。流土（砂）一般破坏过程比较短，会使土体完全丧失稳定性，从而危及建筑物的安全。图 2-24 为坝堤下游流砂涌出的现象。

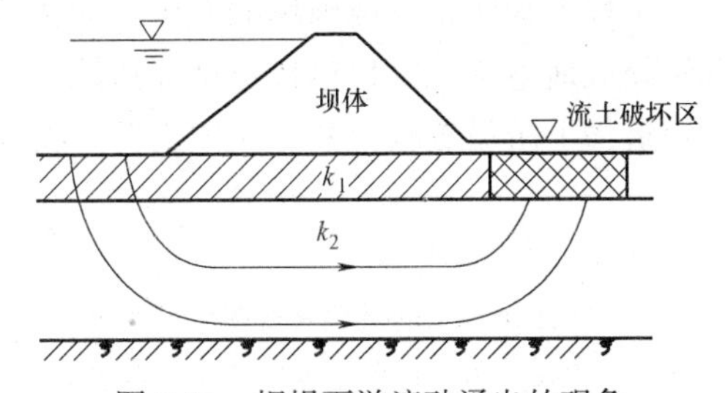

图 2-24　坝堤下游流砂涌出的现象

当水的渗流方向与土的重力方向相反时，渗透力作用使土体的重力减小，当向上渗透力 j 与向下的土体有效重度 γ' 相等时，土体处于流土的临界状态，这时的水力梯度称为临界水力梯度 i_{cr}。

$$j = \gamma' = \gamma_{sat} - \gamma_{w} \tag{2-42}$$

将 $j = i\gamma_{w}$ 代入式（2-42）得：

$$i_{cr} = \frac{\gamma'}{\gamma_{w}} = \frac{d_{s} - 1}{1 + e} \tag{2-43}$$

在自上而下的渗流溢出处，任何类别的土，只要满足 $i > i_{cr}$ 这一水力条件，均要发生流土。工程中，流土现象是绝对要避免的，设计时将临界水力梯度除以安全系数 F_{s} 作为容许水力梯度，设计时渗流溢出处的水力梯度控制在允许水力梯度范围内，即：

$$i \leqslant [i] = \frac{i_{cr}}{F_s} \quad (2\text{-}44)$$

式中　F_s——流土安全系数，$F_s = 2.0 \sim 2.5$。

（2）管涌（潜蚀）

在渗透水流作用下，土中的细颗粒在粗颗粒形成的空隙中移动，并被带出流失；随着土的孔隙不断扩大，渗流速度不断增加，较粗的颗粒也相继被水流逐渐带走，最终导致土体内形成贯通的渗流管道，造成土体塌陷，这种现象称为管涌，如图 2-25 所示。管涌破坏是一种渐进性的破坏。一般发生在一定级配的无黏性土或分散性黏性土中，可发生在渗流溢出处，也可在土体内部，故又称为潜蚀现象。

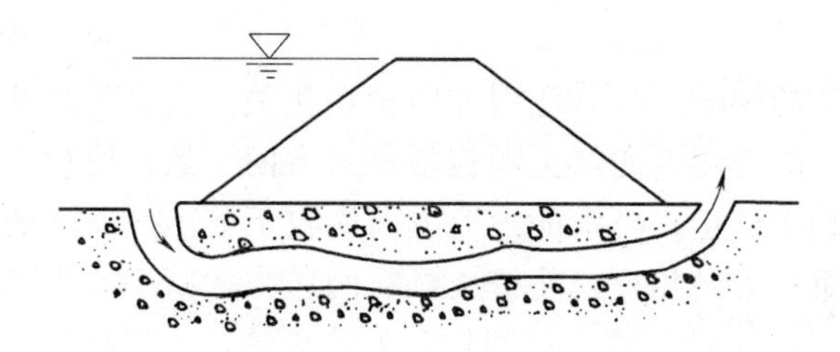

图 2-25　坝基下的管涌图

管涌多发生在砂砾石地基中。在一般无黏性土中产生管涌必须具备两个条件：①几何条件：土中粗颗粒所构成的孔隙直径必须大于细颗粒的直径，即不均匀系数 $C_u > 10$ 的无黏性；②水力条件：渗透力能够带动细颗粒在空隙间滚动或移动，可用管涌的水力梯度来表示。但管涌的临界水力梯度的计算至今尚未成熟，一般可通过渗透破坏试验确定。

工程上为防止渗透破坏的发生，通常从两个方面采取措施：一是减小水力梯度；如井点法降低地下水位、打钢板桩增加渗流长度；二是在渗流溢出处加盖压重或设反滤层，或在建筑物下游设置减压井、减压沟等，使渗透水流有畅通的出路。

思　考　题

2-1　第四沉积物的类型有哪些？各类型沉积物对工程建设有什么影响？

2-2　土是由哪几部分组成？各组成部分如何影响土的工程性质？

2-3　土中水分为哪几类？其对土的性质有哪些影响？

2-4　黏土颗粒为什么会带负电荷？

2-5　常见的黏土矿物有哪几种？各有什么特性？

2-6　何谓土的颗粒级配？如何确定土的颗粒级配？

2-7　不均匀系数 C_u、曲率系数 C_c 的含义各是什么？如何判断颗粒级配是否良好？

2-8　土的三相物理性质指标有哪些？哪些是实测指标？可采用哪些方法测定？

2-9　评定无黏性土密实程度的指标有哪些？在《建筑地基基础设计规范》GB 50007—2011 中采用什么指标评定无黏性密实度？

2-10　塑性指数的物理含义是什么？其数值大小与颗粒粗细有什么关系？

2-11　《建筑地基基础设计规范》GB 50007—2011 对无黏性和黏性土分类主要依据什么指标？

2-12　俗称软土的“三高两低”是指什么？工程上采取哪些措施避免“三高两低”？

2-13　什么是湿陷性黄土？如何解决黄土的湿陷性问题？

2-14　土发生冻胀的原因是什么？发生冻胀的条件是什么？

2-15　毛细水上升的原因是什么？在哪些土中毛细现象显著？

2-16　何为最优含水率？影响填土压实效果的主要因素有哪些？

2-17　简述达西定律的含义。其适用条件是什么？

2-18　何谓渗透破坏？渗透破坏主要类型有哪些？

2-19　简述流砂、管涌产生的条件。采取哪些措施能避免这种现象的出现？

2-20　什么是土的灵敏度和蠕变性？其工程中有何应用？

习　题

2-1　某原状土样的体积为 $65cm^3$，湿土的质量为120g，烘干后测得质量为95g，土的相对密度为2.70，计算土样的天然重度、含水率、干重度、孔隙比、饱和重度和有效重度。

［参考答案：$\gamma=18.5kN/m^3$；$w=26.3\%$；$\gamma_d=14.6kN/m^3$；$e=0.84$；$\gamma_{sat}=19.2kN/m^3$；$\gamma'=9.2kN/m^3$］

2-2　某土样的密度为 $1.75g/cm^3$，土粒相对密度为2.68，含水率28%。求土样的孔隙比、孔隙率和饱和度。

［参考答案：$e=0.96$；$n=0.49$；$s_r=0.78$］

2-3　某现场填土的最优含水率为28%，所取松土的含水率为15%，为使其达到最优含水率，每1000kg松土中应加多少水？

［参考答案：123.81kg］

2-4　某一无黏性土样的天然密度为 $1.74g/cm^3$，含水率为20%，土粒相对密度为2.65，最大干密度为 $1.67g/cm^3$，最小干密度为 $1.39g/cm^3$。试求其相对密实度并判定其相对密实程度。

［参考答案：$D_r=0.25$，松散状态］

2-5　试证明：

（1）$\rho_d=\dfrac{d_s\rho_w}{1+e}$；（2）$\gamma'=\dfrac{(d_s-1)\gamma_w}{1+e}$；（3）$s_r=\dfrac{wd_s(1-n)}{n}$

2-6　某无黏性的含水率为20%，土的天然重度为 $18kN/m^3$，土粒相对密度为2.68，颗粒分析结果见表2-20。

某无黏性土试样的颗粒分析结果　　　　**表 2-20**

粒径(mm)	10～2	2～0.5	0.5～0.25	0.25～0.075	<0.075
相对含量(%)	4.5	12.4	35.5	33.5	14.1

试确定：

（1）该土样的名称；

（2）该土的孔隙比和饱和度；

（3）判断该土的湿度状态；

（4）如该土埋深在离地面3m以内，其标准贯入试验试验锤击数 $N=14$，试确定该土的密实度。

［参考答案：（1）中砂；（2）$e=0.78$，$s_r=69\%$；（3）稍湿状态；（4）稍密状态］

2-7　某原状土样测得其含水率为30%，重度为 $19.0kN/m^3$，土粒相对密度为2.70，液限为48%，塑限为29%。试求：

（1）土样的名称及其物理状态；

（2）若将土样压密，使其干重度达到 $19.0kN/m^3$，此时的土的孔隙比将减小多少？

［参考答案：（1）黏土，$I_L=0.05$，硬塑；（2）0.43］

2-8　以不同含水率配制土样进行室内击实试验，测定其重度，试验数据见表2-21。

不同含水率的土样试验数据　　表 2-21

w (%)	17.2	15.2	12.2	10.0	8.8	7.4
γ(kN/m^3)	20.6	21.0	21.6	21.3	20.3	18.9

已知土粒相对密度为 2.65，试绘制该土样的击实曲线，并确定最优含水率 w_{op}。

［参考答案：$w_{op}=10\%$］

2-9　恒定水头下的渗透试验装置如图 2-26 所示，已知土样横截面面积 $A=100\text{cm}^2$，土样 1 和土样 2 的渗透系数分别为 $k_1=2.5\times10^{-3}\text{cm/s}$，$k_2=1.5\times10^{-1}\text{cm/s}$，求渗流时土样 1 和土样 2 的水力梯度及单位时间的渗流量 q。

［参考答案：$i_1=1.935$，$i_2=0.0325$，$q=0.48\text{cm}^3/\text{s}$］

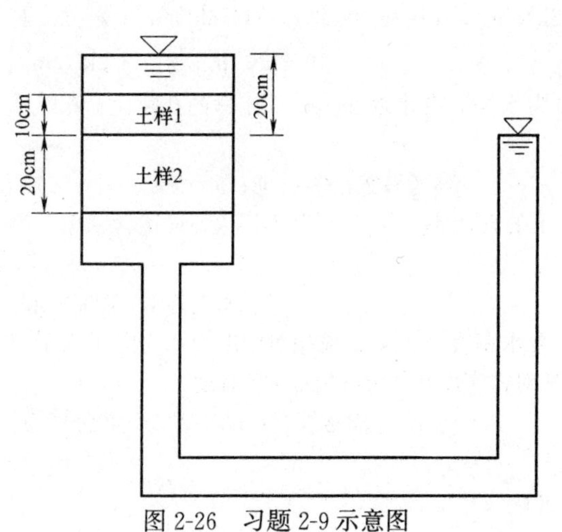

图 2-26　习题 2-9 示意图

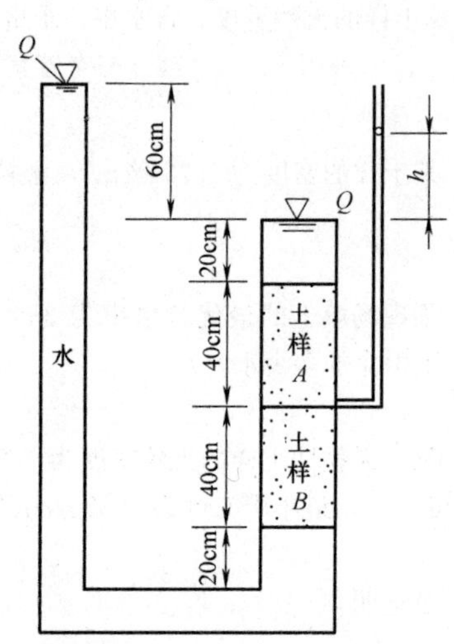

图 2-27　习题 2-10 示意图

2-10　某渗透试样装置图如图 2-27 所示，已知土样 A 的渗透系数为 $k_1=4.0\times10^{-2}\text{cm/s}$，土样 B 的渗透系数为 $k_2=2.0\times10^{-2}\text{cm/s}$，土样的横截面面积 $A=200\text{cm}^2$。试求：(1) 土样 A、B 分界面处的测压管水位将升至右端水面以上多高？(2) 1 小时内通过土样 A、B 分界面处的渗流量为多少？

［参考答案：(1) 10cm；(2) $Q=14400\text{cm}^3$］

*2-11　某基坑坑壁采用板桩支撑（图 2-28），基坑为砂土，孔隙比 $e=0.76$，土粒相对密度 $d_s=2.7$，若防治流砂现象，则板桩最小打入深度 t 是多少？（设安全系数 $F_s=2.0$）

［参考答案：$t\geqslant5.4\text{m}$］

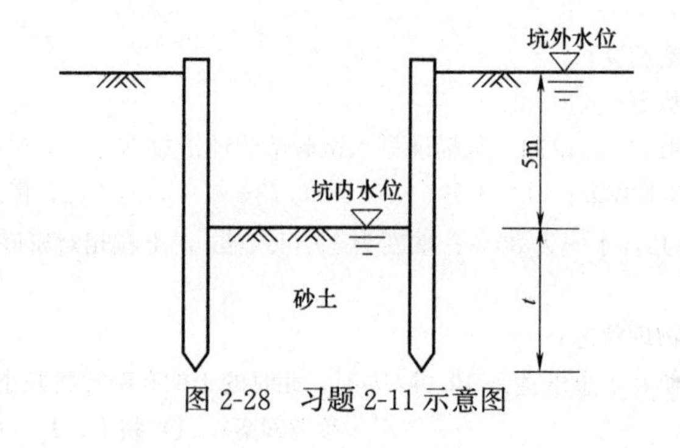

图 2-28　习题 2-11 示意图

码 2-6　第 2 章习题参考答案

第3章　土中的应力计算

3.1　概述

土体作为建筑物的地基，在建筑物荷载作用下将产生应力和变形，从而给建筑物带来两个工程问题，即土体强度问题和变形问题。如果地基内部某一区域内的剪应力超过了土的强度，即可能引起整个地基的滑动，从而导致建筑物倾斜。如加拿大特朗司康谷仓倒塌事故就是因地基承载力不足而引发的谷仓倒塌；此外，如果土体的变形超过了建筑物容许值，会影响建筑物损坏或正常使用，如意大利比萨斜塔因地基不均匀沉降而造成建筑物发生倾斜。因此，为了保证建筑物的安全和正常使用，必须研究在各种荷载作用下土中的应力计算、分布规律，并对地基变形和强度问题进行分析计算。

3.1.1　土中应力的类型

土中的应力按照成因分为自重应力和附加应力。

自重应力是指土体自身重力产生的自重应力，即为土体的初始应力，用 σ_{cz} 表示竖向自重应力。一般而言，土体在自重作用下自身变形已经完成，不再会引起土的变形，新沉积或近期人工冲填土除外。

附加应力是指由建筑荷载、车辆荷载、土中水的渗流力、地震作用等所引起的应力。“附加”是指在原来自重应力基础上增加的应力，即应力增量。用 σ_z 表示竖向附加应力。附加应力使地基中的应力状态改变，引发地基中发生强度问题和变形问题。土的强度、地基承载力、土压力、边坡稳定性和渗透破坏等都属于地基土的强度问题；地基土的沉降、渗透变形等都属于地基土的变形问题。

3.1.2　土中应力应变关系的假定

土是三相体系，到目前为止，计算土中应力应变的方法主要采用古典弹性理论方法。假定土体是连续的、均匀的、完全弹性和各向同性的介质。而土体的实际情况是非连续的、非均匀的、非完全弹性的，且常表现为各向异性。虽然土体的实际情况与弹性体的假设有差别，但在一定的条件下利用古典弹性理论研究土体中的应力是合理的，仍满足工程需要。其合理性可从下述三个方面的影响进行评判。

（1）连续体：指整个物体所占据的空间都被介质填满，不留任何空隙。土是由颗粒堆积形成的具有孔隙的非连续体，土中应力是通过土颗粒间的接触点传递的。但是由于建筑物的基础底面尺寸远大于土颗粒尺寸，而我们所研究的土体的变形和强度是对整个土体而言，不是对单个土颗粒而言，因此我们只需了解整个受力面上的平均应力，而不需要研究单个颗粒上的受力状态。故可以忽略土体分散性的影响，近似把土体作为连续体考虑。

（2）线弹性体：指受力体中应力增加时，应力-应变之间呈直线关系，卸载后变形能完全恢复的物体。而变形后的土体，当外力卸除后不能完全恢复原状，存有较大的残余变形。但是在实际工程中土中应力水平较低，土的应力-应变关系接近于线性关系，可以利用弹性理论的方法进行分析。

(3) 均质、各向同性：均质、各向同性指受力体各点的变形性质是相同。土是自然界产物，在其形成过程中具有各种结构、构造和成层性，使土呈现不均匀性，常常是各向异性的，将土看作各向同性有一定的误差。实践中，当各土层的性质相差不大时，将土视作为均质体所引起的误差不大，满足工程需要；当土层性质变化较大时，需考虑非均质或各向异性的影响，进行必要的修正。

计算地基应力时，一般将地基看作一个半无限空间弹性体来考虑（图 3-1），即把地基看作是一个具有水平界面、深度和广度都无限大的空间弹性体。其中 x 轴和 y 轴无限延伸所夹的平面代表地表面，土体沿深度延伸的方向为 z 轴正向。土中任意点 M 的应力状态可以用一个正六面体上的应力来表示，如图 3-2 所示，则作用在单元体上的三个法向应力（又称正应力）分量为 σ_x、σ_y、σ_z，六个剪应力分量为 $\tau_{xy}=\tau_{yx}$，$\tau_{yz}=\tau_{zy}$，$\tau_{zx}=\tau_{xz}$。剪应力下角标的前面一个英文字母表示剪应力作用面的外法线方向，后一个字母表示剪应力的作用方向。

因土体是散粒体，一般不能承受拉应力。因此，在土力学中对土中应力符号规定为：法向应力以压应力为正，拉应力为负；当剪应力作用面为正面（外法线方向与坐标的正方向一致）时，则剪应力的方向与坐标轴正方向一致时为负，反之为正；若剪应力作用面为负面（外法线方向与坐标轴正向相反）时，则剪应力的方向与坐标轴正方向一致时为正，反之为负。图 3-2 中所示的法向应力及剪应力均为正值。

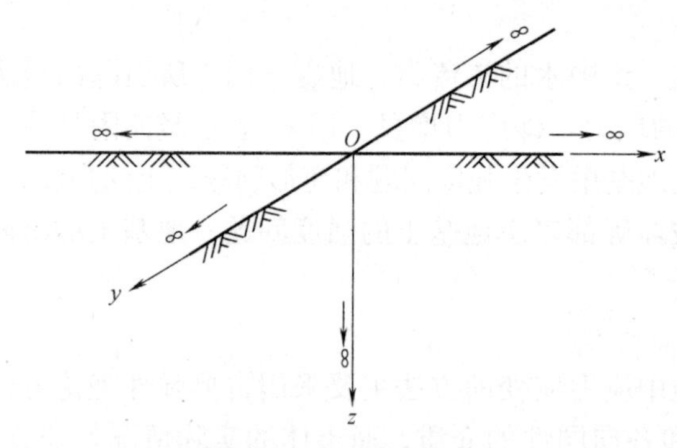

图 3-1 半无限空间体

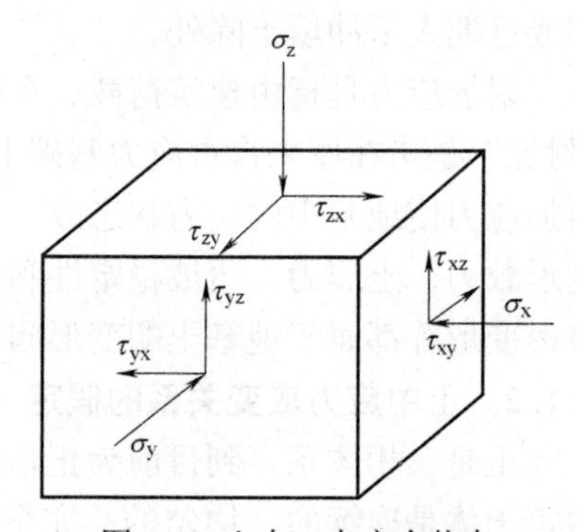

图 3-2 土中一点应力状态

3.1.3 土中的应力状态

土中的应力状态一般有三种类型。

1. 三维应力状态

在半无限空间体表面上作用局部荷载时，土体中的应力状态属于三维应力状态（即空间应力状态）。此时，土体中任一点的应力都与 x、y、z 三个坐标有关，该点的应力分量用矩阵形式表示为：

码 3-1 土中应力概述

$$\sigma_{ij}=\begin{bmatrix}\sigma_{xx} & \tau_{xy} & \tau_{xz}\\ \tau_{yx} & \sigma_{yy} & \tau_{yz}\\ \tau_{zx} & \tau_{zy} & \sigma_{zz}\end{bmatrix}$$

2. 二维应变状态

当半无限空间体表面上作用分布荷载（如路堤、挡土墙下地基），其一个方向的尺寸远大于另一个方向的尺寸，并且每个横截面上的应力大小和分布形式均一样时，在地基中引起的应力状态即可简化为二维应变状态（即平面应变状态）。此时，沿长度方向切出的任一 xOz 截面均可认为是对称面，其任一点的应力只与 x、z 两个坐标有关，并且沿 y 轴方向的应变 $\varepsilon_y=0$。根据对称性，有 $\tau_{yx}=\tau_{xy}=\tau_{yz}=\tau_{zy}=0$，其应力分量用矩阵形式表示为：

$$\sigma_{ij}=\begin{bmatrix}\sigma_{xx} & 0 & \tau_{xz}\\ 0 & \sigma_{yy} & 0\\ \tau_{zx} & 0 & \sigma_{zz}\end{bmatrix}$$

3. 侧限应力状态

侧限应力状态是指侧向应变为零的一种应力状态，如地基在自重作用下的应力状态即属于此种应力状态。若将地基土体视为半无限弹性体，则在地基同一深度 z 处，土单元体沿 x 轴和 y 轴的受力条件均相同，因此土体无侧向变形，只有竖直方向的变形。此时，任何竖直面均可看成是对称面，故在任何竖直面和水平面上，$\tau_{xy}=\tau_{yz}=\tau_{zx}=0$，其应力矩阵可表示为：

$$\sigma_{ij}=\begin{bmatrix}\sigma_{xx} & 0 & 0\\ 0 & \sigma_{yy} & 0\\ 0 & 0 & \sigma_{zz}\end{bmatrix}$$

3.2 土中自重应力

若土体是均匀的半无限体，则在半无限土体中任意取的截面都是对称面，根据侧限应力状态的应力矩阵可知该对称面又是一主平面。对于均质土，由于地面以下任一深度处竖向自重应力都是均匀的且无限分布的，所以在自重应力作用下地基土只产生竖向变形，而无侧向位移及剪切变形，即 $\varepsilon_z\neq0$，$\varepsilon_x=\varepsilon_y=0$，$\gamma_{xy}=\gamma_{xz}=\gamma_{zy}=0$。

码 3-2 土的自重应力

3.2.1 均质土的自重应力

当地基是均质土时（图 3-3），在深度 z 处取 $abcd$ 土柱体为脱离体，则该脱离体上作用的力有：土柱的重力 W，土柱底面的反力 σ_{cz}，侧向土压力 σ_{cx} 和 σ_{cy}。根据竖直方向的静力平衡条件 $W=\gamma Az=\sigma_{cz}\times A$（$A$ 为土柱体的横截面面积），得土体竖向自重应力 σ_{cz} 为单位面积土柱体的重力 W，即：

$$\sigma_{cz}=\gamma\cdot z \tag{3-1}$$

式中　γ——土的天然重度（kN/m^3）；

　　σ_{cz}——水平面上土体竖向自重应力（kPa）。

从式（3-1）可知，自重应力 σ_{cz} 随深度 z 线性增加，呈三角形分布，如图 3-3 所示。

地基土在自重作用下，除受竖向方向正应力作用外，还受水平方向正应力作用。根据弹性力学原理可知，水平方向正应力 σ_{cx}、σ_{cy} 与 σ_{cz} 成正比，而水平向及竖向的剪应力均

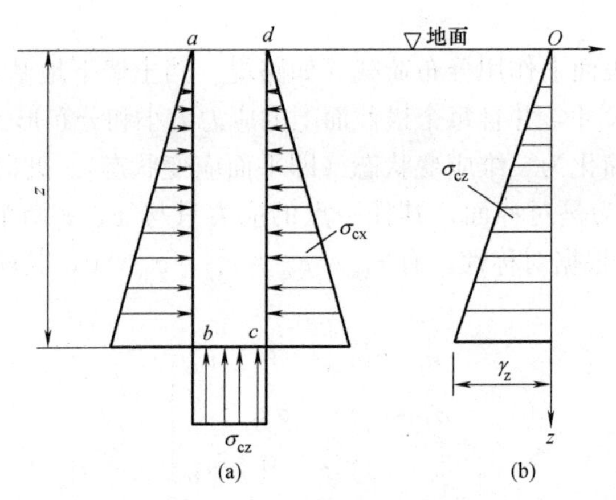

图 3-3　均质土自重应力分布

为零，即：

$$\sigma_{cx}=\sigma_{cy}=K_0\sigma_{cz} \tag{3-2}$$

$$\tau_{xy}=\tau_{yz}=\tau_{zx}=0 \tag{3-3}$$

式中　K_0——土的侧压力系数（或静止土压力系数）。

3.2.2　成层土的自重应力

地基土体通常是成层状的，由于各土层具有不同的重度，故深度 z 处的竖向自重应力 σ_{cz}，如图 3-4 所示，可按下式计算：

$$\sigma_{cz}=\gamma_1\cdot h_1+\gamma_2\cdot h_2+\cdots+\gamma_n\cdot h_n=\sum_{i=1}^{n}\gamma_i\cdot h_i \tag{3-4}$$

式中　n——从天然地面起到深度 z 处的土层数；

h_i——第 i 层土的厚度（m）；

γ_i——第 i 层土的天然重度（kN/m^3）。

由式（3-4）可知，成层土自重应力在土层分界面处发生转折，沿竖直方向分布呈折线形，如图 3-4 所示。

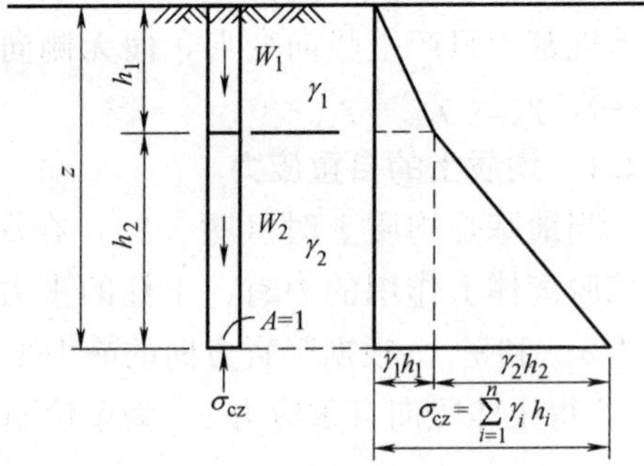

图 3-4　成层土自重应力分布

必须指出，这里所讨论的土中自重应力是指土颗粒之间接触点传递的应力，该粒间应力使土粒彼此挤紧，不仅会引起土体变形，而且也会影响土体强度，所以粒间应力又称为有效应力。本节所讨论的自重应力都是有效自重应力。以后各章有效自重应力均简称为自重应力。

3.2.3　土层中有地下水时的自重应力

计算地下水位以下土的自重应力时，应根据土的性质确定是否需要考虑水的浮力作用。若受到水的浮力作用，则水下部分土的重度应按有效重度来计算，如图 3-5 所示。

在地下水位以下，如果埋藏有不透水层（例如岩层或只含结合水的坚硬黏土层），由于不透水层中不存在自由水产生的浮力，故不透水层顶面及层面以下土中的应力应按上覆土层的水土总重计算，且土的自重应力计算采用土层的实际天然重度而不再按有效重度考虑，因此上覆土层与不透水层交界面处的自重应力将发生突变，如图 3-6 所示。

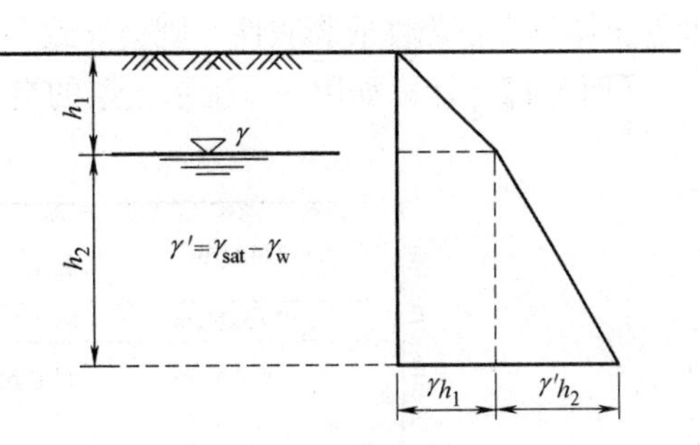

图 3-5　有地下水时土中应力分布

如图 3-7 所示，水下地基土中应力的计算可按如下方式考虑：若为完全透水的砂土层，不论河水深浅，计算自重应力时应考虑浮力的影响；若为不透水层，不考虑浮力的影响，且 h_w 深度的河水等于加在河床底面上的满布压力 $\gamma_w h_w$，此时河底不透水层中深度 z 处的压力为：

$$\sigma_{cz}=\gamma \cdot z+\gamma_w \cdot h_w \tag{3-5}$$

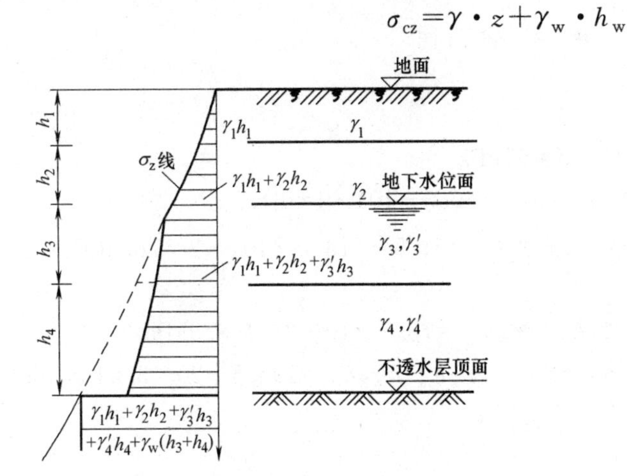

图 3-6　有地下水时成层土中竖向自重应力分布

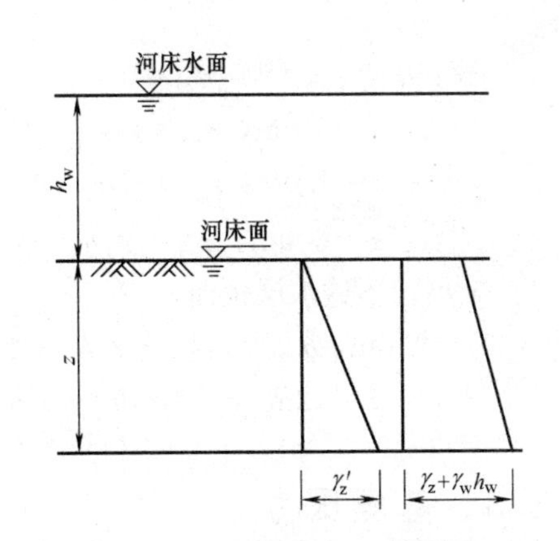

图 3-7　水下地基土中应力分布

由于地下水位以下土的自重应力取决于土的有效重度，则地下水位的升降会引起土体自重应力的变化，如图 3-8 所示。如果因大量抽取地下水导致地下水位大幅度下降，使地基中原地下水位与变动后水位之间土层的有效自重应力增加，如图 3-8（a）所示。增加的有效自重应力相当于附加应力的作用，使地基产生沉降。相反，由于某种原因，如筑坝蓄水、农业灌溉以及工业用水大量渗入地下等，造成地下水位长期上升，如图 3-8（b）所示，如果该地

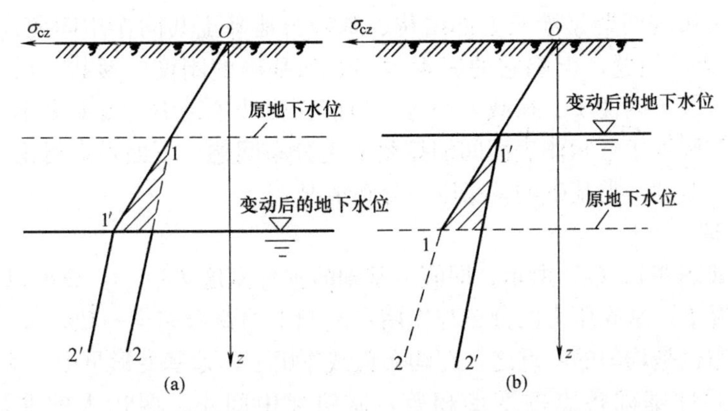

图 3-8　地下水位升降对地基自重应力的影响

O-1-2 线为原来自重应力的分布；　O-1′-2′为地下水位变动后自重应力的分布

区的土体具有湿陷性或膨胀性，则会导致一些工程问题，对此应引起充分重视。

【例 3-1】 计算如图 3-9 所示土层的自重应力，并绘出自重应力沿深度的分布曲线。

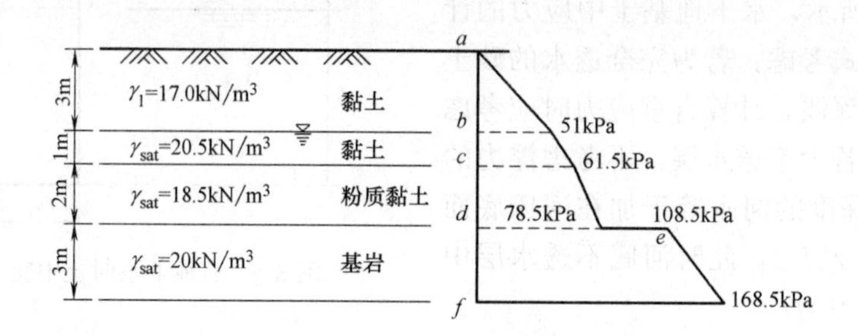

图 3-9 例 3-1 图

解： a 点：$z=0$，$\sigma_{cz}=0$

b 点：$z=3.0\text{m}$，$\sigma_{cz}=\gamma_1 h_1=17\times 3=51\text{kPa}$

c 点：$z=4.0\text{m}$：$\sigma_{cz}=\gamma_1 h_1+\gamma_1' h_2=51+(20.5-10)\times 1=61.5\text{kPa}$

d 点：$z=6.0\text{m}$：$\sigma_{cz}^{上}=\gamma_1 h_1+\gamma_1' h_2+\gamma_2' h_3=61.5+(18.5-10)\times 2=78.5\text{kPa}$

e 点，不透水层顶面：

$z=9.0\text{m}$，$\sigma_{cz}^{下}=\gamma_1 h_1+\gamma_1' h_2+\gamma_2' h_3+\gamma_w h_w=78.5+10\times 3=108.5\text{kPa}$

f 点：$z=12\text{m}$，$\sigma_{cz}=\gamma_1 h_1+\gamma_1' h_2+\gamma_2' h_3+\gamma_w h_w+\gamma_3 h_4=108.5+20\times 3=168.5\text{kPa}$

3.3 基底压力

基底压力是指上部结构荷载和基础自重引起的基础和地基接触面上的压力，又称接触压力。它既是基础作用于地基上的基底压力，也是地基反作用于基础的基底反力。基底压力与基底反力是大小相等、方向相反的作用力与反作用力。基底压力的大小及其分布形式将对地基土中的应力大小及分布规律产生直接影响。因此，在计算地基中附加应力及设计基础结构时，都必须研究基底压力的分布规律。

3.3.1 基底压力的分布规律

基底压力分布的问题是涉及上部结构、基础与地基土共同作用问题，是一个十分复杂的问题，影响它的因素很多，如基础的刚度、形状、尺寸、埋置深度以及土的性质、荷载大小等。目前在弹性理论中主要研究不同刚度的基础与弹性半空间体表面间的接触压力分布问题。下面重点讨论柔性基础、刚性基础两类基础的基底压力分布情况。

码 3-3 基底压力及分布规律

1. 柔性基础

柔性基础如图 3-10（a）所示，即假定基础的抗弯刚度 $EI=0$，故可以完全适应地基变形。这种情况下，基底压力的分布与作用在基础上的荷载完全一致，如荷载是均匀的，则基底压力分布也是均匀的。反之，在均布荷载作用下，地基变形呈中心大、边缘小的凹形。如果要使柔性基础各点的变形相等，需施加中间小、两边大的非均布荷载，如图 3-10（a）中虚线所示。实际上没有 $EI=0$ 的柔性基础，工程上近似将路堤、土坝等视作柔性基础，如图 3-10（b）所示。

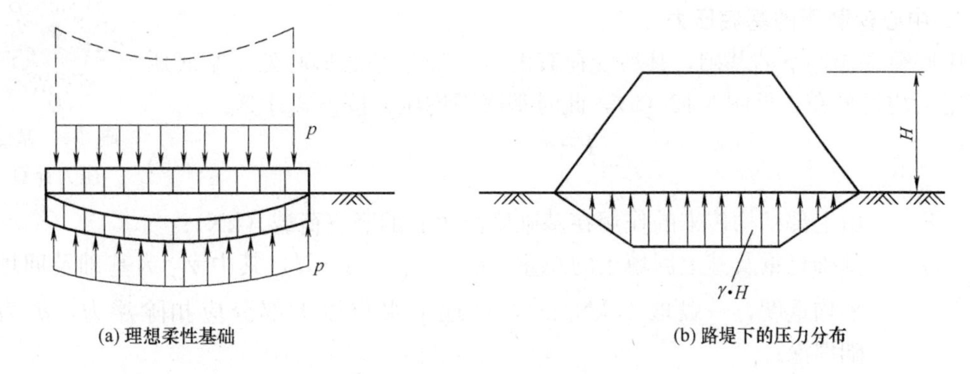

图 3-10　理想柔性基础下的压力分布

2. 刚性基础

刚性基础（抗弯刚度 $EI=\infty$），即在外荷载作用下基础本身为不变形的绝对刚体。刚性基础本身刚度很大，基础变形不能适应地基表面的变形，其基底压力分布将因上部荷载的大小、埋深和土的性质而异。例如，建造在砂土地基上的条形基础，当受到中心荷载作用时，由于砂土颗粒之间没有黏聚力，砂土颗粒侧向移动导致边缘应力向中间转移，使得基底压力呈现出中间大边缘小的抛物线形分布，如图 3-11（b）所示；而在黏性土地基上条形基础，当受到中心荷载作用时，由于黏性土具有黏聚力，基底边缘处能承受一定的压力，因此在荷载较小时，基底压力呈现中间小边缘大的马鞍形分布（图 3-11a）；当基础荷载逐渐增大，由于基础边缘应力很大，使边缘处土最先产生塑性变形，边缘应力不再增加，而使中间部分继续增大，基底压力重新分布而呈现出抛物线形分布；若基础荷载继续增大至破坏荷载时，基底压力分布又变为中间大边缘小的倒钟形分布（图 3-11c）。箱形基础、墩台基础、混凝土基础等可视作刚性基础。

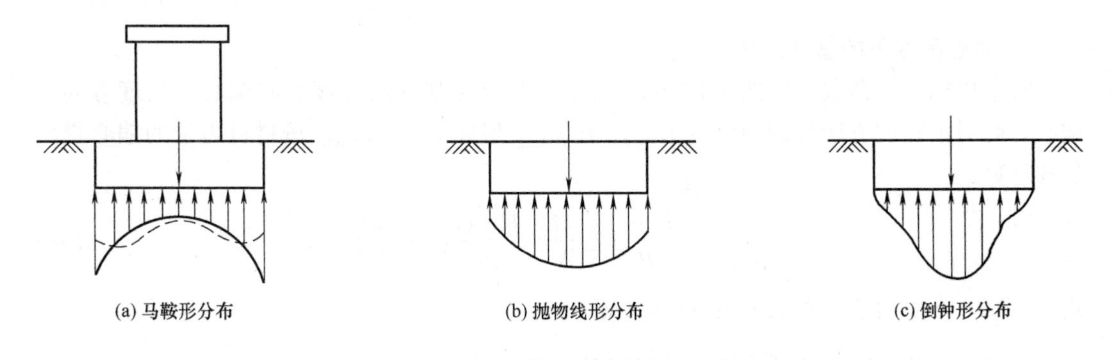

图 3-11　刚性基础下的压力分布

根据弹性理论中的圣维南原理，基础底面下一定深度处的附加应力与基底压力的具体分布形态无关，只取决于荷载的大小、方向和合力的位置。因此，当基础尺寸不太大时，实用上可以采用简化的计算方法，即假定基底压力按线性分布的材料力学方法，所引起的误差是允许的，这也是工程中经常采用的简化计算方法。

3.3.2 基底压力的简化计算

1. 中心荷载下的基底压力

码 3-4 基底压力计算

中心荷载作用下的基础，其所受荷载的合力通过基底形心处。基底压力假定为均匀分布，见图 3-12（a），此时基底平均压力按下式计算：

$$p=\frac{F+G}{A} \tag{3-6}$$

式中 F——由上部结构传来的作用在基础底面中心的竖直荷载（kN）；

G——基础自重及其上回填土的总重，$G=\gamma_G \cdot A \cdot d$，其中 γ_G 为基础及回填土平均重度，一般取 $20kN/m^3$，在地下水位以下部分应扣除浮力，d 为基础埋深；

A——基础底面积（m^2），对矩形基础 $A=lb$，l 和 b 分别为矩形基底的长度和宽度，见图 3-12（b）；对于荷载沿长度方向均匀分布的条形基础，可沿长度方向取一延米长进行计算，则 F、G 为沿长度方向每延米长上作用的荷载（kN/m）。

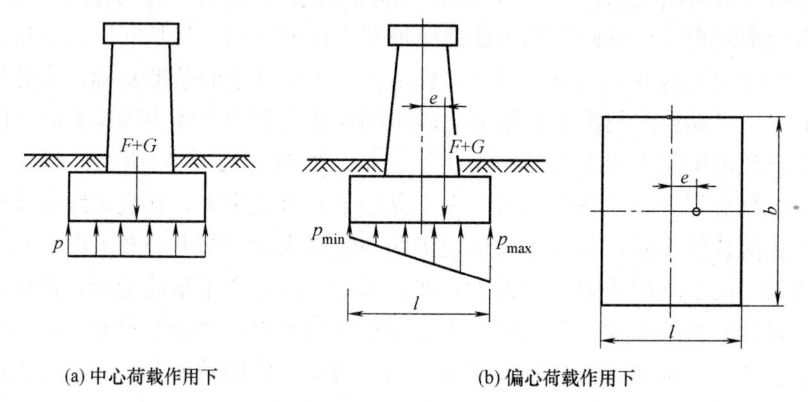

图 3-12 基底压力分布的简化计算

2. 偏心荷载下的基底压力

对于单向偏心荷载，如图 3-13（a）所示，假定在基础的宽度方向偏心，长度方向不偏心，此时沿宽度方向基础边缘的最大压力 p_{max} 与最小压力 p_{min} 按材料力学的偏心受压公式计算：

$$\left.\begin{matrix} p_{max} \\ p_{min} \end{matrix}\right\}=\frac{F+G}{lb}\pm\frac{M}{W}=\frac{F+G}{lb}\left(1\pm\frac{6e}{l}\right) \tag{3-7}$$

式中 M——作用于基底的力矩（kN·m）；

W——基础底面的抵抗矩，对矩形基础 $W=\frac{bl^2}{6}$；

e——荷载偏心矩，$e=M/(F+G)$（m）；

F、G、l、b 符号含义同式（3-6）。

由式（3-7）可知，按荷载偏心距 e 的大小，基底压力的分布可能出现下述三种情况，如图 3-14 所示。

（1）当 $e<l/6$ 时，$p_{min}>0$，基底压力呈梯形分布，见图 3-13（a）。

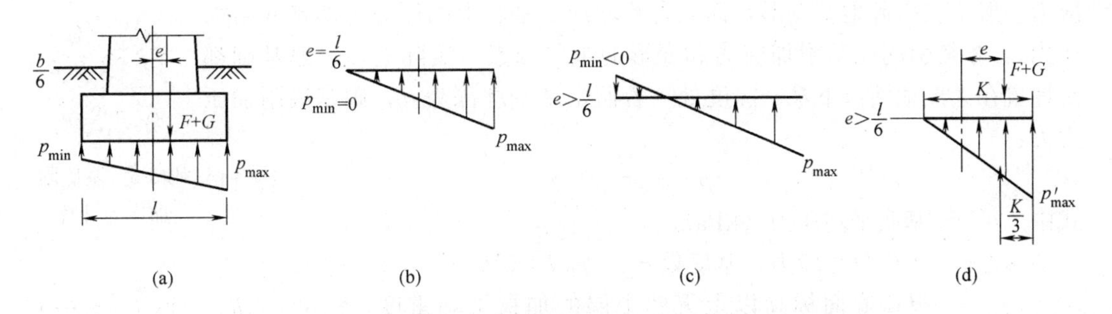

图 3-13　单向偏心荷载下矩形基础的基底压力分布

(2) 当 $e=l/6$ 时，$p_{\min}=0$，基底压力呈三角形分布，见图 3-13（b）。

(3) 当 $e>l/6$ 时，$p_{\min}<0$，即产生拉力，见图 3-13（c）。由于基底与地基土之间不能承受拉力，此时产生拉力部分的基底将与土脱开，而使基底压力重新分布。因此，根据偏心荷载应与基底反力相平衡的条件，荷载合力 $F+G$ 应通过三角形反力分布图形的形心，见图 3-13（d），由此可得基底边缘的最大压应力 $p'_{\max}$ 为：

$$p'_{\max}=\frac{2(F+G)}{l-K}=\frac{2(F+G)}{3\left(\frac{l}{2}-e\right)b} \tag{3-8}$$

式中　K——基底压力重分布的宽度。

矩形基础在双向偏心荷载作用下，如图 3-14 所示，如基底最小压力 $p_{\min}\geqslant 0$，则矩形基础边缘四个角点处的压力 $p_{\max}$、$p_{\min}$、p_1、p_2 可按下列公式计算：

$$\left.\begin{matrix}p_{\max}\\p_{\min}\end{matrix}\right\}=\frac{F+G}{lb}\pm\frac{M_x}{W_x}\pm\frac{M_y}{W_y} \tag{3-9}$$

$$\left.\begin{matrix}p_1\\p_2\end{matrix}\right\}=\frac{F+G}{lb}\mp\frac{M_x}{W_x}\pm\frac{M_y}{W_y} \tag{3-10}$$

式中　M_x——$M_x=(F+G)e_y$，偏心荷载对 x-x 轴的力矩（kN·m）；

M_y——$M_y=(F+G)e_x$，偏心荷载对 y-y 轴的力矩（kN·m）；

W_x——$W_x=lb^2/6$，基础底面 x-x 轴的抵抗矩（m^3）；

W_y——$W_y=bl^2/6$，基础底面 y-y 轴的抵抗矩（m^3）。

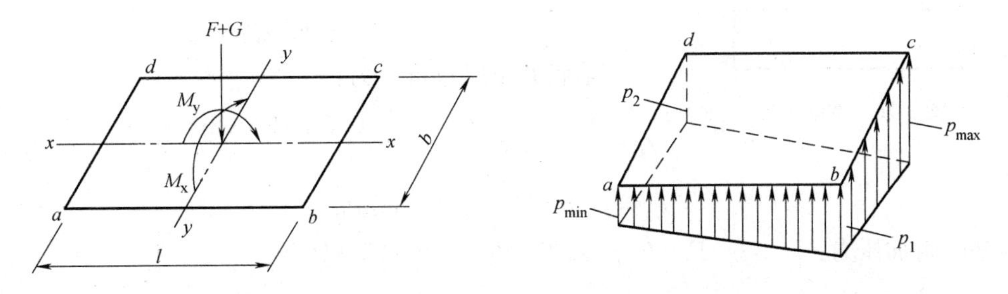

图 3-14　双向偏心荷载下矩形基础的基底压力分布

3.3.3　基底附加压力

一般天然土层形成的地质年代较长，在自重应力作用下的变形早已稳定，故土的自重应力一般不会引起地基变形，而只有新增加于基底上的压力（即基底附加压力），才是引起地基附加应力和变形的主要因素。实际上，一般基础都是埋置在天然地面以下某一深度处。若假定基础埋深为 d，则基底附加压力为：

码 3-5　基底附加压力计算

$$p_0 = p - \sigma_{cz} = p - \gamma_0 d \tag{3-11}$$

式中　p——基底平均压力（kPa）；

σ_{cz}——土中自重应力，基底处 $\sigma_{cz} = \gamma_0 d$（kPa）；

γ_0——基础底面标高以上天然土层的加权平均重度，$\gamma_0 = (\gamma_1 h_1 + \gamma_2 h_2 + \cdots)/(h_1 + h_2 + \cdots)$。

如图 3-15 所示，建造建筑物基础需开挖基坑，开挖前在基底位置处由土自重而产生的应力为 $\gamma_0 d$，该应力由于基坑开挖而卸载。因此，由建筑物建造后的基底压力中扣除基底处原有的土中自重应力后，才是基底平面处新增加于地基上的附加压力。

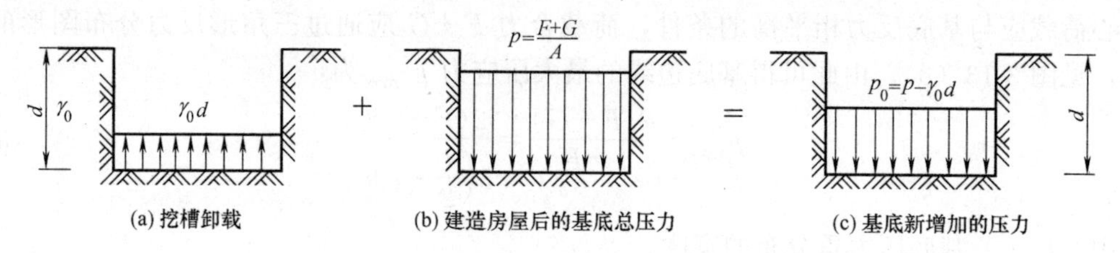

图 3-15　开挖前后基底压力变化情况示意图

由式（3-11）可以看出，增大基础埋深 d 可以减小基底附加压力 p_0。根据这一原理，在工程上可通过增大基础埋深的方法来减小基底附加压力，从而减小土中的附加应力，达到减小建筑物沉降的目的。

【例 3-2】　已知某矩形基础底面尺寸 $l \times b = 4\text{m} \times 2\text{m}$，基础埋深 $d = 2.0\text{m}$，基础顶面作用有中心荷载 $F_k = 2000\text{kN}$（图 3-16）。地表以下由两种土层构成，上层土为 0.5m 厚人工填土，重度 $\gamma_1 = 16\text{kN/m}^3$；下层土为黏性土，重度 $\gamma_2 = 18\text{kN/m}^3$。计算该基础的基底压力、基底附加压力。

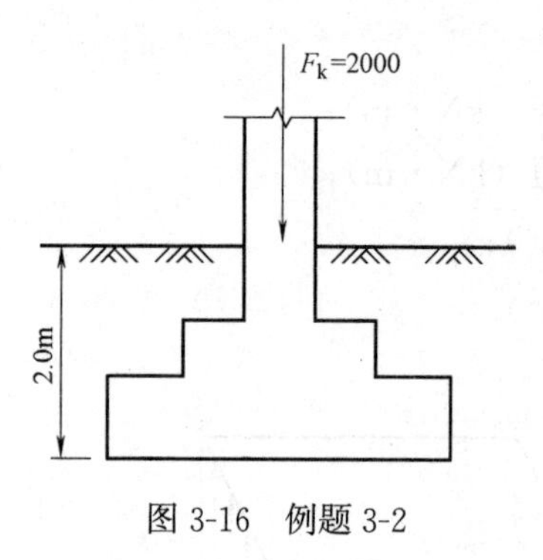

图 3-16　例题 3-2

解：基底平均压力 $P = \dfrac{F+G}{A} = \dfrac{2000 + 20 \times 4 \times 2 \times 2}{4 \times 2}$

$= 290\text{kPa}$

基底处土层自重应力：

$$\gamma_0 = \frac{\gamma_1 h_1 + \gamma_2 h_2}{h_1 + h_2} = \frac{16 \times 0.5 + 18 \times (2 - 0.5)}{2} = 17.5\text{kN/m}^3$$

$$\sigma_{cz} = \gamma_0 d = 17.5 \times 2 = 35\text{kPa}$$

基底附加压力：　$P = P_0 - \gamma_0 d = 290 - 35 = 255\text{kPa}$

3.4　地基附加应力

地基附加应力是由建筑荷载、车辆荷载、土中水的渗流力、地震作用等所引起的应力增量。目前求解地基中附加应力时，一般假定地基土是连续、均匀、各向同性的半无限空间线弹性变形体，再根据弹性理论解推导出来的公式进行计算。

按照弹性力学的求解方法，地基附加应力计算分为空间问题和平面问题两类。若应力是 x、y、z 三个坐标的函数，则称为空间问题，集中力、矩形面积、圆形面积荷载下的附加应力计算属于空间问题；若应力是 x、z 两个坐标的函数，则称为平面问题，线荷载和条形荷载下的附加应力计算属于平面问题。地基中应力计算中，虽然实际上并不存在集中力，但集中力作用下的附加应力解是求解上述荷载作用下附加应力的基础。利用这一解答，通过叠加原理或者积分的方法可以得到各种分布荷载作用下的土中附加应力的计算公式。

3.4.1 竖向集中力作用下的地基附加应力计算

设在均匀的各向同性的半无限弹性体表面作用一竖向集中力 P，如图 3-17 所示。在半无限弹性体内任意点 M（x，y，z）引起的应力和位移解由法国数学家布辛奈斯克求得。他根据弹性理论推导出六个应力分量和三个位移分量表达式为：

码 3-6 竖向集中力作用下附加应力计算

$$\sigma_x=\frac{3P}{2\pi}\left\{\frac{x^2z}{R^5}+\frac{1-2\mu}{3}\left[\frac{R^2-Rz-z^2}{R^3(R+z)}-\frac{x^2(2R+z)}{R^3(R+z)^2}\right]\right\} \tag{3-12a}$$

$$\sigma_y=\frac{3P}{2\pi}\left\{\frac{y^2z}{R^5}+\frac{1-2\mu}{3}\left[\frac{R^2-Rz-z^2}{R^3(R+z)}-\frac{y^2(2R+z)}{R^3(R+z)^2}\right]\right\} \tag{3-12b}$$

$$\sigma_z=\frac{3P}{2\pi}\cdot\frac{z^3}{R^5}=\frac{3P}{2\pi R^2}\cos^3\theta \tag{3-12c}$$

$$\tau_{xy}=\tau_{yx}=\frac{3P}{2\pi}\left[\frac{xyz}{R^5}-\frac{1-2\mu}{3}\frac{xy(2R+z)}{R^3(R+z)^2}\right] \tag{3-13a}$$

$$\tau_{zx}=\tau_{xz}=\frac{3P}{2\pi}\frac{xz^2}{R^5}=\frac{3Px}{2\pi R^3}\cos^2\theta \tag{3-13b}$$

$$\tau_{yz}=\tau_{zy}=\frac{3P}{2\pi}\frac{yz^2}{R^5}=\frac{3Py}{2\pi R^3}\cos^2\theta \tag{3-13c}$$

$$u=\frac{P(1+\mu)}{2\pi E}\left[\frac{xz}{R^3}-(1-2\mu)\frac{x}{R(R+z)}\right] \tag{3-14a}$$

$$v=\frac{P(1+\mu)}{2\pi E}\left[\frac{yz}{R^3}-(1-2\mu)\frac{x}{R(R+z)}\right] \tag{3-14b}$$

$$w=\frac{P(1+\mu)}{2\pi E}\left[\frac{z^2}{R^3}-(1-\mu)\frac{1}{R}\right] \tag{3-14c}$$

式中 u，v，w——M 点分别沿坐标轴 x，y，z 方向的位移；

R——M 点至坐标原点 O 的距离，$R=\sqrt{x^2+y^2+z^2}=\sqrt{r^2+z^2}=z/\cos\theta$；

θ——R 线与 z 轴的夹角；

r——M 点与集中力作用点的水平距离；

E——弹性模量；

μ——泊松比。

上述的应力及位移分量计算公式，在集中力作用点处是不适用的，因为当 $R\rightarrow0$ 时应

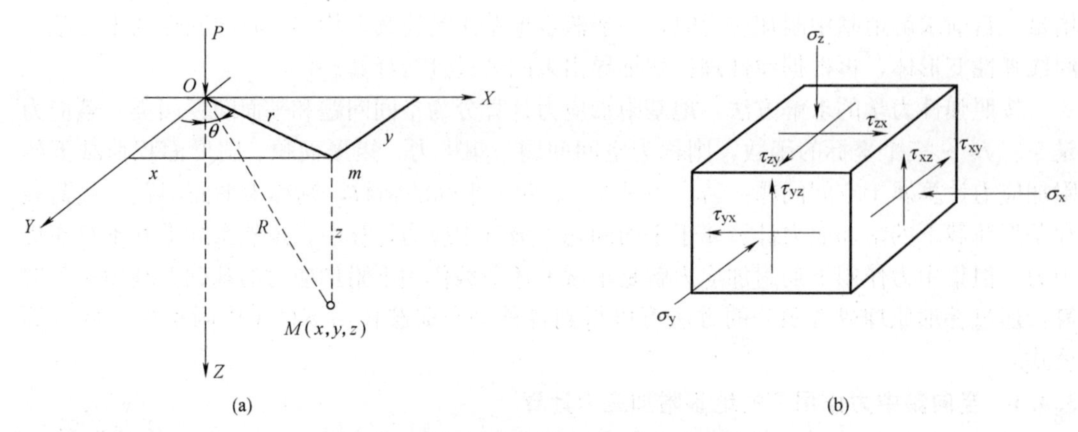

图 3-17　竖向集中力作用下土体的应力状态

力及位移趋于无穷大，这与实际情况是不符的。这种情况的出现一是由于点荷载客观上是不存在的，无论多大的荷载都是通过一定的接触面积传递的；二是当局部土承受足够大的应力时，将因产生塑性变形而发生应力转移，弹性理论已不再适用。

在上述应力及位移分量中，竖向正应力 σ_z 和竖向位移 w 最常用，因此本章将着重讨论竖向正应力 σ_z 的计算。为了应用方便，式（3-12c）的表达式可写成如下形式：

$$\sigma_z=\frac{3Pz^3}{2\pi}=\frac{3P}{2\pi z^2}\ \frac{1}{\left[1+\left(\frac{r}{2}\right)^2\right]^{\frac{5}{2}}}=\alpha\frac{P}{z^2} \tag{3-15}$$

式中　α——集中力作用下的地基竖向附加应力系数，按 r/z 查表 3-1 得到。

集中力作用下的竖向附加应力系数 α 值　　**表 3-1**

r/z	α	r/z	α	r/z	α	r/z	α	r/z	α
0.00	0.4775	0.50	0.2733	1.00	0.0844	1.50	0.0251	2.00	0.0085
0.05	0.4745	0.55	0.2466	1.05	0.0744	1.55	0.0224	2.05	0.0058
0.10	0.4657	0.60	0.2214	1.10	0.0658	1.60	0.0200	2.10	0.0040
0.15	0.4516	0.65	0.1978	1.15	0.0581	1.65	0.0179	2.15	0.0029
0.20	0.4329	0.70	0.1762	1.20	0.0513	1.70	0.0160	2.20	0.0021
0.25	0.4103	0.75	0.1565	1.25	0.0454	1.75	0.0144	2.25	0.0015
0.30	0.3849	0.80	0.1386	1.30	0.0402	1.80	0.0129	2.30	0.0007
0.35	0.3577	0.85	0.1226	1.35	0.0357	1.85	0.0116	2.35	0.0004
0.40	0.3294	0.90	0.1083	1.40	0.0317	1.90	0.0105	2.40	0.0002
0.45	0.3011	0.95	0.0956	1.45	0.0282	1.95	0.0095	2.45	0.0001

在工程实践中最常遇到的问题是地面竖向位移（即沉降）。如图 3-18 所示，将地面某点的坐标值 $z=0$，$R=r$ 代入式（3-14c）可得该点的垂直位移公式：

$$w=\frac{P(1-\mu^2)}{\pi E_0 r} \tag{3-16}$$

式中　E_0——土的变形模量（kPa）。

利用式（3-15），可求出地基中任意点的附加应力值。如果将地基划分为许多网格，并求出各网格点上的 σ_z 值，则可绘出土中附加应力的分布曲线，如图 3-19 所示。随着点的位置不同 σ_z 的分布规律也不同，概括起来有以下特征。

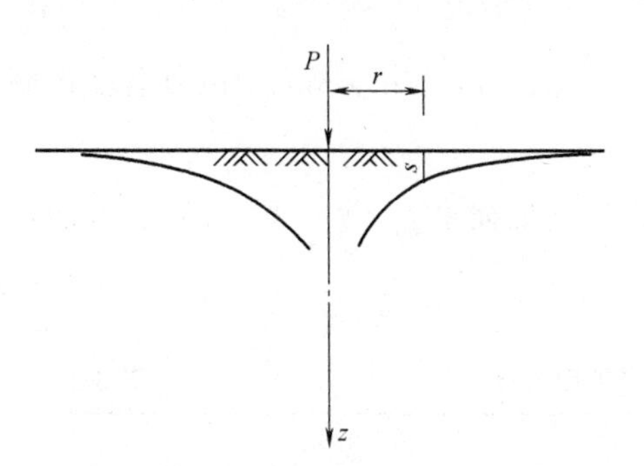

图 3-18　集中力作用下的地面沉降

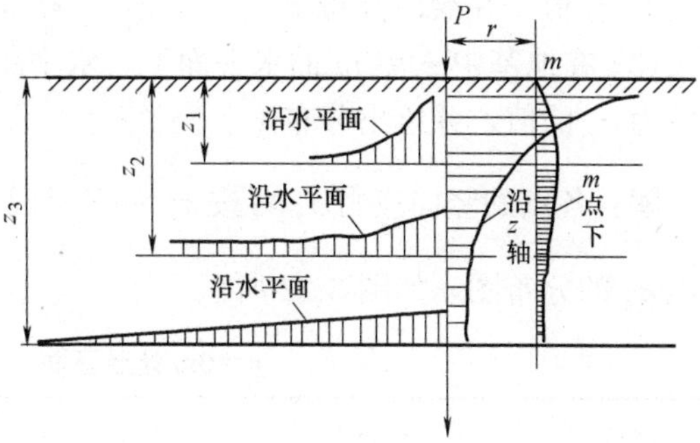

图 3-19　集中力作用下的 σ_z 的分布

（1）在集中力 P 作用线（$r=0$）上，附加应力 σ_z 随深度增加而减小。这是因为 z 越大附加应力分布面积越大。

（2）在距离集中力 P 的作用点 r 处的任一竖直面上，在地表面处 $\sigma_z=0$，随着深度的增加，σ_z 逐渐增大，在某一深度处达到最大值，而后 σ_z 逐渐减小。

（3）当深度 z 一定时，即在同一水平面上，附加应力 σ_z 随着 r 的增大为减小。

（4）在不同水平面上，附加应力 σ_z 衰减速率随 z 增加而减缓，附加应力扩散范围逐渐增大。

若在空间将 σ_z 相同的点连接成曲面，可以得到 σ_z 等值线，其空间曲面的形状如泡状（图 3-20），所以也称为应力泡。即附加应力随深度增大逐渐减小，呈现出应力扩散的现象。

当有若干集中荷载时（图 3-21），应用叠加原理，地基中任一点附加应力为各集中力单独作用在该点所引起的附加应力之和，公式如下：

$$\sigma_z = \alpha_1 \frac{P_1}{z^2} + \alpha_2 \frac{P_2}{z^2} + \cdots = \frac{1}{z^2}\sum_{i=1}^{n}\alpha_i P_i \tag{3-17}$$

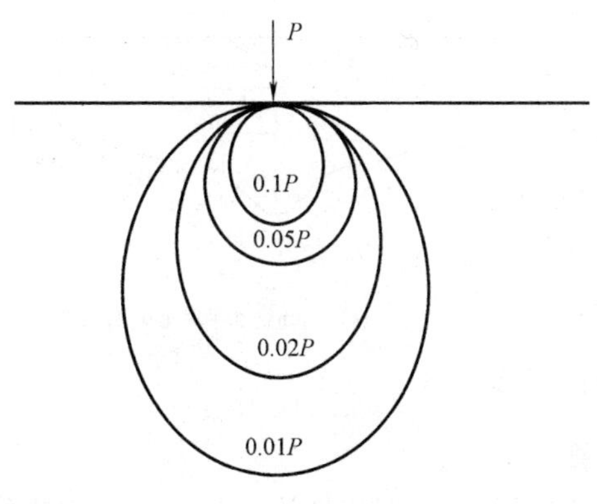

图 3-20　σ_z 的等值线

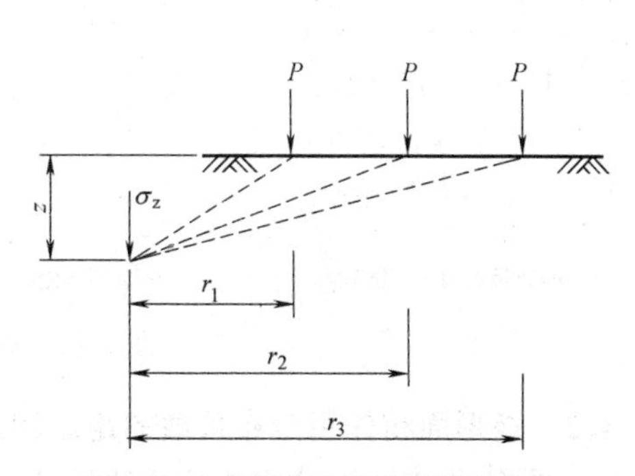

图 3-21　多个集中荷载下附加应力

【例 3-3】 在地基上作用一集中力 $P=400\text{kN}$，要求确定：

(1) 在地基中 $r=0$ 的竖直面上，距地表面 $z=0\text{m}$、1m、2m、3m、4m 处各点的附加应力 σ_z 值，并绘出分布图。

(2) 在地基中 $r=1\text{m}$ 的竖直面上，距地表面 $z=0\text{m}$、1m、2m、3m、4m 处各点的附加应力 σ_z 值，并绘出分布图。

(3) 在地基中 $z=2\text{m}$ 的水平面上，水平距离 $r=0\text{m}$、1m、2m、3m、4m 处各点的附加应力 σ_z 的值，并绘出分布图。

解： 各点的竖向应力 σ_z 可按 $\sigma_z=\alpha\dfrac{P}{z^2}$ 计算，计算结果列于表 3-2～表 3-4 中，同时可绘出 σ_z 的分布图，如图 3-22 所示。

$r=0\text{m}$ 处竖直面上竖向附加应力 σ_z **表 3-2**

z(m)	0	1	2	3	4
r/z	0	0	0	0	0
α	0.4775	0.4775	0.4775	0.4775	0.4775
σ_z(kPa)	∞	191	47.75	21.22	11.94

$r=1\text{m}$ 处竖直面上竖向附加应力 σ_z **表 3-3**

z(m)	0	1	2	3	4
r/z	∞	1	0.5	0.33	0.25
α	0	0.0844	0.2733	0.3686	0.4103
σ_z(kPa)	0	33.76	27.33	16.38	10.26

$z=2\text{m}$ 处水平面上竖向附加应力 σ_z **表 3-4**

r(m)	0	1	2	3	4
r/z	0	0.5	1.0	1.5	2.0
α	0.4775	0.2733	0.0844	0.0251	0.0085
σ_z(kPa)	47.75	27.33	8.44	2.51	0.85

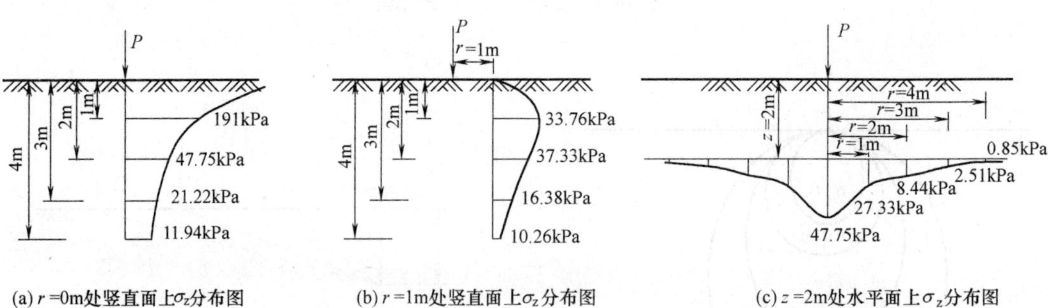

图 3-22 例 3-3 附加应力分布图

3.4.2 矩形面积作用分布荷载的地基附加应力计算

实际工程中，建筑物外荷载通过基础分布在一定面积上。对于作用于某一面积内的分布荷载，可将其划分为若干小块面积，并把每个小块面积上的压力当作一个集中荷载作用于它的中点，如图 3-23 所示。此时可按式（3-15）计算每个小块面积上的压力所产生的附加应力，然后进行叠加，即得整个基底面上分布荷载作用下的附加应力，这种方法称为等代荷载法。

若在半无限土体表面作用一分布荷载 p（x，y），如图 3-24 所示，为了计算土中某点 M（x，y，z）的竖向附加应力 σ_z 值，可在分布荷载作用范围内取一微分面积 $dF=d\xi d\eta$ 进行讨论。作用在该微分面积上的荷载为 $dP=p(x,y)d\xi d\eta$，dP 作用点的坐标为（ξ，η，0），则力作用点距 M 的距离 $R=\sqrt{z^2+(x-\xi)^2+(y-\eta)^2}$。

根据式（3-15）得：

$$\sigma_z=\frac{3P}{2\pi}\frac{z^3}{R^5}$$

由 dP 引起的竖向附加应力为：

$$d\sigma_z=\frac{3z^3}{2\pi}\frac{p(x,y)d\xi d\eta}{\left[z^2+(x-\xi)^2+(y-\eta)^2\right]^{\frac{5}{2}}} \tag{3-18}$$

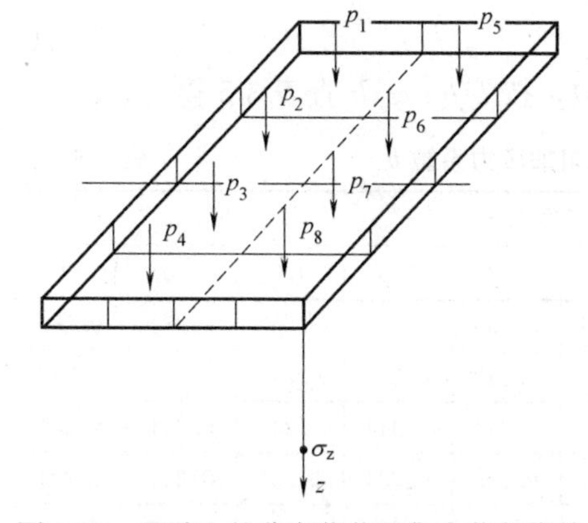

图 3-23　基础上的分布荷载用集中荷载代替

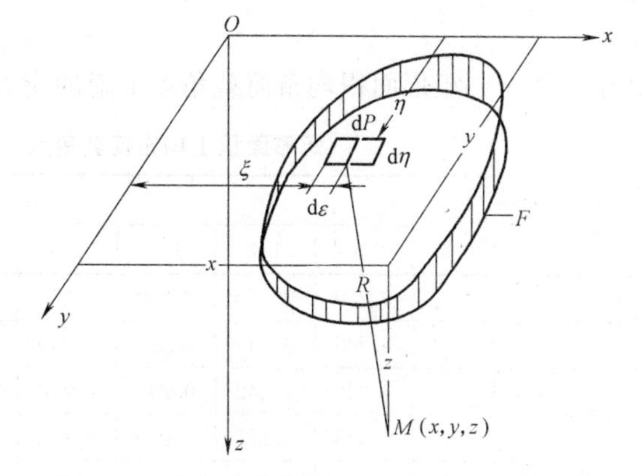

图 3-24　分布荷载作用下土中附加应力的计算

对于整个分布荷载，可在其基底面积范围内进行积分求得，即

$$\sigma_z=\iint_F d\sigma_z=\frac{3z^3}{2\pi}\iint_F\frac{dP}{R^5}=\frac{3z^3}{2\pi}\iint_F\frac{p(x,y)d\xi d\eta}{\left[z^2+(x-\xi)^2+(y-\eta)^2\right]^{\frac{5}{2}}} \tag{3-19}$$

式（3-19）的求解取决于三个边界条件：

（1）分布荷载 p（x，y）的分布规律及其大小。

（2）分布荷载的分布面积 F 的几何形状及其大小。

（3）应力计算点 M 的坐标（x，y，z）值。

下面介绍矩形面积作用两类分布荷载时土中附加应力的计算方法。

1. 矩形面积作用均布荷载的附加应力计算

（1）角点下竖向附加应力 σ_z 计算

如图 3-25 所示，设矩形面积的长度和宽度分别为 l 和 b，其上作用有均布荷载 p_0。现计算矩形荷载面角点下 M 的附加应力。

码 3-7　矩形面积作用分布荷载的附加应力计算

由式（3-19）得：

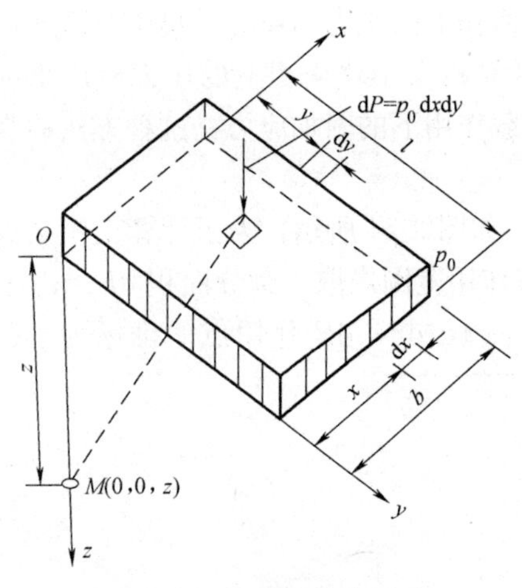

图 3-25　分布荷载作用下土中附加应力的计算

$$\sigma_z=\frac{3z^3p_0}{2\pi}\int_0^l\int_0^b\frac{1}{(x^2+y^2+z^2)^{\frac{5}{2}}}\mathrm{d}x\,\mathrm{d}y$$

$$=\frac{p_0}{2\pi}\left[\frac{lbz(l^2+b^2+z^2)}{(l^2+z^2)(b^2+z^2)\sqrt{l^2+b^2+z^2}}+\arctan\frac{lb}{z\sqrt{l^2+b^2+z^2}}\right]\tag{3-20}$$

令 $n=l/b$，$m=z/b$（b 为矩形荷载面短边宽度），并令

$$\alpha_c=\frac{1}{2\pi}\left[\frac{mn(m^2+2n^2+1)}{(m^2+n^2)(1+n^2)\sqrt{m^2+n^2+1}}+\arctan\frac{n}{m\sqrt{m^2+n^2+1}}\right]$$

则

$$\sigma_z=\alpha_c p_0\tag{3-21}$$

式中　α_c——矩形面积均布荷载角点下附加应力系数，按 l/b、z/b 查表 3-5 得。

矩形面积上均布荷载角点下竖向附加应力系数 α_c　　　　**表 3-5**

深宽比 $m=z/b$	矩形面积长宽比 $n=l/b$									
	1.0	1.2	1.4	1.6	1.8	2.0	3.0	4.0	5.0	≥10
0	0.250	0.250	0.250	0.250	0.250	0.250	0.250	0.250	0.250	0.250
0.2	0.249	0.249	0.249	0.249	0.249	0.249	0.249	0.249	0.249	0.249
0.4	0.240	0.242	0.243	0.243	0.244	0.244	0.244	0.244	0.244	0.244
0.6	0.223	0.228	0.230	0.232	0.232	0.233	0.234	0.234	0.234	0.234
0.8	0.200	0.207	0.212	0.215	0.216	0.218	0.220	0,220	0.220	0220
1.0	0.175	0.185	0.191	0.195	0.198	0.200	0.203	0.204	0.204	0.205
1.2	0.152	0.163	0.171	0.176	0.179	0.182	0.187	0.188	0.189	0.189
1.4	0.131	0.142	0.151	0.157	0.161	0.164	0.171	0.173	0.174	0.174
1.6	0 112	0.124	0.133	0.140	0.145	0.148	0.157	0.159	0.160	0.160
1.8	0.097	0.108	0.117	0.124	0.129	0.133	0.143	0.146	0.147	0.148
2.0	0.084	0.095	0.103	0.110	0.116	0.120	0.131	0.135	0.136	0.137
2.5	0.060	0.069	0.077	0.083	0.089	0.093	0.106	0.111	0.114	0.115
3.0	0.045	0.052	0.058	0.064	0.069	0.073	0.087	0.093	0.096	0.099
4.0	0.027	0.032	0.036	0.040	0.044	0.048	0.060	0.067	0.071	0.076
5.0	0.018	0.021	0.024	0.027	0.030	0.033	0.043	0.050	0.055	0.061
7.0	0.009	0.011	0.013	0.015	0.016	O. Dl8	0.025	0.031	0.035	0.043
9.0	0.006	0.007	0.008	0.009	0.010	0.011	0.016	0.020	0.024	0.032
10.0	0.005	0.006	0.007	0.007	0.008	0.009	0.013	0.017	0.020	0.028

注：表中相邻数值之间的取值可通过线性插入获得，更多系数值可查阅《建筑地基基础设计规范》GB 50007 附录。

（2）地基中任意点下竖向附加应力 σ_z 计算

在实际工程中，常需要求地基中任意点的附加应力，图 3-26 所示中列出计算点不位于角点下的四种情况（M'点表示任意深度处 M 点在荷载作用面上的水平投影）。计算时，通过 M'点将荷载面积划分为若干个矩形面积，然后再由式（3-21）按照叠加方法计算，这种方法通常称为角点法。

1）若 M'点在荷载作用面积内（图 3-26a）

通过 M'点将荷载面 $abcd$ 划分为 4 个小矩形面积Ⅰ、Ⅱ、Ⅲ、Ⅳ。这时 M'点分别位于 4 个小矩形面积的角点，用式（3-21）分别计算 4 个小矩形面积作用均布荷载时在角点下引起的竖向应力 σ_{zi}，再叠加起来。可按下式计算：

$$\sigma_z = \sum \sigma_{zi} = P_0(\alpha_{c\text{I}} + \alpha_{c\text{II}} + \alpha_{c\text{III}} + \alpha_{c\text{IV}}) \tag{3-22}$$

若 M'点在矩形面积中点处，则划分后的 4 个小矩形面积相等。此时只需算出一个小矩形均布荷载面积在角点下引起的竖向应力 $\sigma_{z\text{I}}$，乘以 4 后即得整个荷载面下的 σ_z 值，即

$$\sigma_z = 4\alpha_c p_0 \tag{3-23}$$

2）若 M'点在荷载作用面积边缘（图 3-26b）

$$\sigma_z = (\alpha_{c\text{I}} + \alpha_{c\text{II}}) p_0 \tag{3-24}$$

3）若 M'点在荷载作用面积边缘外侧（图 3-26c）

过 M'点作辅助线将荷载面积分为 4 块，即Ⅰ（$M'gce$），Ⅱ（$M'hde$），Ⅲ（$M'gbf$），Ⅳ（$M'haf$），分别计算 4 个矩形面积均布荷载在角点下引起的竖向应力。在实际受荷面积荷载下的应力 σ_z 应是矩形Ⅰ（$M'gce$）和矩形Ⅱ（$M'hde$）的差加上矩形Ⅲ（$M'gbf$）和矩形Ⅳ（$M'haf$）的差。

$$\sigma_z = (\alpha_{c\text{I}} - \alpha_{c\text{II}} + \alpha_{c\text{III}} - \alpha_{c\text{IV}}) p_0 \tag{3-25}$$

4）若 M'点在荷载作用面积角点外侧（图 3-26d）

计算方法与上述相仿，过点 M'作辅助线将荷载面积分为 4 块，即Ⅰ（$M'hce$），Ⅱ（$M'hbf$），Ⅲ（$M'gde$），Ⅳ（$M'gaf$）。在实际受荷面积荷载下的应力 σ_z 应是Ⅰ（$M'hce$）扣除Ⅱ（$M'hbf$）及Ⅲ（$M'gde$），再加上Ⅳ（$M'gaf$），因Ⅳ扣减了两次。

$$\sigma_z = \sum \sigma_{zi} = (\alpha_{c\text{I}} - \alpha_{c\text{II}} - \alpha_{c\text{III}} + \alpha_{c\text{IV}}) p_0 \tag{3-26}$$

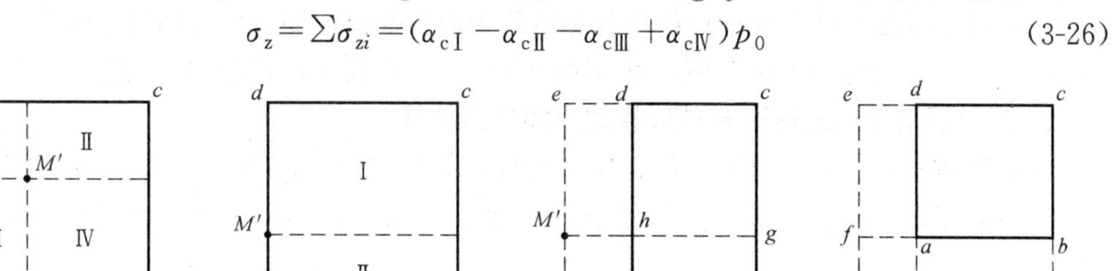

图 3-26　角点法计算矩形面积均布荷载任意点下附加应力

【例 3-4】 有一矩形面积基础，$b=2\text{m}$，$l=6\text{m}$，其上作用均布荷载 $p_0=200\text{kPa}$。

（1）如图 3-27 所示，计算矩形基础中点 O 下深度 $z=8\text{m}$ 处的竖向应力 σ_z 值。

（2）如图 3-28 所示，求矩形基础外 m 点下深度 $z=12\text{m}$ 处 M 点的竖向应力 σ_z 值。

解：（1）将矩形面积 $abcd$ 通过中心 O 点划分为四块相等的小矩形面积，划分后小矩

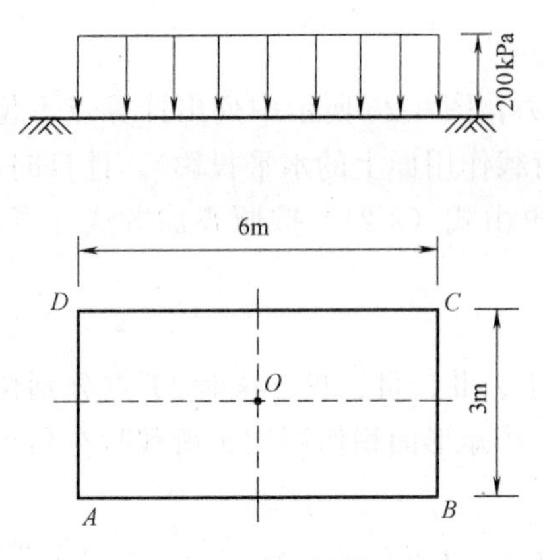

图 3-27　中点 O 下深度 $z=8\text{m}$ 处的附加应力

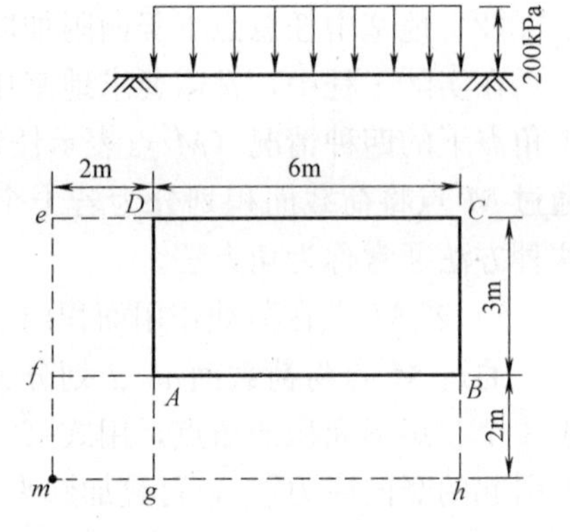

图 3-28　m 点下深度 $z=12\text{m}$ 处 M 点的附加应力

形面积的长 $l_1=3\text{m}$，宽 $b_1=1\text{m}$，则 $n=l_1/b_1=3/1=3$，$m=z/b_1=8/1=8$，查表 3-5 得应力系数 $\alpha_c=0.020$。按式（3-24）可得：

$$\sigma_z=4\alpha_c p_0=4\times 0.020\times 200=16\text{kPa}$$

（2）在图 3-28 中，过 m 点作辅助线，使 m 点位于 4 块矩形面积Ⅰ（$mhCe$），Ⅱ（$mhBf$），Ⅲ（$mgDe$），Ⅳ（$mgAf$）的角点，分别计算 4 块矩形面积荷载对 m 点的竖向附加应力，然后进行叠加，计算结果如表 3-6 所示。

m 点竖向应力计算　　表 3-6

荷载作用面积	l_1/b_1	z/b_1	α_c	荷载作用面积	l_1/b_1	z/b_1	α_c
Ⅰ($meah$)	8/4=2	12/4=3	0.073	Ⅲ($mfbh$)	8/2=4	12/2=6	0.039
Ⅱ($medg$)	4/2=2	12/2=6	0.024	Ⅳ($mfcg$)	12/2=6	12/2=6	0.013

$$\sigma_z=(\sigma_{c\text{Ⅰ}}-\sigma_{c\text{Ⅱ}}-\sigma_{c\text{Ⅲ}}+\sigma_{c\text{Ⅳ}})p_0=(0.073-0.024-0.039+0.013)\times 200=4.6\text{kPa}$$

采用角点法计算应注意以下几点：

（1）划分的每一个矩形应有一个角点位于计算点。

（2）划分后用于计算的矩形面积总和应等于原有受荷面积，多算的应扣除。

（3）所划分的每个矩形面积，短边都用 b（或 b_1）表示，长边用 l（或 l_1）表示。

2. 矩形面积作用三角形分布荷载的附加应力计算

在矩形面积上作用三角形分布的竖向荷载，荷载的最大值为 p_0，取荷载为零值的角点 1 为坐标原点（图 3-29），角点 1 下深度 z 处 M（0，0，z）点的竖向应力 σ_z 同样可用式（3-19）求解。取微元面积 $\mathrm{d}F=\mathrm{d}x\mathrm{d}y$，作用于微元上的集中力 $\mathrm{d}P=\dfrac{x}{b}p_0\mathrm{d}x\mathrm{d}y$，代入式（3-19）则得：

$$\sigma_z=\frac{3z^3}{2\pi}p_0\int_0^l\int_0^b\frac{\frac{x}{b}\mathrm{d}x\mathrm{d}y}{(x^2+y^2+z^2)^{\frac{5}{2}}} \tag{3-27}$$

$$=\frac{mn}{2\pi}\left[\frac{1}{\sqrt{m^2+n^2}}-\frac{m^2}{(1+m^2)\sqrt{1+n^2+m^3}}\right]p_0=\alpha_{t1}p_0$$

式中，附加应力系数 α_{t1} 是 $m=z/b$、$n=l/b$ 的函数，可查表 3-7 得到。

同理，还可求得荷载最大值边的角点 2 下任意深度 z 处的竖向附加应力 σ_z：

$$\sigma_z=\alpha_{t2}p_0=(\alpha_c-\alpha_{t1})p_0 \tag{3-28}$$

式中　α_{t2}——附加应力系数，是 $m=z/b$、$n=l/b$ 的函数，可查表 3-7 得到；

b——沿基础底面荷载递增方向的边长；

l——沿基础底面荷载不变方向的边长。

应用上述均布和三角形分布的矩形荷载角点下的附加应力系数，即可用角点法求解梯形分布荷载作用下地基中任意点的竖向附加应力。

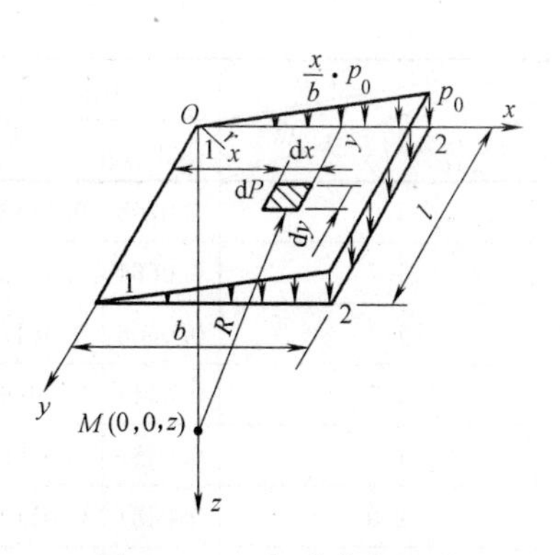

图 3-29　三角形分布矩形荷载下土中附加应力 σ_z

三角形分布的矩形荷载角点下的竖向附加应力系数 α_{t1} 和 α_{t2}　　　表 3-7

z/b \ l/b	0.2		0.4		0.6		0.8		1.0	
点	1	2	1	2	1	2	1	2	1	2
0.0	0.0000	0.2500	0.0000	0.2500	0.0000	0.2500	0.0000	0.2500	0.0000	0.2500
0.2	0.0223	0.1821	0.0280	0.2115	0.0296	0.2165	0.0301	0.2178	0.0304	0.2182
0.4	0.0269	0.1094	0.0420	0.1604	0.0487	0.1781	0.0517	0.1844	0.0531	0.1870
0.6	0.0259	0.0700	0.0448	0.1165	0.0560	0.1405	0.0621	0.1520	0.0654	0.1575
0.8	0.0232	0.0480	0.0421	0.0853	0.0553	0.1093.	0.0637	0.1232	0.0688	0.1311
1.0	0.0201	0.0346	0.0375	0.0638	0.0508	0.0852	0.0602	0.0996	0.0666	0.1086
1.2	0.0171	0.0260	0.0324	0.0491	0.0450	0.0673	0.0546	0.0807	0.0615	0.0901
1.4	0.0145	0.0202	0.0278	0.0386	0.0392	0.0540	0.0483	0.0661	0.0554	0.0751
1.6	0.0123	0.0160	0.0238	0.0310	0.0339	0.0440	0.0424	0.0547	0.0492	0.0628
1.8	0.0105	0.0130	0.0204	0.0254	0.0294	0.0363	0.0371	0.0457	0.0435	0.0534
2.0	0.0090	0.0108	0.0176	0.0211	0.0255	0.0304	0.0324	0.0387	0.0384	0.0456
2.5	0.0063	0.0072	0.0125	0.0140	0.0183	0.0205	0.0236	0.0265	0.0284	0.0318
3.0	0.0046	0.0051	0.0092	0.0100	0.0135	0.0148	0.0176	0.0192	0.0214	0.0233
5.0	0.0018	0.0019	0.0036	0.0038	0.0054	0.0056	0.0071	0.0074	0.0088	0.0091
7.0	0.0009	0.0010	0.0019	0.0019	0.0028	0.0029	0.0038	0.0038	0.0047	0.0047
10.0	0.0005	0.0004	0.0009	0.0010	0.0014	0.0014	0.0019	0.0019	0.0023	0.0024

z/b \ l/b	1.2		1.4		1.6		1.8		2.0	
点	1	2	1	2	1	2	1	2	1	2
0.0	0.0000	0.2500	0.0000	0.2500	0.0000	0.2500	0.0000	0.2500	0.0000	0.2500
0.2	0.0305	0.2184	0.0305	0.2185	0.0306	0.2185	0.0306	0.2185	0.0306	0.2185
0.4	0.0539	0.1881	0.0543	0.1886	0.0545	0.1889	0.0546	0.1891	0.0547	0.1892
0.6	0.0673	0.1602	0.0684	0.1616	0.0690	0.1625	0.0694	0.1630	0.0696	0.1633
0.8	0.0720	0.1355	0.0739	0.1381	0.0751	0.1396	0.0759	0.1405	0.0764	0.1412

续表

z/b \ l/b 点	1.2		1.4		1.6		1.8		2.0	
	1	2	1	2	1	2	1	2	1	2
1.0	0.0708	0.1143	0.0735	0.1176	0.0753	0.1202	0.0766	0.1215	0.0774	0.1225
1.2	0.0664	0.0962	0.0698	0.1007	0.0721	0.1037	0.0738	0.1055	0.0749	0.1069
1.4	0.0606	0.0817	0.0644	0.0864	0.0672	0.0897	0.0692	0.0921	0.0707	0.0937
1.6	0.0545	0.0696	0.0586	0.0743	0.0616	0.0780	0.0639	0.0806	0.0656	0.0826
1.8	0.0487	0.0596	0.0528	0.0644	0.0560	0.0681	0.0585	0.0709	0.0604	0.0730
2.0	0.0434	0.0513	0.0474	0.0560	0.0507	0.0596	0.0533	0.0625	0.0553	0.0649
2.5	0.0326	0.0365	0.0362	0.0405	0.0393	0.0440	0.0419	0.0469	0.0440	0.0491
3.0	0.0249	0.0270	0.0280	0.0303	0.0307	0.0333	0.0331	0.0359	0.0352	0.0380
5.0	0.0104	0.0108	0.0120	0.0123	0.0135	0.0139	0.0148	0.0154	0.0161	0.0167
7.0	0.0056	0.0056	0.0064	0.0066	0.0073	0.0074	0.0081	0.0083	0.0089	0.0091
10.0	0.0028	0.0028	0.0033	0.0032	0.0037	0.0037	0.0041	0.0042	0.0046	0.0046

z/b \ l/b 点	3.0		4.0		6.0		8.0		10.0	
	1	2	1	2	1	2	1	2	1	2
0.0	0.0000	0.2500	0.0000	0.2500	0.0000	0.2500	0.0000	0.2500	0.0000	0.2500
0.2	0.0306	0.2186	0.0306	0.2186	0.0306	0.2186	0.0306	0.2186	0.0306	0.2186
0.4	0.0548	0.1894	0.0549	0.1894	0.0549	0.1894	0.0549	0.1894	0.0549	0.1894
0.6	0.0701	0.1638	0.0702	0.1639	0.0702	0.1640	0.0702	0.1640	0.0702	0.1640
0.8	0.0773	0.1423	0.0776	0.1424	0.0776	0.1426	0.0776	0.1426	0.0776	0.1426
1.0	0.0790	0.1244	0.0794	0.1248	0.0795	0.1250	0.0796	0.1250	0.0796	0.1250
1.2	0.0774	0.1096	0.0779	0.1103	0.0782	0.1105	0.0783	0.1105	0.0783	0.1105
1.4	0.0739	0.0973	0.0748	0.0982	0.0752	0.0986	0.0752	0.0987	0.0753	0.0987
1.6	0.0697	0.0870	0.0708	0.0882	0.0714	0.0887	0.0715	0.0888	0.0715	0.0889
1.8	0.0652	0.0782	0.0666	0.0797	0.0673	0.0805	0.0675	0.0806	0.0675	0.0808
2.0	0.0607	0.0707	0.0624	0.0726	0.0634	0.0734	0.0636	0.0736	0.0636	0.0738
2.5	0.0504	0.0559	0.0529	0.0585	0.0543	0.0601	0.0547	0.0604	0.0548	0.0605
3.0	0.0419	0.0451	0.0449	0.0482	0.0469	0.0504	0.0474	0.0509	0.0476	0.0511
5.0	0.0214	0.0221	0.0248	0.0256	0.0283	0.0290	0.0296	0.0303	0.0301	0.0309
7.0	0.0124	0.0126	0.0152	0.0154	0.0186	0.0190	0.0204	0.0207	0.0212	0.0216
10.0	0.0066	0.0066	0.0084	0.0083	0.0111	0.0111	0.0128	0.0130	0.0139	0.0141

【例 3-5】 有一矩形基础的底面尺寸 $b=3$m，$l=6$m，其上作用分布荷载如图 3-30 所示。试分别计算 A、B 两点以下深度 $z=3$m 处的竖向附加应力 σ_z 值。

解：(1) A 点下深度 $z=3$m 处的附加应力

将梯形荷载划分为矩形面积均布荷载Ⅰ（$p_0=100$kPa）和三角形荷载Ⅱ（$p_0=200-100=100$kPa），如图 3-30（a）所示，即 A 点下 3m 处附加应力是由矩形面积均布荷载和三角形荷载叠加而成，计算结果如表 3-8 所示。

附加应力系数计算 　　　　　　　　　　　　　　　　　　　**表 3-8**

编号	矩形面积	荷载分布形式	$n=l/b$	$m=z/b$	α_c 或 α_t
1	Ⅰ	均布荷载	6/3=2.0	3/3=1.0	0.2000
2	Ⅱ	三角形	3/6=0.5	3/6=0.5	0.0479

A 点下深度 $z=3$m 处的附加应力 σ_z 为：

$$\sigma_z=\sigma_{z矩形}^{A}+\sigma_{z三角形}^{A}=100\times0.200+100\times0.0479=24.79\text{kPa}$$

（2）B 点下深度 $z=3$m 处的附加应力

按照上述方法将梯形荷载划分为矩形面积均布荷载（$p_0=100$kPa）和三角形荷载（$p_0=200-100=100$kPa）。因划分后计算点 B 不在角点处，需将矩形荷载作用面或荷载进一步划分。下面分别对两者进行介绍。

1）矩形面积均布荷载

通过 B 点作辅助线将矩形面积划分为矩形Ⅰ、矩形Ⅱ，则附加应力系数计算结果见表 3-9。

附加应力系数计算 　　　　　　　　　　　　　　　　　　　**表 3-9**

编号	矩形面积	荷载分布形式	$n=l/b$	$m=z/b$	α_c、α_{t1}、α_{t2}
1	Ⅰ	均布	3/3=1.0	3/3=1.0	$\alpha_c=0.175$
2	Ⅱ	均布	3/3=1.0	3/3=1.0	$\alpha_c=0.175$
3	Ⅲ	三角形	3/3=1.0	3/3=1.0	$\alpha_{t2}=0.1086$
4	Ⅳ	均布荷载	3/3=1.0	3/3=1.0	$\alpha_c=0.175$
5	Ⅴ	三角形	3/3=1.0	3/3=1.0	$\alpha_{t2}=0.0666$

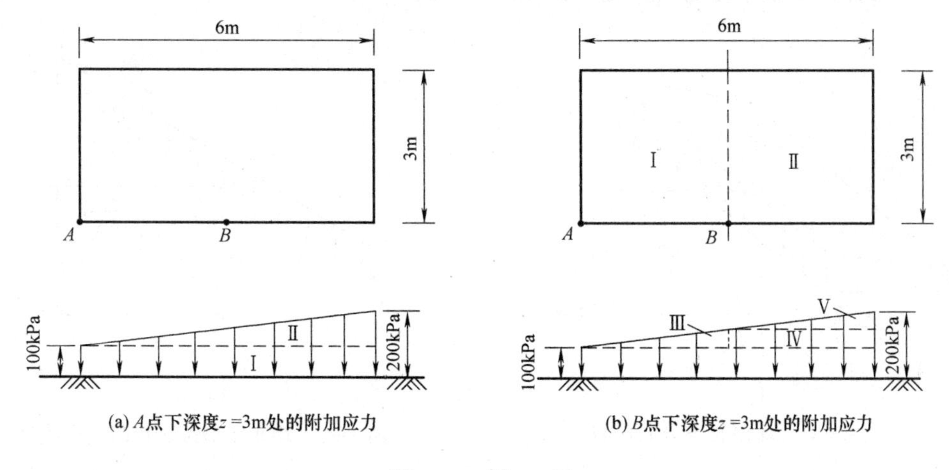

图 3-30　例 3-5 图

2）矩形面积三角形荷载

将三角形荷载划分为三角形荷载Ⅲ、矩形均布荷载Ⅳ、三角形荷载Ⅴ，如图 3-30（b）所示。

此时，矩形Ⅰ上作用有三角形荷载Ⅲ，计算点位于三角形荷载角点 2 处；矩形Ⅱ上为矩形均布荷载Ⅳ、三角形荷载Ⅴ共同作用，且计算点均位于角点处，附加应力系数计算结果如表 3-9 所示。

最后叠加求得 B 点下深度 $z=3\text{m}$ 处的附加应力 σ_z：

$$\sigma_z=\sigma_{z矩形}^{B}+\sigma_{z三角形}^{B}=2\times100\times0.175+50\times(0.1086+0.175+0.0666)=52.51\text{kPa}$$

3.4.3 线荷载作用下的地基附加应力计算

若在半无限弹性体表面作用无限长条形的分布荷载，荷载在宽度方向分布是任意的，但沿长度方向分布规律相同，如图 3-31 所示。土中任一点 M 的应力只与该点的平面坐标（x，z）有关，而与荷载长度方向的 y 轴坐标无关，此时的应力状态属于平面应变问题。

在实际工程并不存在无限长条分布荷载，一般当荷载面积的长宽比 $l/b\geqslant10$ 时，计算的地基附加应力值与按 $l/b=\infty$时得到的解相差不大，因此实践中常将墙下条形基础、挡土墙基础、路基、坝基等条形基础视为平面问题。

在地基表面作用有无限分布的均布线荷载 p_0，如图 3-32 所示。取一微分段 $\text{d}y$，作用于 $\text{d}y$ 上的荷载为 $p_0\text{d}y$，可将其看作一集中力，则计算土中任一点 M 的应力时，可用式（3-12)、式（3-13）通过积分求得：

$$\sigma_z=\frac{3z^3}{2\pi}p_0\int_{-\infty}^{\infty}\frac{\text{d}y}{(x^2+y^2+z^2)^{\frac{5}{2}}}=\frac{2z^3p_0}{\pi(x^2+z^2)^2} \tag{3-29a}$$

同理可得

$$\sigma_x=\frac{2x^2zp_0}{\pi(x^2+z^2)} \tag{3-29b}$$

$$\tau_{xz}=\tau_{zx}=\frac{2xz^2p_0}{\pi(x^2+z^2)^2} \tag{3-29c}$$

上式在弹性理论中称为费拉曼（Flamant）解。

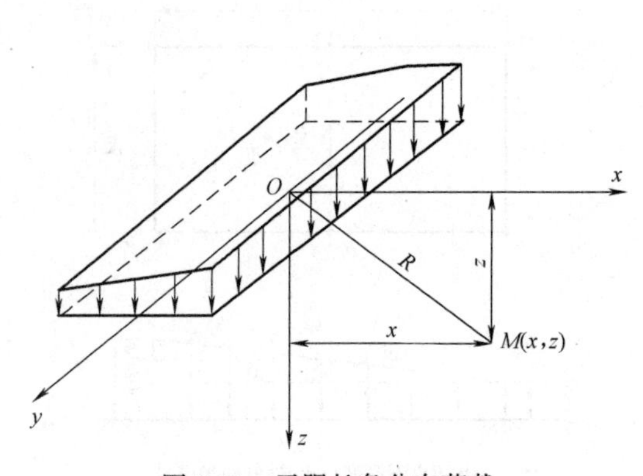

图 3-31　无限长条分布荷载

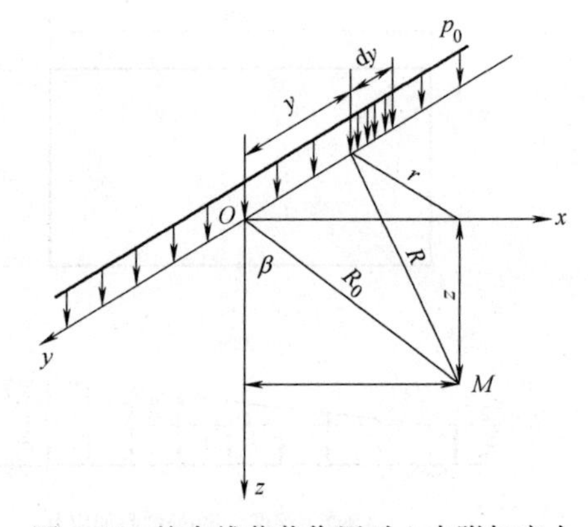

图 3-32　均布线荷载作用时土中附加应力

由式（3-29）可以看到任意点 M 的应力仅与 x、z 的坐标有关，与 y 无关。这是因为线荷载沿 y 轴均匀分布且无限延伸，因此与 y 轴垂直的任何平面上的应力状态完全相同。此时根据弹性力学原理可得：

$$\tau_{xy}=\tau_{yx}=\tau_{yz}=\tau_{xy} \tag{3-30a}$$

$$\sigma_y=\mu(\sigma_x+\sigma_z) \tag{3-30b}$$

式中　μ——土的泊松比。

由于与 y 轴垂直的任何平面上的应力状态均相同，故只需研究一个平面。在 xOz 平面上假定计算点 M 与坐标原点的距离为 R_0，由图 2-32 可知 $R_0=\sqrt{x^2+z^2}$。若 R_0 与 z 轴的夹角为 β，则 $\cos\beta=z/R_0$，$\sin\beta=x/R_0$，可将式（3-29）变换成用极坐标表示的公式。

$$\sigma_z=\frac{2p_0}{\pi R_0}\cos^3\beta \tag{3-31a}$$

$$\sigma_x=\frac{2p_0}{\pi R_0}\sin\beta\cdot\sin2\beta \tag{3-31b}$$

$$\tau_{xz}=\frac{2p_0}{\pi R_0}\cos\beta\cdot\cos2\beta \tag{3-31c}$$

3.4.4　条形面积作用分布荷载的地基附加应力计算

1. 条形面积作用均布荷载的附加应力计算

(1) 土中任一点竖向附加应力计算

码 3-8　条形面积作用分布荷载的附加应力计算

如图 3-33 所示，假设沿着 x 方向（宽度）作用一竖向均布荷载 p_0，其分布宽度为 b。沿着 x 方向取一小微分段 $d\xi$，作用在 $d\xi$ 上的荷载 $dp=p_0d\xi$ 可看成均布线荷载，它在任意点 M（x，z）处产生的附加应力可按式（3-29）在宽度 b 范围内积分计算。

$$\sigma_z=\int_{-\frac{b}{2}}^{\frac{b}{2}}\frac{2z^3p_0d\xi}{\pi[(x-\xi)^2+z^2]^2}=\frac{p_0}{\pi}\left[\arctan\frac{1-2n}{2m}+\arctan\frac{1+2n}{2m}-\frac{4m(4n^2-4m^2-1)}{(4n^2+4m^2-1)^2+16m^2}\right]=\alpha_z p_0 \tag{3-32a}$$

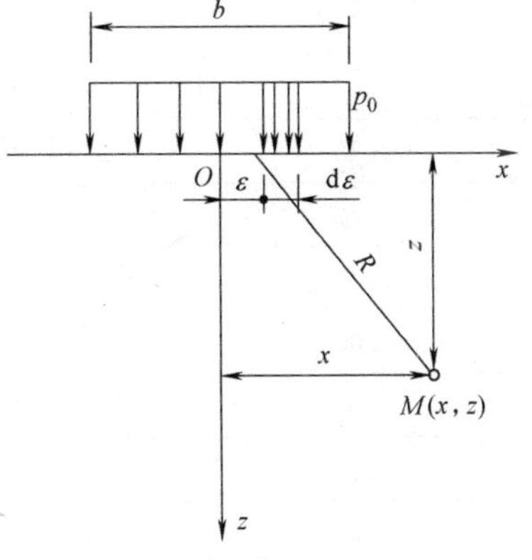

图 3-33　条形面积作用均布荷载的附加应力 σ_z

同理可得 τ_{xz}、σ_x 的计算式为：

$$\sigma_x=\alpha_x p_0 \tag{3-32b}$$

$$\tau_{xz}=\alpha_{xz}p_0 \tag{3-32c}$$

式中，α_z、α_x、α_{xz} 是条形面积作用均布荷载附加应力系数，可在表 3-10 中查得，其中 $n=x/b$，$m=z/b$。

条形面积作用均布荷载的附加应力系数 α_z、α_x、α_{xz}　　**表 3-10**

x/b 系数 z/b	0.00(中点)			0.25			0.50(角点)		
	α_z	α_x	α_{xz}	α_z	α_x	α_{xz}	α_z	α_x	α_{xz}
0.00	1.00	1.00	0	1.00	1.00	0	0.50	0.50	0.32
0.25	0.96	0.45	0	0.90	0.39	0.13	0.50	0.35	0.30
0.50	0.82	0.18	0	0.74	0.19	0.16	0.48	0.23	0.26
0.75	0.67	0.08	0	0.61	0.10	0.13	0.45	0.14	0.20

续表

x/b 系数 z/b	0.00(中点)			0.25			0.50(角点)		
	α_z	α_x	α_{xz}	α_z	α_x	α_{xz}	α_z	α_x	α_{xz}
1.00	0.55	0.04	0	0.51	0.05	0.10	0.41	0.09	0.16
1.25	0.46	0.02	0	0.44	0.03	0.07	0.37	0.06	0.12
1.50	0.40	0.01	0	0.38	0.02	0.06	0.33	0.04	0.10
1.75	0.35	—	0	0.34	0.01	0.04	0.30	0.03	0.08
2.00	0.31	—	0	0.31	—	0.03	0.28	0.02	0.06
3.00	0.21	—	0	0.21	—	0.02	0.20	0.01	0.03
4.00	0.16	—	0	0.16	—	0.01	0.15	—	0.02
5.00	0.13	—	0	0.13	—	—	0.12	—	—
6.00	0.11	—	0	0.10	—	—	0.10	—	—

x/b 系数 z/b	1.00			1.50			2.00		
	α_z	α_x	α_{xz}	α_z	α_x	α_{xz}	α_z	α_x	α_{xz}
0.00	0	0	0	0	0	0	0	0	0
0.25	0.02	0.17	0.05	0.00	0.07	0.01	0.00	0.04	0.00
0.50	0.08	0.21	0.13	0.02	0.12	0.04	0.00	0.07	0.02
0.75	0.15	0.22	0.16	0.04	0.14	0.07	0.02	0.10	0.04
1.00	0.19	0.15	0.16	0.07	0.14	0.10	0.03	0.13	0.05
1.25	0.20	0.11	0.14	0.10	0.12	0.10	0.04	0.11	0.07
1.50	0.21	0.08	0.13	0.11	0.10	0.10	0.06	0.10	0.07
1.75	0.21	0.06	0.11	0.13	0.09	0.10	0.07	0.09	0.08
2.00	0.20	0.05	0.10	0.14	0.07	0.10	0.08	0.08	0.08
3.00	0.17	0.02	0.06	0.13	0.03	0.07	0.10	0.04	0.07
4.00	0.14	0.01	0.03	0.12	0.02	0.05	0.10	0.03	0.05
5.00	0.12	—	—	0.11	—	—	0.09	—	—
6.00	0.10	—	—	0.10	—	—	—	—	—

需要注意的是：坐标原点放在均布荷载的中点处。x 表示计算点距离荷载分布图形中轴线的距离。

若以极坐标表示时，从 M 点到荷载两边缘点连线，连线与竖直线 MN 间的夹角分别是β_1 和 β_2（图 3-34），两条连线间的夹角以 2α 表示，称为视角。在 x 轴上取一微分段 dx，此微分段上的荷载为 $dp=p_0dx$，该微分段与 M 点连线的夹角为 $d\beta$，微分段作用点与 M 的距离用R_0 表示，该连线与竖直线 MN 间的夹角为β，则：

$$dp=p_0R_0d\beta/\cos\beta \tag{3-33}$$

将式（3-33）代入式（3-31）并积分，可得用极坐标表示的应力计算公式。

$$\sigma_z=\frac{2p_0}{\pi R_0}\int_{\beta_2}^{\beta_1}\cos^3\beta\cdot R_0\,d\beta/\cos\beta=\frac{2p_0}{\pi}\int_{\beta_2}^{\beta_1}\cos^2\beta d\beta$$
$$=\frac{p_0}{\pi}\left[\beta_1+\frac{1}{2}\sin 2\beta_1-(\pm\beta_2)-\frac{1}{2}\sin(\pm 2\beta_2)\right] \tag{3-34a}$$

同理可得

$$\sigma_x=\frac{p_0}{\pi}\left[\beta_1-\frac{1}{2}\sin 2\beta_1-(\pm\beta_2)+\frac{1}{2}\sin(\pm 2\beta_2)\right] \tag{3-34b}$$

$$\tau_{xz}=\frac{p_0}{2\pi}(\cos 2\beta_2-\cos 2\beta_1) \tag{3-34c}$$

（2）土中任一点主应力的计算

如图 3-35 所示，在地基土表面作用有均布条形荷载 p_0，计算土中任一点 M 的大、小主应力。根据材料力学中关于主应力与法向应力、剪应力之间关系可得：

$$\left.\begin{matrix}\sigma_1\\ \sigma_3\end{matrix}\right\}=\frac{\sigma_x+\sigma_z}{2}\pm\sqrt{\left(\frac{\sigma_x-\sigma_z}{2}\right)^2+\tau_{xz}^2} \tag{3-35a}$$

$$\tan 2\theta=\frac{2\tau_{xz}}{\sigma_z-\sigma_x} \tag{3-35b}$$

将式（3-34）代入式（3-35）求得地基中任意点 M 的主应力值及其作用方向：

$$\left.\begin{matrix}\sigma_1\\ \sigma_3\end{matrix}\right\}=\frac{p}{\pi}[(\beta_1-\beta_2)\pm\sin(\beta_1-\beta_2)] \tag{3-36a}$$

$$\theta=\frac{1}{2}(\beta_1+\beta_2) \tag{3-36b}$$

令 $2\alpha=\beta_1-(\pm\beta_2)$，称为视角，$\beta$ 正负号规定：从竖直线到连线逆时针旋转时为正，反之为负。图 3-35 中，$2\alpha=\beta_1-\beta_2$，代入式（3-36a），可得 M 点的主应力为：

$$\left.\begin{matrix}\sigma_1\\ \sigma_3\end{matrix}\right\}=\frac{p}{\pi}(2\alpha\pm\sin 2\alpha) \tag{3-37}$$

由式（3-38）可知，式中唯一的变量是 2α，故不论 M 点的位置如何，只要视角 2α 相

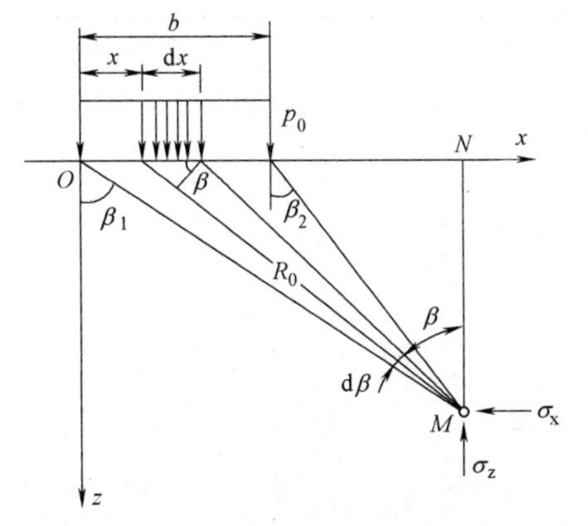

图 3-34　极坐标表示的均布条形荷载作用下土中附加应力计算

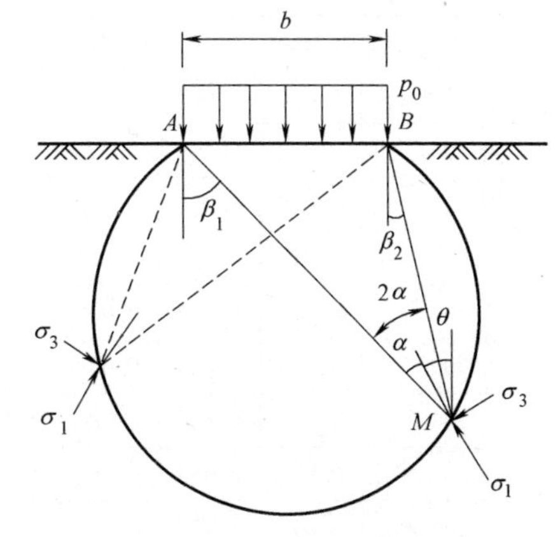

图 3-35　主应力等值线

等，其主应力也相等。如果过荷载两端点 A、B 和 M 点作一圆，则在圆上的大小主应力相等，因为它们的视角（为圆周角）都相等。该圆称为主应力等值线，如图 3-35 所示。

M 点的最大剪应力：

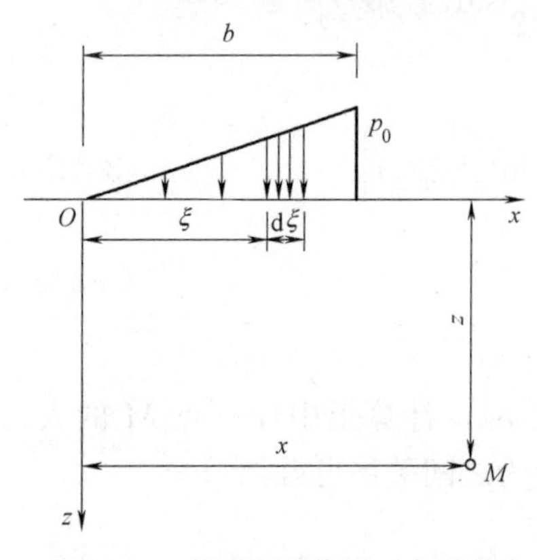

图 3-36 条形面积作用三角形分布荷载的附加应力计算

$$\tau_{\max}=\frac{1}{2}(\theta_1-\theta_3)=\frac{p_0}{\pi}\sin 2\alpha \tag{3-38}$$

当 $2\alpha=\pi/2$ 时，$\tau_{\max}=p_0/\pi$ 为最大，故通过荷载边缘点作一半圆，在半圆上的 $\tau_{\max}$ 较其他位置上的 $\tau_{\max}$ 大。

2. 条形面积作用三角形分布荷载的附加应力计算

图 3-36 给出了条形面积作用三角形分布荷载的情形。坐标原点取在三角形荷载的零点处，荷载最大值为 p_0，计算地基中 M（x，z）点的竖向应力 σ_z。在条形荷载的宽度方向上取微分单元，将其上作用的荷载 $dp=\xi p_0\frac{d\xi}{b}$ 视为线荷载，而 dp 在 M 点引起的附加应力 $d\sigma_z$ 可按式（3-29）在宽度 b 范围内积分，即得：

$$\begin{aligned}\sigma_z&=\frac{2z^3p_0}{\pi b}\int_0^b\frac{\xi\cdot d\xi}{[(x-\xi)^2+z^2]^2}\\&=\frac{p_0}{\pi}\left[n\left(\arctan\frac{n}{m}-\arctan\frac{n-1}{m}\right)-\frac{m(n-1)}{(n-1)^2+m^2}\right]=\alpha_s\cdot p_0\end{aligned} \tag{3-39}$$

式中 α_s——条形面积作用三角形荷载附加应力系数，可在表 3-11 中查得，其中 $n=x/b$，$m=z/b$。

注意：坐标原点在三角形荷载的零点处，x 轴的方向以荷载增长的方向为正，反之为负。

三角形分布的条形荷载下竖向附加应力系数 α_s 值 **表 3-11**

$m=z/b$ \ $n=x/b$	−1.5	−1.0	−0.5	0.0	0.25	0.50	0.75	1.0	1.5	2.0	2.5
0.00	0.000	0.000	0.000	0.000	0.250	0.500	0.750	0.500	0.000	0.000	0.000
0.25	0.000	0.000	0.001	0.075	0.256	0.480	0.643	0.424	0.017	0.003	0.000
0.50	0.002	0.003	0.023	0.127	0.263	0.410	0.477	0.353	0.056	0.017	0.003
0.75	0.006	0.016	0.042	0.153	0.248	0.335	0.361	0.293	0.108	0.024	0.009
1.00	0.014	0.025	0.061	0.159	0.223	0.275	0.279	0.241	0.129	0.045	0.013
1.50	0.020	0.048	0.096	0.145	0.178	0.200	0.202	0.185	0.124	0.062	0.041
2.00	0.033	0.061	0.092	0.127	0.146	0.155	0.163	0.153	0.108	0.069	0.050
3.00	0.050	0.064	0.080	0.096	0.103	0.104	0.108	0.104	0.090	0.071	0.050
4.00	0.051	0.060	0.067	0.075	0.078	0.085	0.082	0.075	0.073	0.060	0.049
5.00	0.047	0.052	0.057	0.059	0.062	0.063	0.063	0.065	0.061	0.051	0.047
6.00	0.041	0.041	0.050	0.051	0.052	0.053	0.053	0.053	0.050	0.050	0.045

【例 3-6】 有一路堤如图 3-37（a）所示，已知填土重度 $\gamma=20\text{kN/m}^3$，求路堤中线下 O 点（$z=0$）及 M 点（$z=10\text{m}$）处的竖向应力 σ_z 值。

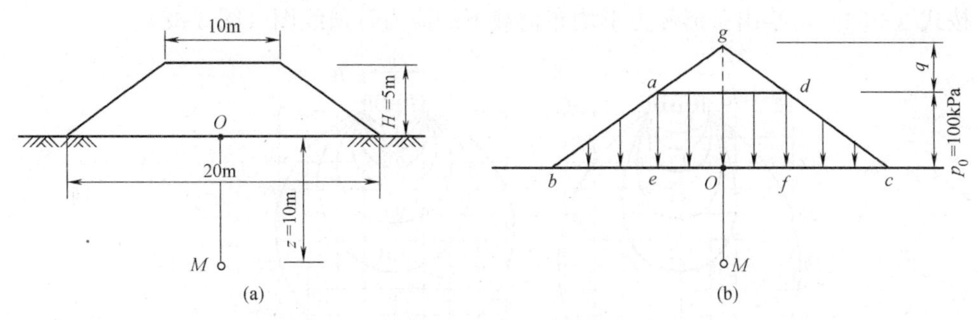

图 3-37　例 3-6 图

解： 路基填土的重力产生的荷载为梯形分布，如图 3-37（b）所示，其最大强度

$$p_0=\gamma H=20\times5=100\text{kPa}$$

将梯形荷载（$abcd$）分解为两个三角形分布的条形荷载（abe）及（dcf）和一个均布条形荷载（$aefd$），从而用式（3-32）和式（3-38）进行叠加计算。现将附加应力系数的计算结果列于表 3-12 中。

例 3-6 的竖向附加应力系数　　　　**表 3-12**

荷载分布面积	x/b	O 点（$z=0$）		M 点（$z=10\text{m}$）	
		z/b	$\alpha_{z(s)}$	z/b	$\alpha_{z(s)}$
abe 或 dcf	10/5=2	0	0	2	0.069
$aefd$	0/10=0	0	1.00	1	0.550

所以 O 点的竖向应力为：

$$\sigma_z=\sigma_z(abe)+\sigma_z(dcf)+\sigma_z(aefd)=0+0+1.0\times100=100\text{kPa}$$

M 点的竖向应力为：

$$\sigma_z=2\times100\times0.069+100\times0.55=68.8\text{kPa}$$

此外，也可将梯形荷载分解为其他的荷载叠加形式。读者可以自己尝试并将计算结果进行比较。

由以上分析可知，距离荷载作用的点越远，附加应力值越小，因此附加应力的范围是有限的。

3.5　土中附加应力分布规律的讨论

3.5.1　均质地基附加应力分布规律

由图 3-19 可知，均质地基附加应力分布有如下规律：

（1）附加应力不仅分布在基底范围内，而且分布在荷载面积以外相当大的范围之下，即呈现应力扩散现象；

（2）基底下任意深度水平面上的附加应力，在基底中轴线上最大，离中轴线越远，附加应力越小；

码 3-9　附加应力分布规律

(3) 在荷载作用面内，附加应力随深度增大而减小；

(4) 条形荷载与方形荷载下附加应力分布规律：

按式（3-34）可绘出条形和方形均布荷载下的应力等值线图（图 3-38）。

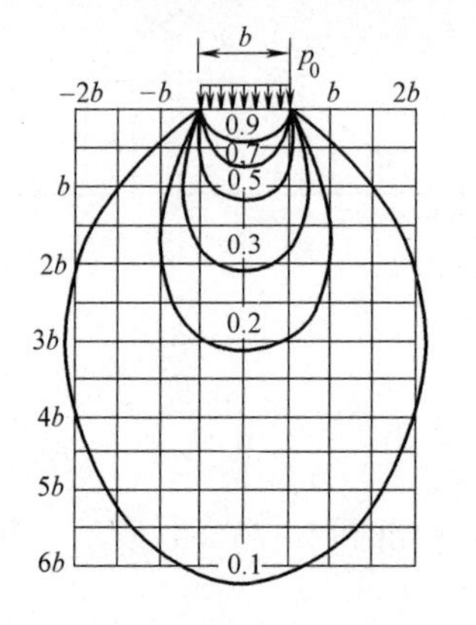

(a) 条形均布荷载作用下σ_z等值线

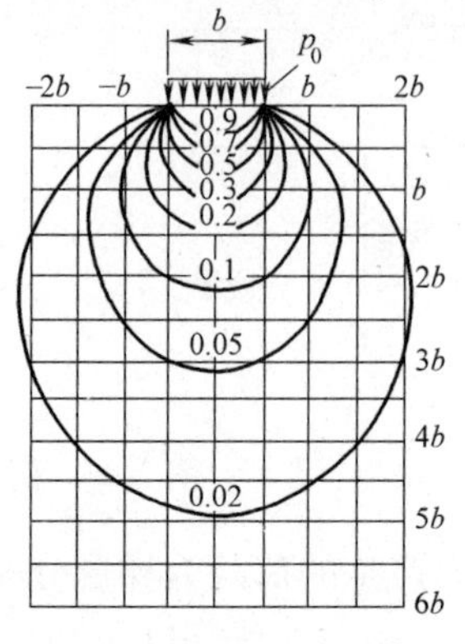

(b) 方形均布荷载作用下σ_z等值线

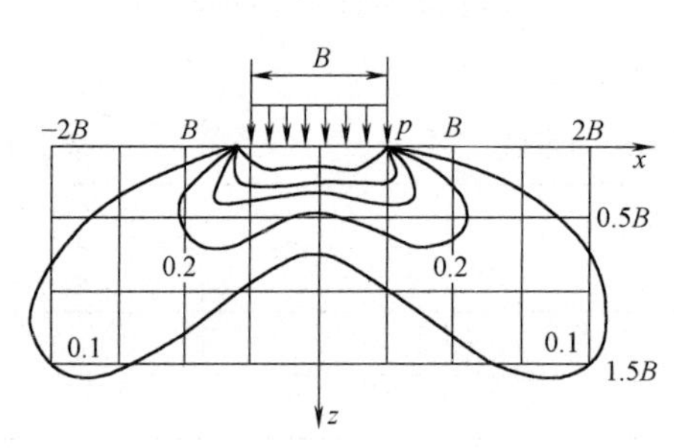

(c) 条形均布荷载作用下σ_x等值线

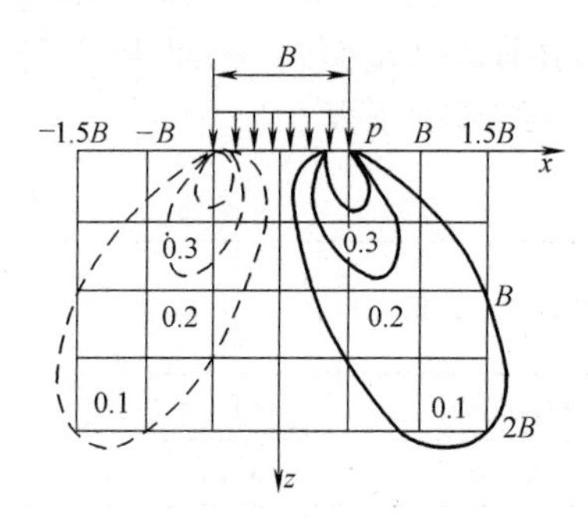

(d) 条形均布荷载作用下τ_{xz}等值线

图 3-38　条形均布荷载下 σ_z、σ_x、τ_{xz} 等值线

① 深度方向，σ_z 的影响范围达 6B（B 为条形均布荷载的宽度），σ_x 的影响范围达 1.5B，较 σ_z 浅；τ_{xz} 的影响范围达 2B。表明竖向变形的范围大而深，地基的侧向变形和剪切变形主要发生在地基的浅层。

② 水平方向，σ_z、σ_x 的影响范围相同，τ_{xz} 的影响范围小，且 τ_{xz} 的最大值出现在荷载边缘，表明基础边缘下的土容易发生剪切滑移而出现塑性变形区。

③ 由图 3-38（a）、(b）可见，方形荷载所引起的σ_z 其作用影响深度要比条形荷载小得多。如方形荷载中心下 $z=2b$ 处，$\sigma_z\approx0.1p$，而在条形荷载下，$\sigma_z\approx0.1p_0$ 的等值线则约在中心下 $z=6b$ 处。这说明在荷载 P 及宽度相同的条件下，均布条形荷载面积比均布方形荷载的面积大，其附加应力传递的越深。基础工程中，一般把基础底面至深度 $\sigma_z\approx0.2p$ 处（对条形荷载该深度约为 3b，对方形荷载约为 1.5b）这部分土层称为主要受力层，即建筑物荷载主要由该部分土层来承担，而地基沉降的绝大部分是由该部分土层的压缩所引起的。

(5) 无限均布荷载（大面积荷载）作用下的附加应力。

将条形荷载在宽度方向增大到无穷大时的荷载视为无限均布荷载，相当于大面积荷载（图 3-39）。此时，地基中附加应力分布仍可按条形均布荷载下土中应力的公式计算。因

条形荷载的宽度 $b \to \infty$，则不论 z 为何值，有 $z/b \to 0$，查表 3-10 得附加应力系数 $\alpha_z = 1.0$，即 $\sigma_z = \alpha_z p_0 = p_0$。任意深度处的附加应力均等于 p_0。这表明，在大面积荷载作用下任意深度处的附加应力均等于 p_0，即地基中附加应力分布与深度无关。

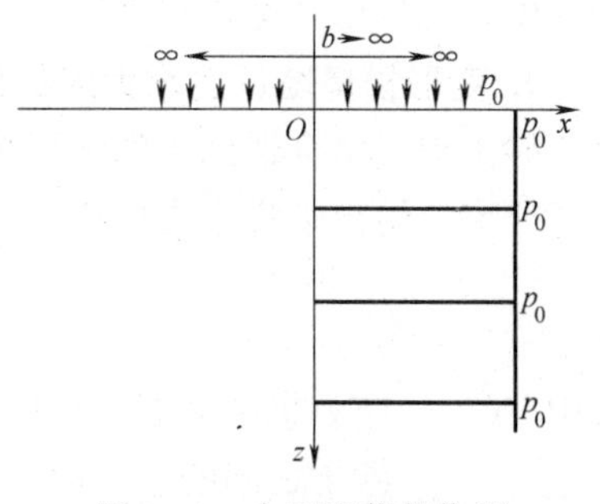

图 3-39　大面积荷载作用下的竖向附加应力

3.5.2　非均质地基中的附加应力

前述的附加应力的计算，都是在假定地基土为均质、连续、各向同性的半无限空间线弹性体，求得的附加应力的弹性理论解。但实际土体并非如此，大多数地基土是自然形成的，其性质会受到沉积的地质年代、沉积方式等因素影响。不同的土层具有不同的物理性质和结构特征，土的非均质性和各向异性对土中附加应力的影响可从以下几个方面进行讨论。

1. 成层地基

当地基由压缩特性不同的土层组成，且土层性质差异较大时，地基土中的附加应力会受到土层性质的影响。一般将成层地基分两种情况：一种上层软弱下层坚硬的成层地基；另一种上层坚硬下层软弱的成层地基。

（1）上层软弱下层坚硬的成层地基

由于下层坚硬土体刚度大，不变形。由弹性理论解可知，上层土中荷载中轴线附近的附加应力比均质土时增大；离开中轴线，应力逐渐减小，至某一距离后，应力小于均质土的应力，这种现象称为“应力集中”，如图 3-40（a）所示。应力集中程度主要与荷载宽度 b 和压缩土层厚度 h 有关，即随 b/h 增大，应力集中现象将减弱。

（2）上层坚硬下层软弱的成层地基

由于坚硬土层刚度大，使得荷载中轴线附近附加应力有所减小，即出现应力扩散现象，如图 3-40（b）所示。应力扩散程度随上层坚硬土层厚度的增大而更加显著。

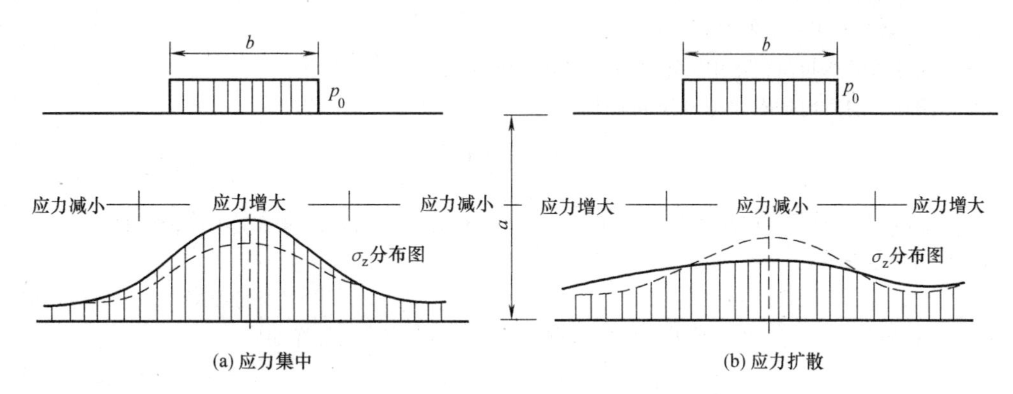

图 3-40　成层地基对附加应力的影响
（注：虚线表示均质地基中附加应力的分布）

成层地基应力集中和扩散的现象有很大的实用意义。如道路工程中在土质路基上浇筑刚性沥青混凝土路面就是利用了应力扩散现象，减小路面因不均匀沉降而产生破坏；在软土地区，由于其表层会有一定厚度硬壳层，而出现应力扩散，可减少地基的沉降，所以在设计中基础尽量“宽基浅埋”。

2. 变形模量随深度增大时的地基

砂土中经常会遇到土的变形模量 E 随深度逐渐增大的情况。弗罗利克对这一问题进行了研究，给出了集中力作用 P 下地基附加应力的半经验公式：

$$\sigma_z=\frac{\nu P}{2\pi R}\cos^{\nu}\theta \tag{3-40}$$

式中 ν——应力集中系数，均质黏性土，取 $\nu=3$；对密实砂土，取 $\nu=6$；介于黏性土与砂土之间的土，取 $\nu=3\sim6$。

3. 各向异性

天然沉积的土层因沉积条件和应力历史的原因而常常呈现出各向异性，如天然沉积形成的水平薄交互层地基，其水平方向变形模量常大于竖向变形模量，从而影响附加应力的分布。研究表明，在土的泊松比 μ 相同的情况下，当水平方向的变形模量 E_h 大于竖直方向变形模量 E_v，在各向异性地基中将出现应力扩散现象；而水平方向的变形模量 E_h 小于竖直方向变形模量 E_v，在各向异性地基中将出现应力集中现象。

思 考 题

3-1 土中的应力有哪些？

3-2 土的自重应力分布有何特点？

3-3 当地基中遇到不透水基岩时，该基岩上自重应力有哪些特点？

3-4 地下水位升降对自重应力分布有哪些影响？

3-5 基底压力与基底反力有何关系？其工程意义是什么？

3-6 柔性基础、刚性基础的基底压力分布有何特点？

3-7 在基底压力不变情况下，增大基础埋深会对地基附加应力有影响吗？为什么？

3-8 布辛奈斯克课题假定荷载作用在地表面，而实际上基础都有一定的埋置深度，则这一假定将使土中应力的计算值偏大还是偏小？

3-9 简述集中力作用下附加应力分布规律。

3-10 简述条形均布荷载作用下附加应力的分布规律。

3-11 简述非均质地基附加应力分布规律。

习 题

3-1 某地基土层及其物理性质指标如图 3-41 所示，计算各土层界面及地下水位面的自重应力，并绘制自重应力分布曲线。

[参考答案：$\sigma_{cz}=103.64$kPa]

3-2 计算如图 3-42 所示水下地基土中的自重应力，绘制自重应力分布曲线。

[参考答案：$\sigma_{cz}=321.5$kPa]

*3-3 某粉土地基如图 3-43 所示，测得天然含水率 $\omega=24\%$，干重度 $\gamma_d=15.4\text{kN/m}^3$，土粒相对密度 $d_s=2.73$，地面及地下水位高程分别 35.00m 和 30.00m，汛期水位将上升到 35.50m。试求（1）25.00m 高程处现在及汛期时土的自重应力；（2）当汛期后地下水位降到 30.00m 高程时（此时土层全以饱和状态计），25.00m 高程处的自重应力又为多少？

[参考答案：（1）现在的 $\sigma_{cz}=144.5$kPa，汛期的 $\sigma_{cz}=98$kPa；（2）$\sigma_{cz}=148$kPa]

3-4 已知某柱下独立基础 $b\times l=3.0\text{m}\times3.0\text{m}$，埋深 $d=2.0$m，柱传给基础的竖向力为 $F=$

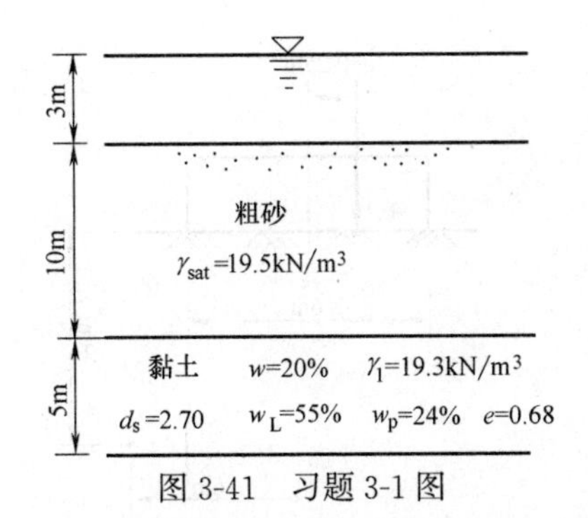

图 3-41 习题 3-1 图

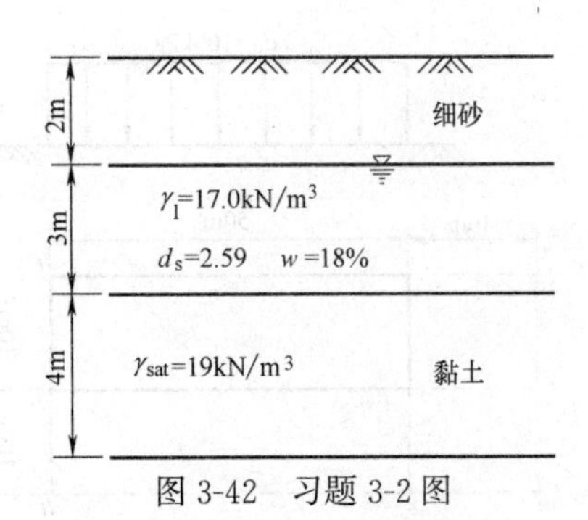

图 3-42 习题 3-2 图

1200kN，地下水位在地表下 1.2m 处，地基土的天然重度 $\gamma=17\text{kN/m}^3$，饱和重度 $\gamma_{sat}=19\text{kN/m}^3$，求独立基础的基底压力及基地附加压力。

[参考答案：$p=165.33$kPa；$p_0=137.73$kPa]

3-5 某构筑物基础如图 3-44 所示，在设计地面标高处偏心距 1.5m，基础埋深为 2m，底面尺寸为 $b\times l=1.8\text{m}\times3.6\text{m}$，试计算基底压力，并绘出沿偏心方向的基底压力分布图。

[参考答案：$p'_{max}=500.37$kPa]

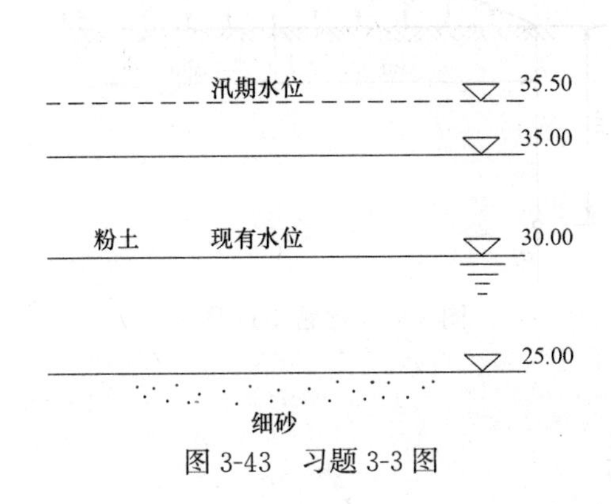

图 3-43 习题 3-3 图

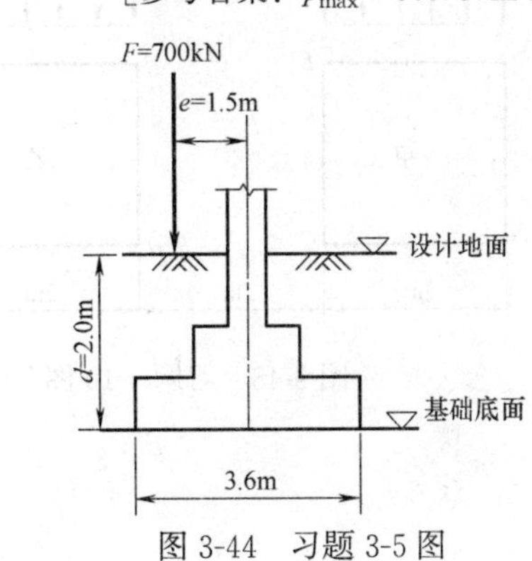

图 3-44 习题 3-5 图

*3-6 某矩形基础埋深 $d=3$m，建筑物荷载及基础和台阶上土重传至基底总压力为 180kPa。若基底以上土的重度为 18kN/m^3，基底以下土的重度为 17kN/m^3。试求（1）地下水位在基底处，土的饱和重度均为 20kN/m^3，基底竖向附加压力为多少？（2）地下水位在地表处，土的饱和重度均为 20kN/m^3。基底竖向附加压力是多少？

[参考答案：(1) $p_0=126$kPa；(2) $p_0=150$kPa]

3-7 矩形基础 $b\times l=8\text{m}\times2\text{m}$，$p_0=100$kPa，求矩形基础（图 3-45）中点、短边中点下 $z=4$m 处 m 点、n 点的附加应力。

[参考答案：m 点的 $\sigma_z=26.8$kPa；n 点的 $\sigma_z=14.8$kPa]

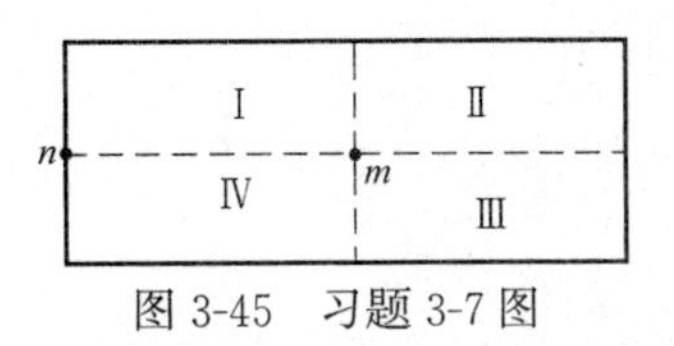

图 3-45 习题 3-7 图

3-8 某矩形面积基础，$b=10$m，$l=50$m，其上作用均布荷载 $p_0=1000$Pa。试求图 3-46 所示 m 点下深度 $z=10$m 处的竖向应力 σ_z 值。

[参考答案：$\sigma_z=10$kPa]

*3-9 已知条形基础（图 3-47）宽 6m，集中荷载 1200kN/m，偏心距 $e=0.25$m。求 A 点附加应力。

[参考答案：$\sigma_z=40.12$kPa]

3-10 某相邻基础如图 3-48 所示，试计算甲基础角点 C 下深度 $z=2$m 处的竖向附加应力。

[参考答案：$\sigma_z=40$kPa]

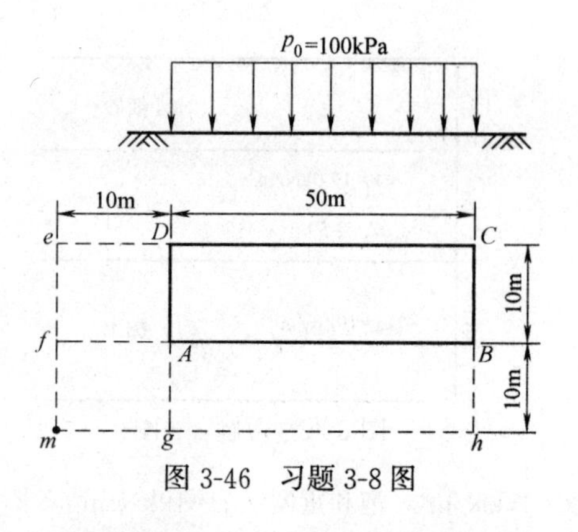

图 3-46　习题 3-8 图

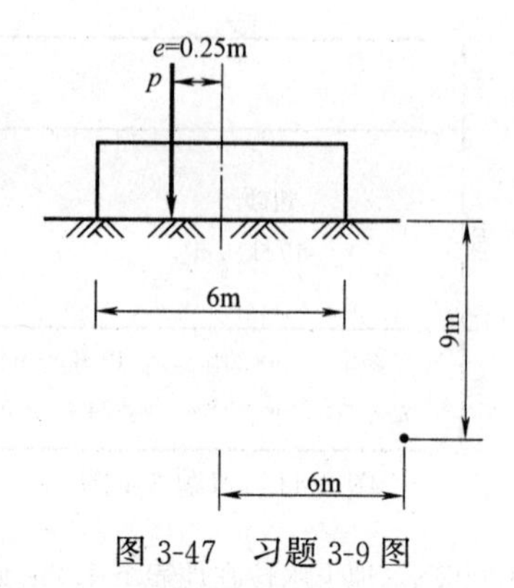

图 3-47　习题 3-9 图

3-11　如图 3-49 所示条形分布荷载 p =150kPa，计算 G 点下深度 3m 处的竖向应力 σ_z。

［参考答案：σ_z=32.85kPa］

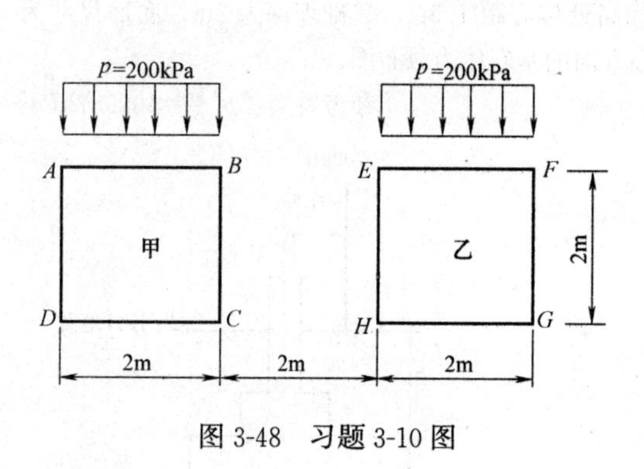

图 3-48　习题 3-10 图

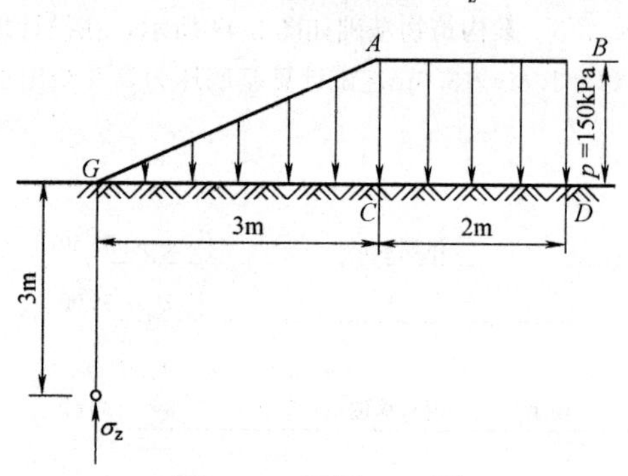

图 3-49　习题 3-11 图

码 3-10　第 3 章

习题参考答案

第 4 章　土的压缩性与地基沉降

4.1　概述

码 4-1　土的压缩性

1. 土的压缩性

土在压力作用下，体积缩小的现象称为土的压缩性。从土的组成来看，土体受力后的压缩通常由三部分组成：①土颗粒被压缩；②土中水及封闭气体被压缩；③土中水和气体从孔隙中被挤出。试验研究表明，在一般压力（100～600kPa）作用下，土颗粒和水的压缩量与土的总压缩量相比是很微小的，完全可以忽略不计。因此，土的压缩实质是由于孔隙中的水和气体在压力作用下排出，同时，土颗粒发生相对移动，靠拢挤密，土中孔隙体积减小。这是土体压缩性的第一个特点。

由于土体具有压缩性，建筑物荷载在地基中产生附加应力，在附加应力作用下，地基土产生竖向的变形，即为沉降。在工程中，地基沉降量过大将影响上部结构的正常使用；不同基础之间由于荷载不同或土的压缩性存在差异而引起的不均匀沉降会使上部结构（尤其是超静定结构）产生附加应力，影响结构的安全和正常使用。因此，进行地基基础设计时，需要计算上部结构外荷载所引起的地基最终沉降量和沉降差，并设法使其不超过结构的允许变形值，以尽量减小地基沉降可能给上部结构造成的危害。

2. 土的固结

地基土的沉降快慢与土的渗透性有关。在荷载作用下，不同性质的土类，其沉降稳定所需时间差别较大。透水性大的饱和无黏性土，其沉降稳定可在短时间完成。对于透水性小的饱和黏性土，因土的渗透系数较小，孔隙水排除速度缓慢，其沉降稳定所需随时间较长，十几年，甚至几十年沉降变形才趋于稳定。如墨西哥的艺术宫殿，始建于 1904 年，至今地基土仍在变形。土的压缩随时间而增长的过程称为土的固结，这是土体压缩性的第二个特点，对于饱和黏性土地基，土的固结理论是土力学中的一个很重要理论。

由于压缩性的上述两个特点，研究建筑物的地基沉降也包含两方面的内容：一是绝对沉降量的大小，即最终沉降，本章 4.3 节将介绍单向分层总和法、《建筑地基基础设计规范》GB 50007—2011 推荐的分层总和法等一些实用计算方法；二是沉降与时间的关系，本章 4.4 节将介绍采用太沙基一维固结理论计算地基沉降量的方法。研究土的受力变形特性必须有压缩性指标，因此本章首先介绍土的压缩性试验及相应的指标，这些指标将用于地基沉降的计算中。

4.2 土的压缩性试验

4.2.1 室内侧限压缩试验

1. 压缩试验和压缩曲线

室内压缩试验也称固结试验，它是反映土体在荷载作用下固结变形特性的室内试验，是研究土的压缩特性的最基本的方法。压缩曲线是土的室内侧向压缩试验的成果，它是反映土的孔隙比与所受压力的关系曲线。

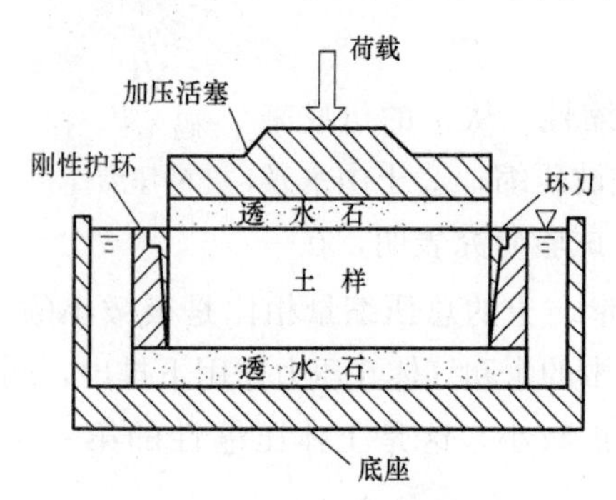

图 4-1 侧限压缩容器示意图

侧限压缩试验采用的仪器装置为压缩仪（又称固结仪）。图 4-1 为室内侧限压缩仪的示意图。它由加压活塞、刚性护环、环刀、透水石和底座组成。试验时，先用环刀切取原状土样置于压缩容器的刚性护环内（环刀内径有 6.18cm 和 7.98cm 两种，相应的截面面积为 30cm^2 和 50cm^2，高度为 2cm）；在土样上下各垫上一块滤纸和透水石，使土样在受压后孔隙水能自由排出。由于受到环刀和刚性护环的限制，土样在压缩时只能发生竖向变形，而无侧向变形。试验时，竖向荷载是逐级施加的，每次加荷后，使土体在本级荷载下压缩至相对稳定后，再施加下一级荷载。用百分表测出土样在每级荷载下的稳定压缩量，即可通过计算得到各级荷载下土的孔隙比。

码 4-2 压缩实验和压缩曲线

设土样的初始高度为 H_0，初始孔隙比为 e_0；压缩稳定后土样高度为 H_1，孔隙比为 e_1。土样在外荷载 p 作用下变形稳定后的压缩量为 s，则 $H_1=H_0-s$（图 4-2）。由于压缩前后土粒体积 V_s 不变，根据孔隙比的定义，压缩前后土样孔隙体积分别为 e_0V_s 和 e_1V_s。为求土样压缩后的孔隙比 e_1，利用土样压缩前后的土粒体积不变和土样横截面面积 A 不变的两个条件得：

$$\frac{H_0}{1+e_0}=\frac{H_1}{1+e_1}=\frac{H_0-s}{1+e_1} \tag{4-1a}$$

得：

$$e_1=e_0-\frac{s}{H_0}(1+e_0) \tag{4-1b}$$

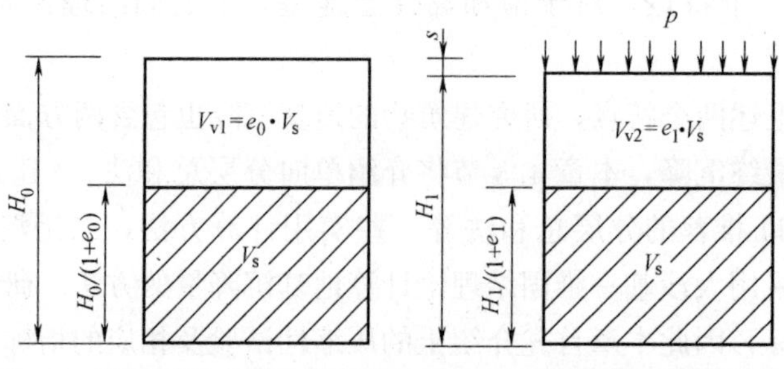

图 4-2 压缩试验中的土样孔隙比变化（土样横截面面积不变）

式中　e_0——初始孔隙比，由土的三个基本试验指标求得，即 $e_0=\frac{d_s(1+w)\gamma_w}{\gamma_0}-1$。

根据式（4-1b），只要测得每级荷载 p_i 作用下土样压缩稳定后的压缩量 s_i，就可计算出相应的土样孔隙比 e_i，从而得出孔隙比随压力荷载变化的压缩曲线。

压缩曲线可按两种方式绘制：一种是采用普通坐标绘制的 e-p 曲线，如图 4-3（a）所示。试验中施加的第一级压力的大小应视土的软硬程度而定，宜用 12.5kPa、25kPa 或 50kPa，最后一级压力应大于土的自重压力与附加压力之和。在常规确定 e-p 曲线的试验中，荷载一般分为 $p=50$kPa、100kPa、200kPa、300kPa、400kPa 五个等级。另一种压缩曲线的横坐标取 p 的常用对数，即采用半对数直角坐标纸绘制成 e-lg$p$ 曲线，如图 4-3（b）所示。试验时，以较小的压力开始，采取小增量多级加荷，并加到较大的荷载（例如 1000kPa）为止。

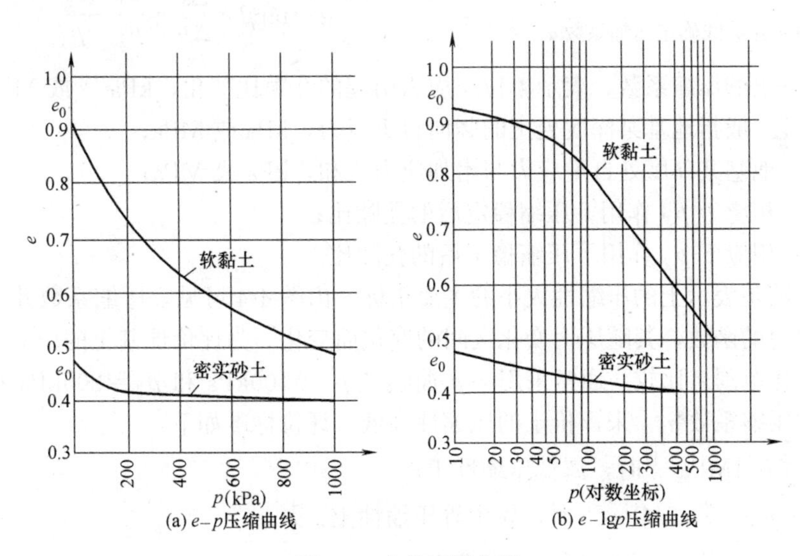

图 4-3　土的压缩曲线

2. 土的压缩性指标

通过土的侧限压缩试验得到的压缩性指标有：压缩系数、压缩指数、压缩模量等，可用于分析土的压缩特性、计算地基土的沉降量。

（1）压缩系数

从图 4-3（a）可以看出，e-p 曲线初始段比较陡，土的压缩变形量较大，而后随着荷载增加，土不断被压密，土颗粒移动越来越困难，土的压缩量逐渐减小，因此土的孔隙比逐渐减小，e-p 曲线也逐渐趋于平缓，这说明同一个土样在不同荷载等级下的压缩性是不同的。此外，不同的土类 e-p 曲线的形状也不相同，即在相同荷载下土的压缩量不同，孔隙比减小程度是不同的。密实的砂土 e-p 曲线比较平稳，而软黏土 e-p 曲线较陡，因而土的压缩性很高。所以，e-p 曲线上任意一点斜率的大小 α 代表了土相应于压力 p 作用下土的压缩性大小，该斜率 α 称为压缩系数，即：

$$a=-\frac{\mathrm{d}e}{\mathrm{d}p} \tag{4-2}$$

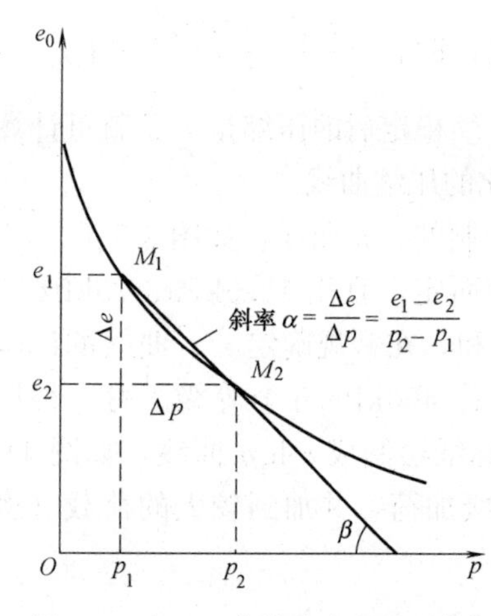

图 4-4　由 e-p 曲线确定压缩系数 α

式中，负号表示随着压力 p 的增加孔隙比 e 逐渐减小，de/dp 为负值，负号使 α 取正值。

工程实践中，一般研究土中某点由原来的自重应力 p_1 增加到外荷载作用下的土中应力 p_2（自重应力与附加应力之和）这一压力间隔所表征的土的压缩性。如图 4-4 所示，对任意两点 M_1 和 M_2，对应压力由 p_1 增加至 p_2，相应的孔隙比由 e_1 减小到 e_2，则与应力增量 $\Delta p=p_2-p_1$，对应的孔隙比变化为 $\Delta e=e_1-e_2$。此时，土的压缩性用割线 M_1M_2 的斜率表示，设割线与横坐标的夹角为 β，则：

$$\alpha=\tan\beta=\frac{\Delta e}{\Delta p}=\frac{e_1-e_2}{p_2-p_1} \tag{4-3}$$

式中　α——土的压缩系数，表示单位压应力引起的孔隙比变化，kPa^{-1} 或 MPa^{-1}；

p_1——一般指地基某深度处土的竖向自重应力，kPa 或 MPa；

p_2——地基某深度处自重应力与附加应力之和，kPa 或 MPa；

e_1——相应于 p_1 作用下压缩稳定后的孔隙比；

e_2——相应于 p_2 作用下压缩稳定后的孔隙比。

压缩系数是表示土的压缩性大小的主要指标，由图 4-4 可见，压缩系数并不是一个常量，而是应力的函数，其随压力变化区间的变化而变化。为评价地基土的压缩性，必须以同一压力变化范围来比较。通常采用 e-p 曲线上 $p_1=100$kPa 和 $p_2=200$kPa 对应的压力间隔确定的压缩系数 $\alpha_{1\text{-}2}$ 来评价土的压缩性高低。评价标准如下：

当 $\alpha_{1\text{-}2}<0.1MPa^{-1}$ 时，属低压缩性土；

当 $0.1\leqslant\alpha_{1\text{-}2}<0.5MPa^{-1}$ 时，属中等压缩性土；

当 $\alpha_{1\text{-}2}\geqslant0.5MPa^{-1}$ 时，属高压缩性土。

（2）压缩指数

压缩指数 C_c 是通过高压固结试验求得不同压力下的孔隙比，然后以孔隙比 e 为纵坐标，以压力的对数为横坐标，绘制 e-$\lg p$（图 4-5）。该曲线后半段接近直线，将直线段的斜率定义为土的压缩指数 C_c，即：

$$C_c=\frac{e_1-e_2}{\lg p_2-\lg p_1}=(e_1-e_2)/\lg\frac{p_2}{p_1} \tag{4-4a}$$

式中，C_c 称为土的压缩指数，与压缩系数 α 一样也可用来评价土的压缩性高低。C_c 数值越大，土的压缩性越高。一般认为，低压缩性土 C_c 值小于 0.2；高压缩性土 C_c 值大于 0.4。在土力学中广泛采用 e-$\lg p$ 曲线研究土的应力历史对土的压缩性的影响。

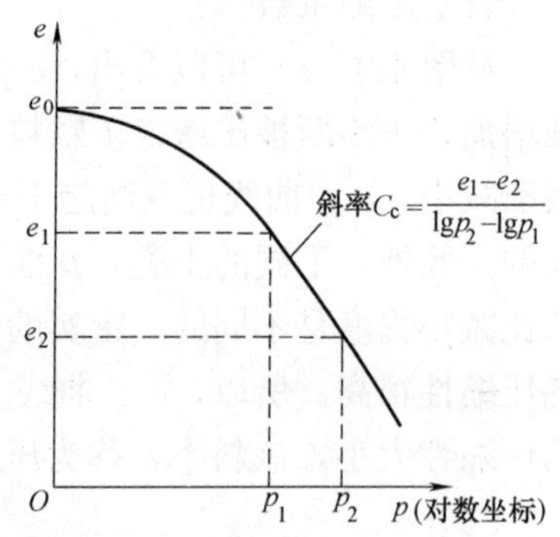

图 4-5　由 e-$\lg p$ 曲线求压缩指数 C_c

对于正常固结的黏性土，压缩指数和压缩系数之间存在如下关系：

$$C_c=\frac{\alpha(p_2-p_1)}{\lg p_2-\lg p_1} \tag{4-4b}$$

或

$$\alpha=\frac{C_c}{p_2-p_1}\lg\frac{p_2}{p_1} \tag{4-4c}$$

（3）压缩模量（侧限压缩模量）

土在完全侧限条件下，竖向附加应力 σ_z 与相应的应变增量 $\Delta\varepsilon_z$ 的比值，称为压缩模量或侧限压缩模量 E_s，即：

$$E_s=\frac{\sigma_z}{\Delta\varepsilon_z} \tag{4-5}$$

如图 4-6 所示，设土样在压力 $\Delta p=p_2-p_1$ 作用下，若孔隙比的变化（即 $\Delta e=e_1-e_2$）已知，则可推算出土样高度的变化 $\Delta H=H_1-H_2$，则式（4-1a）可以改写为：

$$\frac{H_1}{1+e_1}=\frac{H_2}{1+e_2}=\frac{H_1-\Delta H}{1+e_2} \tag{4-6a}$$

$$\Delta H=\frac{e_1-e_2}{1+e_1}\cdot H_1=\frac{\Delta e}{1+e_1}\cdot H_1 \tag{4-6b}$$

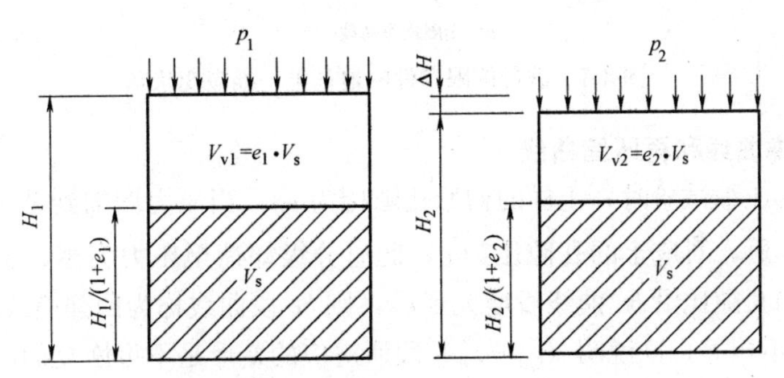

图 4-6　侧限条件下土样高度变化与孔隙比变化的关系
（土样横截面面积不变）

由式（4-3）可知，$\Delta e=\alpha\cdot\Delta p$，$\Delta p=p_2-p_1=\sigma_z$，代入式（4-66）得：

$$\Delta H=\frac{\alpha\Delta p}{1+e_1}\cdot H_1=\frac{\alpha\sigma_z}{1+e_1}\cdot H_1 \tag{4-6c}$$

由此可得到侧限条件下应力与应变的比值，即土的压缩模量（也称侧限压缩模量）：

$$E_s=\frac{\sigma_z}{\Delta H/H_1}=\frac{1+e_1}{\alpha} \tag{4-7}$$

式中　E_s——土的压缩模量，kPa 或 MPa；

α——土的压缩系数，kPa^{-1} 或 MPa^{-1}；

e_1——对应初始压力 p_1 的孔隙比。

土的压缩模量 E_s 是表示土的压缩性大小的另一个指标。与压缩系数 $\alpha_{1\text{-}2}$ 相对应，常采用 $p_1=100$kPa 和 $p_2=200$kPa 的压力间隔所对应的压缩模量 $E_{s,1\text{-}2}$ 评价土的压缩性，$E_{s,1\text{-}2}$ 越小，土的压缩性越高。评价标准如下：

当 $E_{s,1\text{-}2}<4$MPa 时，为高压缩性土；

当 $4 \leqslant E_{s,1\text{-}2} \leqslant 20\text{MPa}$ 时，为中等压缩性土；

当 $E_{s,1\text{-}2} > 20\text{MPa}$ 时，为低压缩性土。

土的压缩模量是在完全侧限条件下得到的压缩性指标，因此可用于不考虑土体侧向变形的地基沉降计算中。工程实用上，只有下列三种情况下土的应力与变形才符合完全侧限条件应力状态的室内压缩试验土样的应力应变情况：

① 水平向无限分布的均质土在自重应力作用下，如图 4-7（a）所示；

② 满足上述条件的地基在无限均布荷载作用下，如图 4-7（b）所示；

③ 当地基可压缩土层厚度与荷载作用平面尺寸相比相对较小，如 $h/b < 0.5$（称为薄压缩层）时，可近似将荷载看作水平向无限均布荷载，如图 4-7（c）所示。

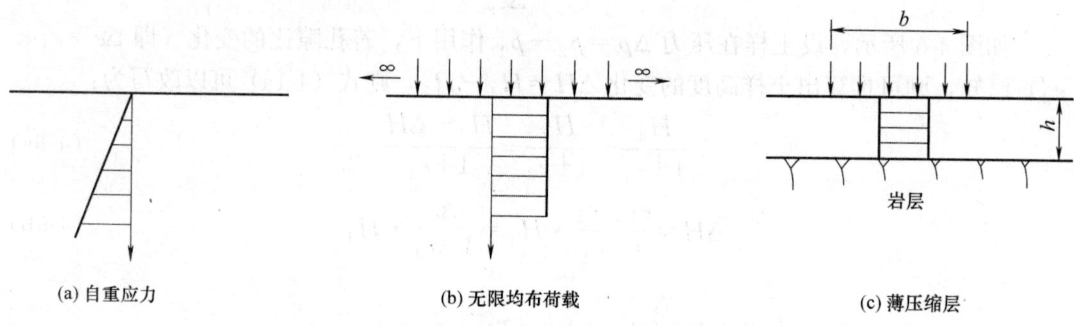

图 4-7　满足侧限条件的地基土一维应变状态

3. 土的回弹曲线和再压缩曲线

在进行室内压缩试验时，土样的初始孔隙比为 e_0，当压力增加到某一数值 p_1（图 4-8（a）中 b 点）后，对应土的孔隙比为 e，此时分级卸荷至压力为零，土样将发生回弹，土体膨胀，土的孔隙比沿 bc 曲线段增大到 e_0'，则 bc 段曲线称为回弹曲线。e_0' 与土样的初始孔隙比 e_0 并不相等，这说明（$e_0 - e_0'$）段所对应的变形是不可恢复的，称为残余变形，而（$e_0' - e$）段对应的变形是可恢复的弹性变形。由此可见，土的压缩变形是由残余变形和弹性变形两部分组成的，并且以残余变形为主。此时，如果重新分级施加荷载，土将被重新压缩，土的孔隙比沿再压缩曲线段 cd 变化，在 d 点以后与土的压缩曲线重合。在 e-$\lg p$ 曲线上也可看到类似的情况。

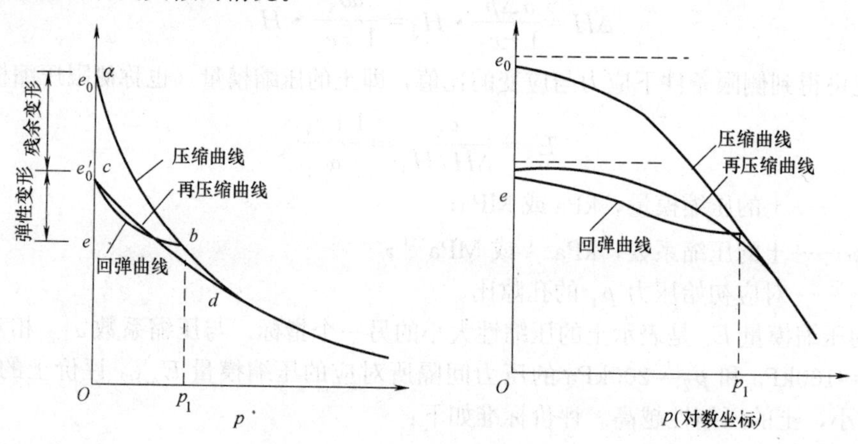

图 4-8　土的回弹曲线和再压缩曲线

实践中，某些类型的基础，其底面积和埋深都较大，开挖基坑后地基土受到较大的卸荷作用，因而发生土的膨胀，造成基坑底部回弹。而当基础施工后，随着基础底面以上荷载的逐渐施加，地基土体又重新被压缩。这个过程可用回弹和再压缩压缩曲线来说明。因此，在预估基础沉降时，应该适当考虑这种影响。

由图 4-8 得知，当施加在基础底面上的荷载 p 小于由于土方开挖减小的压力 p_1 时，地基沉降就应该按回弹再压缩曲线计算；当荷载 p 大于 p_1 时，地基沉降的计算应根据回弹再压缩曲线和压缩曲线分别计算，具体详见考虑应力历史影响的沉降计算方法。

4.2.2 现场载荷试验

室内压缩试验是土样在完全侧限条件下的单向受力试验，与现场地基土的实际受力情况不可能完全相同。实际工程中，也可通过现场原位测试得到，如通过载荷试验或旁压试验所测得的地基沉降与压力之间近似的比例关系，再利用地基沉降的弹性力学公式来反算土的变形模量及地基承载力。

1. 现场载荷试验

现场载荷试验是通过承压板对地基土分级施加压力 p，观测每级荷载下承压板的变形 s，根据试验结果绘制土的荷载与沉降的关系曲线（即 p-s 曲线）和每级荷载下的沉降与时间的关系曲线（即 s-t 或 s-lg$t$ 曲线），以此判断土的变形特性，确定土的变形模量，同时也可以确定土的极限承载力等重要力学参数。

现场载荷试验设备装置如图 4-9 所示，包括加荷稳压装置、反力装置和观测装置三部分。加荷稳压装置包括承压板、千斤顶及稳压器等，反力装置常用堆载和地锚，观测装置包括百分表和固定支架等。

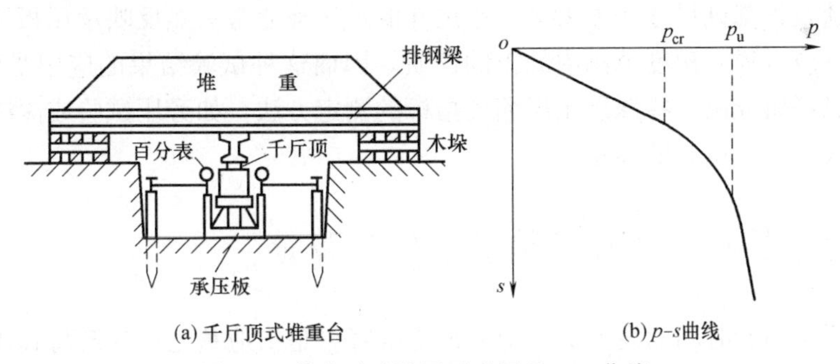

(a) 千斤顶式堆重台　　(b) p-s曲线

图 4-9　载荷试验装置示意图及 p-s 曲线

现行《建筑地基基础设计规范》GB 50007—2011 规定承压板的面积宜为 0.25～0.5m^2，对均质密实土（密实砂土、老黏土）可采用 0.25m^2，对于软土或人工填土则不应小于 0.5m^2（正方形边长 0.707m 或圆形直径 0.798m）。为模拟半空间地基表面的局部荷载，基坑宽度不应小于承压板或直径的 3 倍；应保持试验土层的原状结构和天然湿度；宜在拟试压表面用粗砂或中砂找平，其厚度不超过 20mm。

试验时，通过千斤顶分级加荷，用百分表测得每级荷载 p 作用下压板下沉稳定后的沉降量 s，根据测读结果绘制 p-s 曲线，如图 4-9（b）所示。

2. 变形模量

土的变形模量是指土体在无侧限条件下（即三向应力条件下）的应力与应变的比值。变形模量的大小可由土体的现场荷载试验结果求得。

由图 4-9（b）得知，在荷载-沉降的关系曲线的初始阶段，p-s 曲线基本为直线。直线段最大压力对应的荷载称为比例界限荷载 p_{cr}，当荷载 p 小于 p_{cr} 时 p-s 曲线为直线段，实用上，设计荷载 p 一般不超过 p_{cr}，可认为地基土处于弹性受力状态。此时，可以利用弹性理论的反求荷载与沉降之间的关系，即地基的变形模量 E_0。

$$E_0=\omega(1-\mu^2)\frac{pb}{s} \tag{4-8}$$

式中 E_0——土的变形模量，kPa 或 MPa；

ω——沉降影响系数，圆形承压板取 $\omega=0.79$，方形承压板取 $\omega=0.88$；

μ——土的泊松比；

p——荷载，取直线段内的荷载值，一般取比例界限荷载 p_{cr}，kN；

s——与所取荷载 p 相对应的沉降量，mm；

b——承压板的边长或直径，m。

当 p-s 曲线没有出现明显的直线段，无法确定比例界限荷载时，可将 $s/b=0.01$～0.015 所对应的荷载代入式（4-8）计算土的变形模量，但所取荷载不应大于载荷试验最大加载量的一半。

需要说明的是，土在荷载下的变形实际包含了弹性变形和塑性变形，因而上式得到的是包含弹性变形和塑性变形的总变形和荷载之间的关系，与理想的弹性体变形性质不同。为了与弹性理论中的弹性模量相区别，故称为变形模量。

现场载荷试验避免了取样扰动的影响，获得土的变形规律及压缩性指标能正确反映地基土的实际应力状态，因此是一种较为可靠的缩尺真型试验。但是由于试验所采用承压板尺寸与实际建筑物基础尺寸相差太多，小尺寸的承压板通常只能反映承压板下 $2b$～$3b$（b 为承压板宽度或直径）深度范围内的土的性质，因而这种试验结果的应用受到很大限制。目前，人们已经研究出一些深层土压缩性指标的测定方法，如旁压试验或深层平板载荷试验，弥补了浅层载荷试验的不足。

4.3 单向分层总和法计算地基最终沉降量

地基沉降是随着时间而发展的，地基最终沉降量是指地基土在建筑荷载作用下达到压缩稳定时基础底面的沉降量；计算地基沉降量的目的是在于估算建筑物的最大沉降量、沉降差、倾斜及局部倾斜等，并使其值控制在允许的范围内，以保证建筑的安全和正常使用。

常用的计算地基最终沉降量的方法有单向分层总和法、《建筑地基基础设计规范》推荐的分层总和法。

4.3.1 薄压缩层地基沉降计算

1. 薄压缩层地基

（1）当基础以下不可压缩的基岩埋深较浅，地基可压缩土层厚度 H 小于基础宽度 b 的一半（即 $H<0.5b$）时，称为薄压缩层地基。

（2）薄压缩层地基中荷载视为水平向无限均布荷载（大面积作用荷载）。由第 2 章得知，在大面积荷载作用下附加应力沿深度呈直线分布，

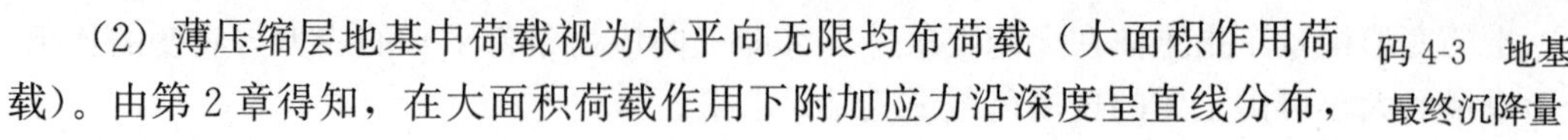

码 4-3 地基最终沉降量

由于基础和下卧硬层的约束限制，可压缩土层的侧向变形很小，则该土层只产生垂直方向压缩变形，即相对于完全侧限条件下的室内压缩试验的情况，如图 4-10 所示。

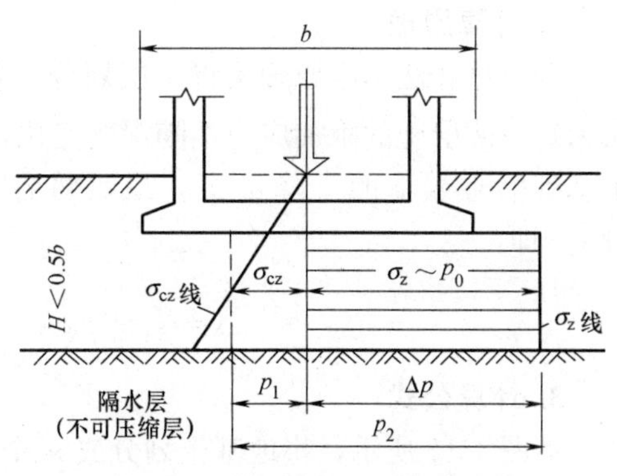

图 4-10　薄压缩层地基沉降计算

2. 薄压缩层地基沉降计算公式

根据式（4-6b），将其中的 ΔH 和 H_1 分别以 s 和 h 代替，求得该薄层地基土最终沉降量为：

$$s=\Delta H=\frac{e_1-e_2}{1+e_1}h \tag{4-9}$$

式中　h——薄压缩土层的厚度；

e_1——薄压缩土层自重应力的平均值 $\bar{\sigma}_{cz}$，即 $p_1=\bar{\sigma}_{cz}$ 所对应的孔隙比；

e_2——薄压缩土层附加应力的平均值 $\bar{\sigma}_z$，即 $p_2=\bar{\sigma}_{cz}+\bar{\sigma}_z$ 所对应的孔隙比。

实际上，①大多数地基的可压缩土层厚度常大于基础宽度很多；②实际中无限分布的均布荷载也不存在的，因而 σ_z 沿深度和水平方向都是变化的；③地基的变形也不是一维的。

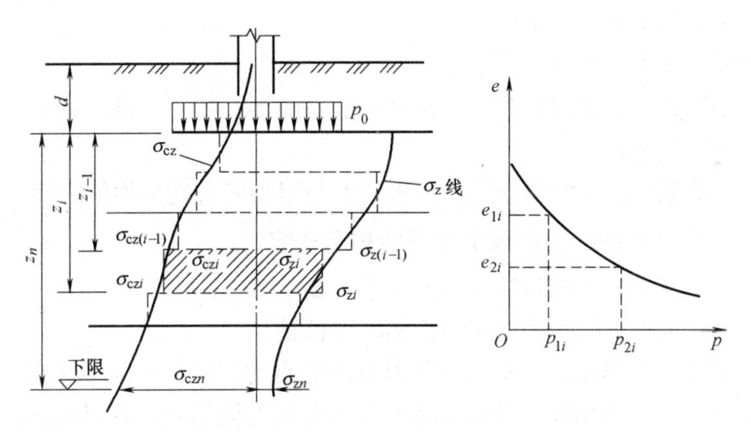

图 4-11　分层总和法计算地基最终沉降量

4.3.2　单向分层总和法

1. 基本假设

码 4-4　分层总和法

（1）假设地基是均质、各向同性、线弹性的半无限体，在建筑物荷载作用下，应力与变形呈直线关系，可按弹性理论计算土中应力。对非均质地基，由其引起的附加应力可按均质地基计算。

（2）在压力作用下，地基土不产生侧向变形，可采用侧限条件下的压缩性指标。只考虑竖向附加应力使土层压缩变形产生的地基沉降，而剪应力则略去不计。

（3）基础最终沉降量等于基础底面下某一深度范围内各土层压缩量的总和，该深度以下土层的压缩变形值小到可以忽略不计。

2. 计算原理

分层总和法基本原理是将土层划分为若干薄层 h_i，每一薄层均为薄压缩层，可近似认为每一薄层土的附加应力不随深度变化，利用薄压缩层地基沉降量计算公式，计算每层土基础中心点下的沉降量 s_i，最后将各层的沉降量累加起来，即得地基的最终沉降量 s，即：

$$s = s_1 + s_2 + s_3 + \cdots + s_n = \sum_{i=1}^{n} s_i \tag{4-10}$$

3. 计算公式

如图 4-11 所示，将地基土划分成 n 个土层，每层地基土的自重应力和竖向附加应力都近似看成沿深度方向均匀分布，则采用式（4-9）计算地基土单一土层沉降量计算公式：

$$s_i = \frac{e_{1i} - e_{2i}}{1 + e_{1i}} h_i \tag{4-11}$$

由式（4-3）和式（4-7），上式可写为：

$$s_i = \frac{\alpha_i (p_{2i} - p_{1i})}{1 + e_i} \cdot h_i = \frac{\alpha_i \Delta p_i}{1 + e_i} \cdot h_i = \frac{\alpha_i \bar{\sigma}_{zi}}{1 + e_i} \cdot h_i \tag{4-12a}$$

$$s_i = \frac{\bar{\sigma}_{zi}}{E_{si}} \cdot h_i \tag{4-12b}$$

式中 s_i——第 i 层土的压缩量；

h_i——第 i 层土的厚度；

e_{1i}——根据第 i 层土的自重应力的平均值（即 $p_{1i} = \bar{\sigma}_{czi}$）从土的 e-p 曲线上查得的相应孔隙比；

e_{2i}——根据第 i 层土的自重应力的平均值与附加应力的平均值之和（即 $p_{2i} = \bar{\sigma}_{czi} + \bar{\sigma}_{zi}$）从土的 e-p 曲线上查得的相应孔隙比；

Δp_i——第 i 层土的竖向附加应力平均值，$\Delta p_i = \bar{\sigma}_{zi}$；

α_i、E_{si}——分别为第 i 层土的压缩系数和压缩模量。

对独立基础等小型基础，一般只计算基础中心点的沉降；对大型基础，可选取基础若干点的沉降，并取其平均值作为基础沉降；计算基础的倾斜时，要以倾斜方向基础两端点的沉降量计算。

4. 计算步骤

（1）分层。将基础底面以下分为若干薄层，分层厚度应符合薄压缩层厚度要求。分层原则一般取 $h_i \leqslant 0.4b$ 或 $h_i = 1 \sim 2\text{m}$，b 为基础宽度，分层厚度越小计算沉降精度越高。天然土分层界面和地下水位面因土的重度发生变化都应作为薄层的分界面；基底附近附加应力变化大，分层厚度应小些，使各计算分层的附加应力分布呈直线。

（2）计算各分层基底中心点处的自重应力 σ_{czi}，并绘制自重应力的分布图。

（3）计算基础底面的基底压力和基底附加压力。

中心荷载：
$$P = \frac{F + G}{A} \tag{4-13a}$$

偏心荷载：
$$P_{\max}^{\min} = \frac{F + G}{A}\left(1 \pm \frac{6e}{b}\right) \tag{4-13b}$$

基底附加压力：$$P_0=P-\gamma_0 d \tag{4-13c}$$

（4）计算各分层土基底中心点处的附加应力 σ_{zi}，并绘制附加应力的分布图。

（5）确定地基沉降计算经验深度 z_n。因地基土层中附加应力的分布是随着深度增大而减小，超过某一深度后，以下土层的附加应力及压缩变形很小，可忽略不计，此深度称为沉降计算深度 z_n。沉降计算深度一般按应力比法确定，即：

一般土：$$\sigma_z=0.2\sigma_{cz}$$

软土：$$\sigma_z=0.1\sigma_{cz}$$

（6）计算各分层土的平均自重应力 $\bar{\sigma}_{czi}=\dfrac{\sigma_{cz(i-1)}+\sigma_{czi}}{2}$ 和平均附加应力 $\bar{\sigma}_{zi}=\dfrac{\sigma_{z(i-1)}+\sigma_{zi}}{2}$，并令 $p_{1i}=\bar{\sigma}_{czi}$，$p_{2i}=\bar{\sigma}_{czi}+\bar{\sigma}_{zi}$。

（7）计算各分层土的沉降量 s_i。根据 e-p 压缩曲线由 p_{1i}、p_{2i} 查出相应的初始孔隙比 e_{1i} 和压缩稳定后的孔隙比 e_{2i}，得：

$$s_i=\frac{e_{1i}-e_{2i}}{1+e_{1i}}h_i$$

（8）计算地基最终沉降量，$s=\sum\limits_{i=1}^{n}s_i$。

【例 4-1】 某矩形基础底面尺寸 $l\times b=10\text{m}\times5\text{m}$，基础埋深 1.5m。基础底面作用有中心荷载 10000kN，如图 4-12 所示。地面以下主要有两层土，第一层土为厚 10.5m 黏土，天然重度 $\gamma=18.5\text{kN/m}^3$；第二层土为粉质黏土，其饱和重度 $\gamma_{sat}=19\text{kN/m}^3$，地下水位于地面以下 2.5m 处，两层土 e-p 压缩曲线如图 4-13 所示，试计算基础中心点的沉降量。

解：（1）分层。分层厚度 $h_i\leqslant0.4b=0.4\times5=2\text{m}$，取 2m。从基础底面开始，地下水位面作为第一分层面，往下每 2m 划分为 1 层，共 8 层，如图 4-12 所示。

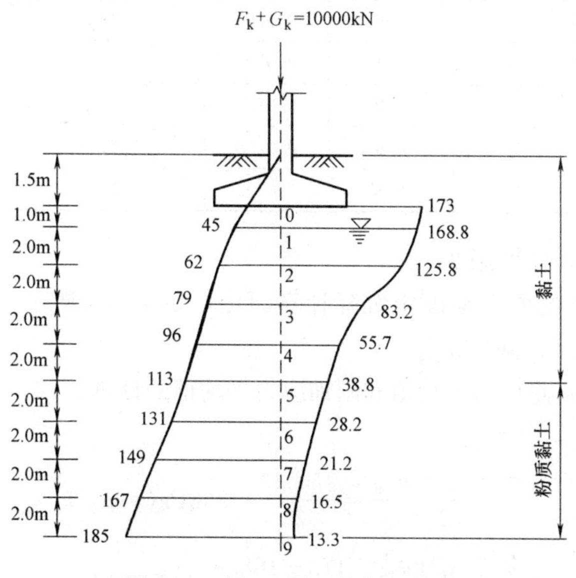

图 4-12　例 4-1 图（单位：kPa）

（2）计算各分层处地基土的自重应力 σ_{cz}。

取计算点编号 0～9 共 10 个计算点，相应各点处的自重应力计算如表 4-1 所示。

自重应力 σ_{cz} 的计算 **表 4-1**

计算点编号	0	1	2	3	4	5	6	7	8	9
分层厚度(m)	1.5	1.0	2.0	2.0	2.0	2.0	2.0	2.0	2.0	2.0
σ_{cz}(kPa)	27	45	62	79	96	113	131	149	167	185

（3）计算基底压力 P 与基底附加压力 P_0。

中心荷载下基底压力：$P=\dfrac{F_k+G_k}{A}=\dfrac{10000}{5\times10}=200\text{kPa}$

基底附加压力 P_0：$P_0=P-\gamma_0 d=200-1.5\times18=173\text{kPa}$

（4）计算基础中心点下的附加应力。

基础中心点可看成是四个相等的小矩形荷载的公共角点，其长宽比 $l/b=5/2.5=2$，在深度 $z=0$m、1m、3m、5m、7m、9m、11m、13m、15m、17m 时，相应的 $z/b=0$、0.4、1.2、2.0、2.8、3.6、4.4、5.2、6.0、6.8，可查表得到地基附加应力系数 α_c。σ_z 的计算如表 4-2 所示，根据计算资料绘出 σ_z 的分布图，见图 4-12。

附加应力的计算 **表 4-2**

计算点	l/b	z(m)	z/b	α_c	$\sigma_z=4\alpha_c P_0$(kPa)	σ_{cz}	σ_z/σ_{cz}
0	2.0	0	0	0.250	4×0.250×173=173	27	
1	2.0	1	0.4	0.2439	168.8	45	
2	2.0	3	1.2	0.1818	125.8	62	
3	2.0	5	2.0	0.1202	83.2	79	
4	2.0	7	2.8	0.0805	55.7	96	
5	2.0	9	3.6	0.0561	38.8	113	
6	2.0	11	4.4	0.0407	28.2	131	
7	2.0	13	5.2	0.0206	21.2	149	0.14
8	2.0	15	6.0	0.0238	16.5	167	0.10
9	2.0	17	6.8	0.0192	13.3	185	0.07

（5）确定地基沉降计算深度 z_n。

按照 $\sigma_z/\sigma_{cz}\leqslant0.1$ 的要求来确定沉降计算深度，如表 4-3 所示，沉降计算深度 17m 时，$\sigma_z/\sigma_{cz}=0.15<0.2$，满足要求。

（6）地基各分层自重应力平均值和附加应力平均值的计算。

例如，0-1 分层：

$$\frac{\sigma_{cz(i-1)}+\sigma_{czi}}{2}=\frac{27+45}{2}=36\text{kPa}(=p_{1i})$$

$$\frac{\sigma_{z(i-1)}+\sigma_{zi}}{2}=\frac{173+168.8}{2}=170.9\text{kPa}$$

$$p_{1i}+\frac{\sigma_{z(i-1)}+\sigma_{zi}}{2}=36+170.9=206.9\text{kPa}(=p_{2i})$$

其余各分层的计算结果见表 4-3。

分层总和法计算基础沉降量 **表 4-3**

计算点编号	计算点深度(m)	平均自重应力 P_1(kPa) $\frac{\sigma_{cz(i-1)}+\sigma_{czi}}{2}$	平均附加应力(kPa) $\frac{\sigma_{z(i-1)}+\sigma_{zi}}{2}$	P_2(kPa)	初始孔隙比 e_{1i}	受压后孔隙比 e_{2i}	分层厚度(m)	$s_i=\frac{e_{1i}-e_{2i}}{1+e_{1i}}h_i$ (m)
0	0	36.0	170.9	206.9	1.14	0.90	1	0.112
1	1	53.5	147.9	201.4	1.09	0.91	2	0.172
2	3	70.5	104.5	175.0	1.06	0.93	2	0.126
3	5	87.5	69.5	157.0	1.04	0.95	2	0.088
4	7	104.5	47.3	151.8	1.01	0.96	2	0.050
5	9	122.0	33.5	155.5	0.88	0.85	2	0.032
6	11	140.0	24.7	164.7	0.86	0.845	2	0.016
7	13	158.0	18.9	176.9	0.85	0.84	2	0.011
8	15	176.6	14.9	191.5	0.84	0.83	2	0.011
9	17	194.0	12.1	206.1	0.83	0.82	2	0.011

(7) 计算各分层土的沉降量 s_i。根据 e-p 压缩曲线（图 4-13）由 p_{1i}、p_{2i} 查出相应的初始孔隙比 e_{1i} 和压缩稳定后的孔隙比 e_{2i}。

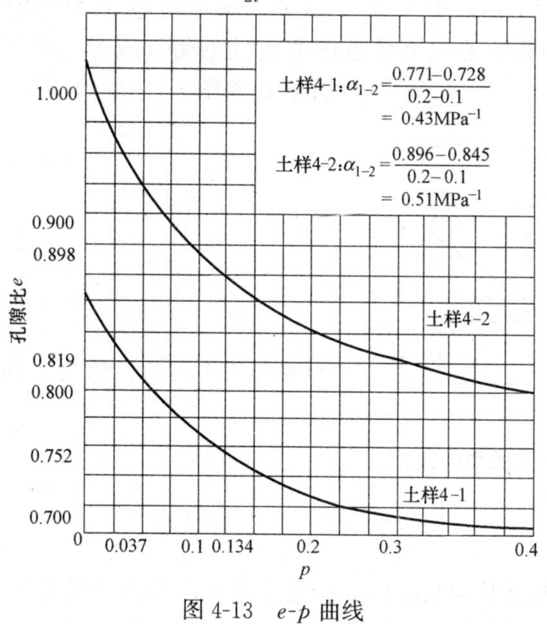

图 4-13 e-p 曲线

例如 0-1 分层：

$$\Delta s_i=\frac{e_{1i}-e_{2i}}{1+e_{1i}}H_i=\frac{1.14-0.90}{1+1.14}\times1=0.112\text{m}$$

其余各分层的计算结果见表 4-3。

（8）计算基础的最终沉降量：

$$s=\sum_{i=1}^{n}\Delta s_i$$
$$=0.112+0.172+0.126+0.088+0.050+0.032+0.016+0.044+0.011+0.011$$
$$=0.62\text{m}$$

4.4 《建筑地基基础设计规范》推荐的分层总和法

《建筑地基基础设计规范》GB 50007—2011 推荐的地基最终沉降量计算方法是另一种简化的分层总和法，简称规范法。该方法与单向分层总和法的计算原理基本相同，也采用室内侧限压缩试验的压缩性指标，并引入了“平均附加应力系数”，应用了附加应力面积法的基本概念。在总结大量工程实践经验的前提下，规定了地基沉降计算深度的标准，并提出了地基沉降计算经验系数，使得计算成果接近于地基沉降的实测值。

码 4-5 规范法

4.4.1 计算原理

设地基土层均质、压缩模量不随深度变化，根据式（4-12b）得单一土层的沉降量为：

$$s_i=\frac{\bar{\sigma}_{zi}}{E_{si}}\cdot h_i \tag{4-14}$$

由图 4-14 得，式（4-14）中 $\bar{\sigma}_{zi}h_i$ 等于第 i 层土附加应力曲线所包围的面积。3.4.2 节中已求出均布矩形荷载中心点下任意深度 z 处的附加应力。根据求平均值的方法，则在任意深度 z_i 范围内的平均附加应力 $\bar{\sigma}_{zi}$ 为：

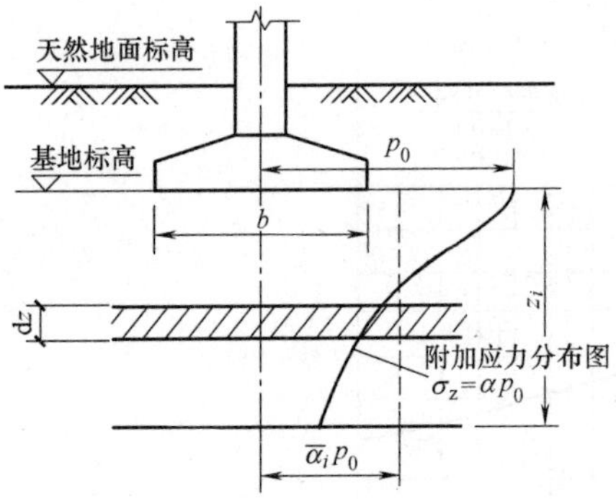

图 4-14 平均附加应力系数的含义

$$\bar{\sigma}_{zi}=\frac{\int_0^z \sigma_{zi}\,dz}{z_i}=\frac{p_0\int_0^z \alpha_i\,dz}{z_i} \tag{4-15}$$

令 $\bar{\alpha}_i=\frac{\int_0^z \alpha_i\,dz}{z_i}$，这是 z 深度范围内附加应力系数的平均值，称为平均附加应力系数，代入式（4-15）得：

$$\bar{\sigma}_{zi}=\frac{p_0\int_0^z \alpha_i\,dz}{z_i}=\bar{\alpha}_i p_0=\frac{A_i}{z_i} \tag{4-16}$$

式中 A_i——基础底面至基础底面以下任意深度 z 范围内的附加应力曲线所包围的面积；

$\bar{\alpha}_i$——均布矩形荷载角点下平均附加应力系数，其为 l/b，z/b 的函数，可查表 4-4 确定。对于非角点下的任意点的平均附加应力系数 $\bar{\alpha}_i$，需借助角点法计算。

由图 4-14 可知，以 $\bar{\alpha}_i p_0$ 为底、z_i 为高的矩形面积实际上是自基础底面至深度 z_i 范围内附加应力分布曲线所包围面积的等代面积。因此，设 s_i' 和 s_{i-1}' 分别是相应于第 i 分层

层底和层顶深度 z_i 和 z_{i-1} 范围内土的沉降量，如图 4-15 所示，则根据式（4-14）、式（4-16）计算基底以下第 i 层土压缩量 $\Delta s_i'$ 的公式如下：

$$\Delta s_i' = s_i' - s_{i-1}' = \frac{A_i - A_{i-1}}{E_{si}} = \frac{p_0}{E_{si}}(z_i\bar{\alpha}_i - z_{i-1}\bar{\alpha}_{i-1}) \tag{4-17}$$

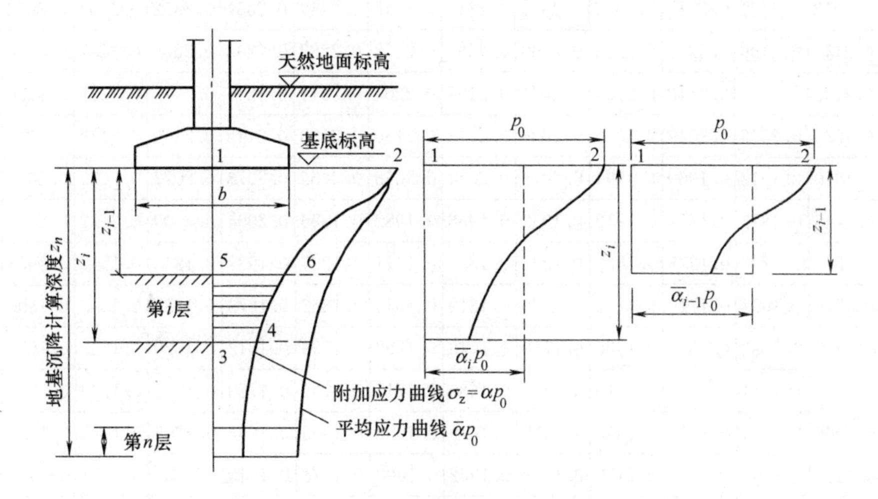

图 4-15　分层压缩量计算原理图

因此，各层土的最终沉降量为：

$$s' = \sum_{i=1}^{n} \Delta s_i' = \sum_{i=1}^{n} \frac{A_i - A_{i-1}}{E_{si}} = \sum_{i=1}^{n} \frac{p_0}{E_{si}}(z_i\bar{\alpha}_i - z_{i-1}\bar{\alpha}_{i-1}) \tag{4-18}$$

式中　s'——按分层总和法计算的地基沉降量；

n——压缩层厚度范围内的土层分层数；

p_0——基底附加压力；

A_i——基础底面至第 i 层底深度 z 范围内的附加应力曲线所包围面积；

E_{si}——基础底面下第 i 层土的压缩模量，应取土的自重应力至土的自重应力与附加应力之和的压力段计算；

z_i、z_{i-1}——基础底面下第 i 层、第 $i-1$ 层土底面距离基础底面的深度；

$\bar{\alpha}_i$、$\bar{\alpha}_{i-1}$——基础底面下第 i 层、第 $i-1$ 层土底面范围内的平均附加应力系数，可查《建筑地基基础设计规范》GB 50007 附录提供的相关表格确定（均布矩形荷载角点下 α_i 可查表 4-4 确定）。

均布矩形荷载角点下的平均竖向附加应力系数　　表 4-4

z/b \ l/b	1.0	1.2	1.4	1.6	1.8	2.0	2.4	2.8	3.2	3.6	4.0	5.0	10.0
0.0	0.2500	0.2500	0.2500	0.2500	0.2500	0.2500	0.2500	0.2500	0.2500	0.2500	0.2500	0.2500	0.2500
0.2	0.2496	0.2497	0.2497	0.2498	0.2498	0.2498	0.2498	0.2498	0.2498	0.2498	0.2498	0.2498	0.2498
0.4	0.2474	0.2479	0.2481	0.2483	0.2483	0.2484	0.2485	0.2485	0.2485	0.2485	0.2485	0.2485	0.2485
0.6	0.2423	0.2437	0.2444	0.2448	0.2451	0.2452	0.2454	0.2455	0.2455	0.2455	0.2455	0.2455	0.2455

续表

z/b \ l/b	1.0	1.2	1.4	1.6	1.8	2.0	2.4	2.8	3.2	3.6	4.0	5.0	10.0
0.8	0.2346	0.2372	0.2387	0.2395	0.2400	0.2403	0.2407	0.2408	0.2409	0.2409	0.2410	0.2410	0.2410
1.0	0.2252	0.2291	0.2313	0.2326	0.2335	0.2340	0.2346	0.2349	0.2351	0.2352	0.2352	0.2353	0.2353
1.2	0.2149	0.2199	0.2229	0.2248	0.2260	0.2268	0.2278	0.2282	0.2285	0.2286	0.2287	0.2288	0.2289
1.4	0.2043	0.2102	0.2140	0.2164	0.2490	0.2191	0.2204	0.2211	0.2215	0.2217	0.2218	0.2220	0.2221
1.6	0.1939	0.2006	0.2049	0.2079	0.2099	0.2113	0.2130	0.2138	0.2143	0.2146	0.2148	0.2150	0.2152
1.8	0.1840	0.1912	0.1960	0.1994	0.2018	0.2034	0.2055	0.2055	0.2073	0.2077	0.2079	0.2082	0.2084
2.0	0.1746	0.1822	0.1875	0.1912	0.1935	0.1958	0.1982	0.1996	0.2004	0.2009	0.2012	0.2015	0.2018
2.2	0.1659	0.1737	0.1973	0.1833	0.1862	0.1883	0.1911	0.1927	0.1937	0.1943	0.1947	0.1952	0.1955
2.4	0.1578	0.1657	0.1715	0.1757	0.1789	0.1812	0.1843	0.1862	0.1873	0.1880	0.1885	0.1890	0.1895
2.6	0.1503	0.1583	0.1642	0.1686	0.1719	0.1745	0.1799	0.1799	0.1812	0.1820	0.1825	0.1832	0.1838
2.8	0.1433	0.1514	0.1574	0.1619	0.1654	0.1680	0.1717	0.1739	0.1753	0.1753	0.1769	0.1777	0.1784
3.0	0.1369	0.1449	0.1510	0.1556	0.1592	0.1619	0.1658	0.1582	0.1698	0.1708	0.1715	0.1725	0.1733
3.2	0.1310	0.1390	0.1450	0.1479	0.1533	0.1562	0.1602	0.1528	0.1645	0.1657	0.1664	0.1675	0.1685
3.4	0.1256	0.1334	0.1394	0.1441	0.1478	0.1508	0.1550	0.1577	0.1595	0.1608	0.1616	0.1628	0.1639
3.6	0.1205	0.1282	0.1342	0.1389	0.1427	0.1456	0.1500	0.1528	0.1548	0.1561	0.1570	0.1583	0.1595
3.8	0.1158	0.1234	0.1293	0.1340	0.1378	0.1408	0.1452	0.1482	0.1502	0.1516	0.1526	0.1541	0.1554
4.0	0.1114	0.1189	0.1248	0.1294	0.1332	0.1362	0.1408	0.1438	0.1459	0.1474	0.1485	0.1500	0.1515
4.2	0.1073	0.1147	0.1205	0.1251	0.1289	0.1319	0.1365	0.1395	0.1418	0.1434	0.1445	0.1462	0.1478
4.4	0.1035	0.1107	0.1164	0.1210	0.1248	0.1279	0.1325	0.1357	0.1379	0.1396	0.1407	0.1425	0.1444
4.6	0.1000	0.1070	0.1127	0.1172	0.1209	0.1240	0.1287	0.1319	0.1342	0.1359	0.1371	0.1390	0.1410
4.8	0.0967	0.1036	0.1091	0.1136	0.1173	0.1204	0.1260	0.1283	0.1307	0.1324	0.1337	0.1357	0.1379
5.0	0.0935	0.1000	0.1057	0.1102	0.1139	0.1169	0.1216	0.1249	0.1273	0.1291	0.1304	0.1325	0.1348
5.2	0.0906	0.0972	0.1026	0.1070	0.1106	0.1136	0.1183	0.1217	0.1241	0.1259	0.1273	0.1295	0.1320
5.4	0.0878	0.0943	0.0996	0.1039	0.1075	0.1105	0.1152	0.1186	0.1211	0.1229	0.1243	0.1265	0.1292
5.6	0.0852	0.0916	0.0968	0.1010	0.1046	0.1076	0.1122	0.1156	0.1181	0.1200	0.1215	0.1238	0.1266
5.8	0.0828	0.0890	0.0941	0.0983	0.1018	0.1047	0.1094	0.1128	0.1153	0.1172	0.1187	0.1211	0.1240
6.0	0.0805	0.866	0.0916	0.0957	0.0991	0.1021	0.1057	0.1101	0.1126	0.1146	0.1161	0.1185	0.1216
6.2	0.0783	0.0842	0.0891	0.0932	0.0966	0.0995	0.1041	0.1075	0.1101	0.1120	0.1136	0.1161	0.1193
6.4	0.0762	0.0820	0.0869	0.0909	0.0942	0.0971	0.1016	0.1050	0.1075	0.1096	0.1111	0.1137	0.1171
6.6	0.0742	0.0799	0.0847	0.0886	0.0919	0.0948	0.0993	0.1027	0.1053	0.1073	0.1088	0.1114	0.1149
6.8	0.0723	0.0779	0.0826	0.0865	0.0898	0.0926	0.0970	0.1004	0.1030	0.1060	0.1066	0.1092	0.1129
7.0	0.0705	0.0761	0.0806	0.0844	0.0877	0.0904	0.0949	0.0982	0.1008	0.1028	0.1044	0.1071	0.1109
7.2	0.0668	0.0742	0.0787	0.0825	0.0857	0.0884	0.0928	0.0952	0.0987	0.1008	0.1023	0.1051	0.1090
7.4	0.0672	0.0725	0.0769	0.0806	0.0838	0.0865	0.0908	0.0942	0.0967	0.0988	0.1004	0.1031	0.1071
7.6	0.0656	0.0709	0.0752	0.0789	0.0820	0.0846	0.0889	0.0922	0.0948	0.0968	0.0984	0.1012	0.1054

续表

l/b z/b	1.0	1.2	1.4	1.6	1.8	2.0	2.4	2.8	3.2	3.6	4.0	5.0	10.0
7.8	0.0642	0.0693	0.0736	0.0771	0.0802	0.0828	0.0871	0.0904	0.0929	0.0950	0.0956	0.0994	0.1036
8.0	0.0627	0.0678	0.0720	0.0755	0.0785	0.0810	0.0853	0.0886	0.0912	0.0932	0.0948	0.0976	0.1020
8.2	0.0614	0.0663	0.0705	0.0739	0.0769	0.0795	0.0837	0.0869	0.0894	0.0914	0.0931	0.0959	0.1004
8.4	0.0601	0.0649	0.0690	0.0724	0.0754	0.0779	0.0820	0.0852	0.0878	0.0898	0.0914	0.0943	0.0988
8.6	0.0588	0.0636	0.0676	0.0710	0.0739	0.0764	0.0805	0.0836	0.0862	0.0882	0.0898	0.0927	0.0973
8.8	0.0576	0.0623	0.0663	0.0696	0.0724	0.0749	0.0790	0.0821	0.0845	0.0856	0.0882	0.0912	0.0959
9.2	0.0554	0.0599	0.0637	0.0670	0.0697	0.0721	0.0761	0.0792	0.0817	0.0837	0.0853	0.0882	0.0931
9.6	0.0553	0.0577	0.0614	0.0645	0.0672	0.0696	0.0734	0.0765	0.0789	0.0809	0.0825	0.0855	0.0905
10.0	0.0514	0.0556	0.0592	0.0622	0.0549	0.0672	0.0710	0.0739	0.0763	0.0783	0.0799	0.0829	0.0880
10.4	0.0496	0.0537	0.0572	0.0601	0.0627	0.0649	0.0686	0.0716	0.0739	0.0759	0.0775	0.0804	0.0857
10.8	0.0479	0.0519	0.0553	0.0581	0.0606	0.0628	0.0664	0.0693	0.0717	0.0736	0.0751	0.0781	0.0834
11.2	0.0463	0.0502	0.0535	0.0563	0.0587	0.0609	0.0644	0.0672	0.0695	0.0714	0.0730	0.0759	0.0813
11.6	0.0448	0.0486	0.0518	0.0545	0.0569	0.0590	0.0625	0.0652	0.0675	0.0694	0.0709	0.0738	0.0793
12.0	0.0435	0.0471	0.0502	0.0529	0.0552	0.0573	0.0606	0.0634	0.0656	0.0674	0.0690	0.0719	0.0774
12.8	0.0409	0.0444	0.0474	0.0499	0.0521	0.0541	0.0573	0.0599	0.0621	0.0639	0.0654	0.0682	0.0739
13.6	0.0387	0.0420	0.0448	0.0472	0.0493	0.0512	0.0543	0.0558	0.0589	0.0507	0.0621	0.0649	0.0707
14.4	0.0367	0.0398	0.0425	0.0448	0.0468	0.0486	0.0516	0.0540	0.0561	0.0577	0.0592	0.0619	0.0677
15.2	0.0349	0.0379	0.0404	0.0426	0.0446	0.0463	0.0492	0.0515	0.0535	0.0551	0.0565	0.0592	0.0650
16.0	0.0332	0.0361	0.0385	0.0407	0.0425	0.0442	0.0469	0.0492	0.0511	0.0527	0.0540	0.0567	0.625
18.0	0.0297	0.0323	0.0345	0.0364	0.0381	0.0395	0.0422	0.0442	0.0450	0.0475	0.0487	0.0512	0.0570
20.0	0.0269	0.0292	0.0312	0.0330	0.0345	0.0359	0.0383	0.0402	0.0418	0.0432	0.0444	0.0468	0.0524

4.4.2 地基沉降计算深度

《建筑地基基础设计规范》GB 50007—2011 规定沉降计算深度分三种情况考虑：

（1）有相邻荷载影响。一般情况，地基沉降计算深度 z_n 应符合下列条件：由该深度处向上按表 4-5 取规定的计算厚度 Δz_n（图 4-15），该厚度土层的压缩量应满足下列要求：

$$\Delta s'_n \leqslant 0.025 \sum_{i=1}^{n} \Delta s'_i \tag{4-19}$$

式中 $\Delta s'_i$——在计算深度范围内第 i 层土的计算变形值；

$\Delta s'_n$——由计算深度向上取厚度为 Δz_n 的土层计算变形值，Δz_n 如图 4-15 所示，并按表 4-5 确定。

Δz_n 值 **表 4-5**

基础宽度 b(m)	$b \leqslant 2$	$2 < b \leqslant 4$	$4 < b \leqslant 8$	$b > 8$
Δz_n(m)	0.3	0.6	0.8	1.0

若计算 z_n 不满足以上条件，则增大 z_n 继续向下取土层计算，直至满足式（4-19）。规范确定 z_n 的这种方法称为变形比法。

(2) 当计算深度范围内存在基岩时，则沉降计算深度 z_n 只需取至基岩顶面即可。

(3) 当无相邻荷载影响时，基础宽度在 1～30m 范围内时，基础中点的沉降计算深度也可按下列简化公式计算：

$$z_n = b(2.5 - 0.4\ln b) \tag{4-20}$$

式中 b——基础宽度。

4.4.3 沉降计算经验系数

由单向分层总和法的假设可以看到，其假设往往与实际条件不一致。首先，采用基础中心点下土的附加应力（它大于任何其他点的附加应力）来计算基础沉降，使基础沉降比实际值偏大；另一方面，假设地基土不发生侧向变形，只产生竖向压缩，又会使沉降计算值比实际偏小。虽然这两个相反的因素在一定程度上互相抵消了一部分误差，但是由于各种其他复杂因素的存在，沉降计算结果与实际沉降仍有一定的误差。

目前，要从理论上去解决这些问题尚有困难。因此，在对分层总和法作简化的基础上，只能根据大量实际工程的沉降观测资料与计算沉降量的比较，采用沉降计算经验系数对计算沉降量进行修正，使之与实际沉降尽量接近。《建筑地基基础设计规范》GB 50007—2011 给出的公式如下：

$$s = \psi_s \cdot s' = \psi_s \sum_{i=1}^{n} \frac{p_0}{E_{si}}(z_i \bar{a}_i - z_{i-1}\bar{a}_{i-1}) \tag{4-21}$$

式中 s——地基最终沉降量；

ψ_s——沉降计算经验系数，根据地区沉降观测资料及经验确定，无地区经验时可采用表 4-6 的数值。

沉降计算经验系数 ψ_s **表 4-6**

E_s(MPa) / 基底附加压力	2.5	4.0	7.0	15.0	20.0
$P_0 \leqslant f_{ak}$	1.4	1.3	1.0	0.4	0.2
$P_0 \leqslant 0.75 f_{ak}$	1.1	1.0	0.7	0.4	0.2

注：1. f_{ak} 为地基承载力特征值；
2. E_s 为变形计算深度范围内压缩模量的当量值，应按式 (4-22) 计算。

$$\overline{E}_s = \frac{\sum A_i}{\sum \frac{A_i}{E_{si}}} \tag{4-22}$$

式中 A_i——第 i 层土附加应力面积。

【例 4-2】 某柱下独立基础底面尺寸 $l \times b = 4\text{m} \times 2\text{m}$，基础埋深 1.5m。柱荷载 $F_k =$ 1500kN，计算资料如图 4-16 所示。地面以下主要有三层土，第一层为厚 2.0m 的黏土，天然重度 $\gamma = 19.5\text{kN/m}^3$，压缩模量 $E_s = 4.5\text{MPa}$；第二层为厚 4.0m 的粉质黏土，天然重度 $\gamma = 19.8\text{kN/m}^3$，压缩模量 $E_s = 5.1\text{MPa}$；第三层为粉砂，天然重度 $\gamma = 19\text{kN/m}^3$，压缩模量 $E_s = 5.0\text{MPa}$。采用规范推荐法计算该基础中心点的最终沉降量（取 $\psi_s = 1.1$）。

解：(1) 计算基底压力 P 与基底附加压力 P_0

基底压力：$P = \dfrac{F+G}{A} = \dfrac{1500 + 20 \times 4 \times 2 \times 1.5}{4 \times 2} = 217.5\text{kPa} \approx 218\text{kPa}$

基底附加压力：$P_0 = P - \gamma_0 d = 218 - 1.5 \times 19.5 = 188.75\text{kPa} \approx 0.19\text{MPa}$

（2）沉降计算深度的确定：在无相邻荷载影响情况下，由式（4-20）估算：$z_n = b(2.5 - 0.4\ln b) = 5 \times (2.5 - 0.4\ln 2) = 4.445\text{m}$，取 $z_n = 4.5\text{m}$。

（3）计算各层沉降量，见表 4-7。

① 确定 $\bar{\alpha}_i$。

基础中心点可看成是四个相等的小矩形荷载的公共角点，其长宽比 $l/b = 2/1 = 2$，在深度 $z = 0\text{m}$、0.5m、4.2m、4.5m 时，相应的 $z/b = 0$、0.5、4.2、4.5，可查表 4-4 得到地基附加应力系数 $\bar{\alpha}_i$。

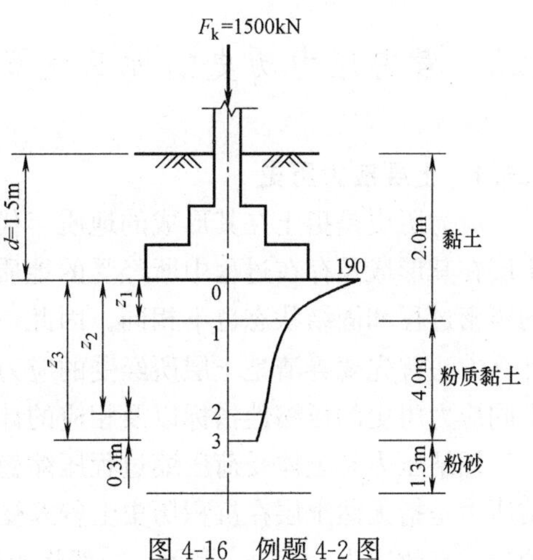

图 4-16　例题 4-2 图

② 验算沉降计算深度 z_n。

根据基础宽度 $b = 2\text{m}$ 及表 4-5，可知计算深度向上取厚度 $\Delta z_n = 0.3\text{m}$，计算出 $\Delta s_i = 19.79\text{mm} < 0.025\sum\Delta s_i = 0.025 \times 869.85 = 21.75\text{mm}$，满足规范要求。

规范推荐法计算各层土体的沉降量　　**表 4-7**

计算点	z(m)	l/b	z/b	$\bar{\alpha}_i$	$z_i\bar{\alpha}_i$ (mm)	$z_i\bar{\alpha}_i - z_{i-1}\bar{\alpha}_{i-1}$ (mm)	E_{si} (MPa)	$\Delta s' = \frac{p_0}{E_{si}}(z_i\bar{\alpha}_i - z_{i-1}\bar{\alpha}_{i-1})$ (mm)	$\sum\Delta s'$ (mm)
0	0	2.0	0	4×0.25 =1.00	0				
1	0.5	2.0	0.5	4×0.2468 =0.9872	4936	4936	4.5	208.41	869.85
2	4.2	2.0	4.2	4×0.1319 =0.5276	22159.2	17223.2	5.1	641.65	
3	4.5	2.0	4.5	4×0.1260 =0.5040	22680.00	520.8	5.0	19.79	

（4）基础最终沉降量

$$s = \psi_s \sum\Delta s_i' = 1.1 \times 869.85 = 956.84\text{mm}$$

4.4.4　最终沉降量计算方法讨论

《建筑地基基础设计规范》GB 50007—2011 推荐的分层总和法与单向的分层总和法相同之处为：采用侧限压缩条件下的压缩性指标。规范推荐方法与传统的分层总和法不同之处为：①不按 0.4b 分层，基本上每一天然土层就当作一层来计算，省去了分层总和法中压缩性指标随深度变化的麻烦；②采用了简化的平均附加应力系数，使繁琐的计算表格化，简单化；③规定了合理的沉降计算深度的标准（与基础宽度有关），比单向分层总和法更为合理；④提出了地基的沉降计算经验系数，使得计算结果接近于实测值。

4.5 考虑应力历史的地基沉降量计算

码 4-6 考虑应力历史沉降量计算方法

4.5.1 土层应力历史

应力历史是指土在其形成的地质年代中经受应力变化的情况。天然土层在其形成及存在过程中所经受的地质作用和应力变化不同，所产生的压密过程和固结状态也不相同。因此，考虑应力历史影响的地基沉降计算方法首先要弄清楚土层所经受的应力历史，判断天然土层的固结状态，然后选用反映不同应力历史的压缩性指标以及相应的计算公式计算土层的沉降量。

固结压力是土体受荷压缩过程压缩稳定至某一状态（孔隙比）所对应的压力。先期固结压力是指天然土层在沉积历史上曾经受到过的最大固结压力，即土体在固结过程中所受的最大有效应力，用 p_c 表示。一般将土层的先期固结压力与现有有效自重应力的比值称为超固结比，用 OCR 表示如式（4-23）所示。一般可根据 OCR 将天然土层划分为正常固结土、超固结土和欠固结土三种固结状态。

$$OCR=\frac{p_c}{p_1} \tag{4-23}$$

式中 p_c——先期固结压力，kPa；

p_1——现有土层有效自重压力，kPa。

1. 正常固结土（$OCR=1$）

当土沉积年代较长，地表以下土层在历史上先期固结压力 p_c 作用下的沉降已经稳定，之后地表并未发生变化，而且也没有因为其他因素使土中有效自重应力发生变化，所以先期固结压力 p_c 等于现地表下土中有效自重应力 p_1，如图 4-17（a）所示，这种土称为正常固结土。

2. 超固结土（$OCR>1$）

由于古冰川融化、地表剥蚀或地下水位上升等原因，天然土层 z 深度处在地质历史上受到的先期固结压力 p_c 大于现地表下任意深度 z 处的有效自重应力 p_1，如图 4-17（b）所示，这种土称为超固结土。

3. 欠固结土（$OCR<1$）

土层在压力 p_c 作用下已经正常固结，但由于地表新近堆填土或地下水位下降等原因，土中应力 p_1 超过 p_c；或者因为土层沉积时间较短，土在自重应力作用下的固结变形尚未完成时，土将在（p_1-p_c）作用下进一步产生压缩，这种土称为欠固结土，如图 4-17（c）所示。在欠固结土地基上的结构物必须考虑土将在（p_1-p_c）作用下产生的附加沉降。

根据上述分析可知，当施加的外荷载小于先期固结压力时，天然土层将不产生变形或只有微小的变形。当外荷载超过先期固结压力后，因为土层历史上的天然强度被克服，结构被破坏而产生变形；当外荷载相当大时，原始结构土样就会产生很大的压缩变形，结构完全被破坏。由此可见，地基土的应力历史对地基沉降的大小具有一定的影响。

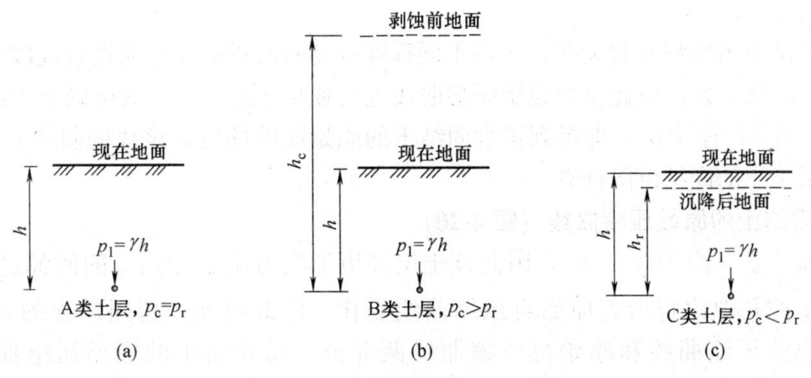

图 4-17　天然土层的三种固结状态

4.5.2　先期固结压力 p_c 的确定

目前，先期固结压力 p_c 可在室内压缩试验 e-lg$p$ 曲线上获得，最常用方法是卡萨格兰德（A. Casagrande，1936）提出的经验作图法，作图步骤如下（图 4-18）：

（1）在室内压缩试验 e-lg$p$ 曲线上找出曲率半径最小的一点 O，过 O 点作 e-lg$p$ 曲线切线 OA 和水平线 OB。

（2）作∠AOB 的平分线 OD 与 e-lg$p$ 曲线的直线段的延长线交于 E 点。

（3）E 点对应的压力值即为先期固结压力 p_c。

需要指出，这种简易经验作图法，对取土试样质量要求较高；绘制 e-lg$p$ 曲线时纵、横坐标比例选取要适当；曲率半径最小的点的位置受人为因素影响较大，而获得的值不一定可靠。因此一般还应结合现场的地形、地貌的调查资料综合分析确定先期固结压力。

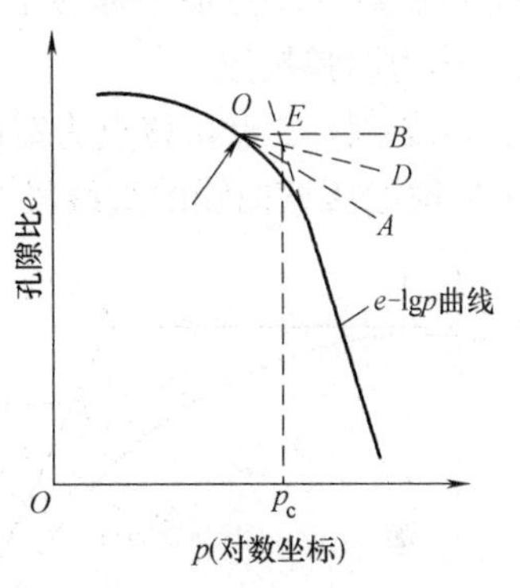

图 4-18　确定先期固结压力的方法

4.5.3　土的原始压缩曲线

由于室内压缩试验所采用的土样经历了卸荷过程，而且在取样、运输、试件制作以及试验过程中不可避免地要受到不同程度扰动，致使土的室内压缩曲线与现场原始土体的压缩特性之间有差别，所以须加以修正，作出原始压缩曲线，获取相应的压缩指标。

土的原始压缩曲线是由室内压缩试验 e-lg$p$ 曲线经过修正后得出的符合现场原始土体压缩特性的关系曲线。由土的原始压缩曲线即可确定与土层应力历史相对应的压缩性指标。

H. J. 施默特曼提出了根据土的室内压缩试验曲线进行修正获得土的原始压缩曲线的方法，其确定方法如下。

1. 正常固结土的原始压缩曲线（图 4-19）

（1）绘制正常固结土的室内压缩试验 e-lg$p$ 曲线，确定先期固结压力 p_c，对正常固结土 $p_c=p_1$。

（2）确定图中 b 点，其横坐标为先期固结压力 p_c，纵坐标为试验土样的初始孔隙比 e_0，此时 e_0 就是土原始状态下的孔隙比，则 p_c 以前的压缩曲线是一条孔隙比为 e_0 的水平线。

(3) 大量室内压缩试验表明，土在不同程度扰动时所得的压缩曲线直线段都大致交于纵坐标 $e=0.42e_0$ 处，由此设想原始压缩曲线也大致交于这一点，故可确定土的原始压缩曲线的另一点 c，连接 bc，即得到正常固结土的原始压缩曲线，该线的斜率 C_c 称为压缩指数，可用于土的固结沉降计算。

2. 超固结土的原始压缩曲线（图 4-20）

对超固结土，由于 $p_c>p_1$，因此该土层经历了应力从 p_c 到 p_1 的回弹过程。当 p_1 增加时，土的孔隙比将沿着原始再压缩曲线变化。由此可知，超固结土的原始压缩曲线应包括原始压缩曲线和原始再压缩曲线两部分。超固结土的原始压缩曲线的求法如下：

(1) 绘制室内压缩试验的回弹再压缩曲线（e-lg$p$ 曲线），并确定先期固结压力 p_c。

(2) 根据土样现场天然孔隙比 e_0 及现场有效自重应力 p_1 值确定 D 点。

(3) 过 D 点作一直线，其斜率等于室内回弹再压缩曲线的平均斜率，该直线交铅直线于 E 点（E 点横坐标为土的先期固结压力 p_c），则 DE 线称为现场再压缩曲线，斜率 C_e 称为回弹指数。

(4) 作 C 点，该点为室内压缩曲线上纵坐标 $e=0.42e_0$ 处，连接 EC，即得到超固结土的原始压缩曲线的直线段，其斜率为压缩指数 C_c。

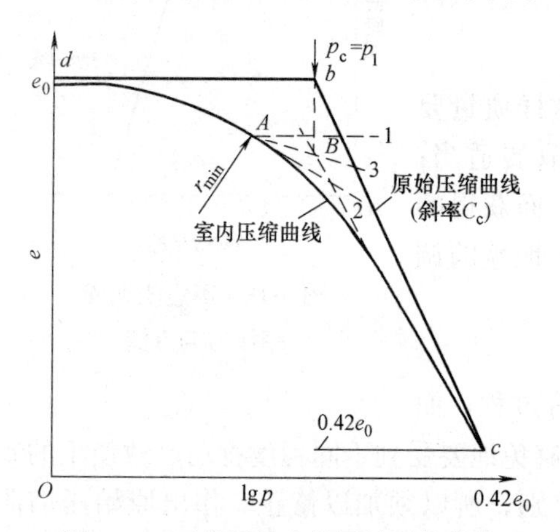

图 4-19 正常固结土的原始压缩曲线

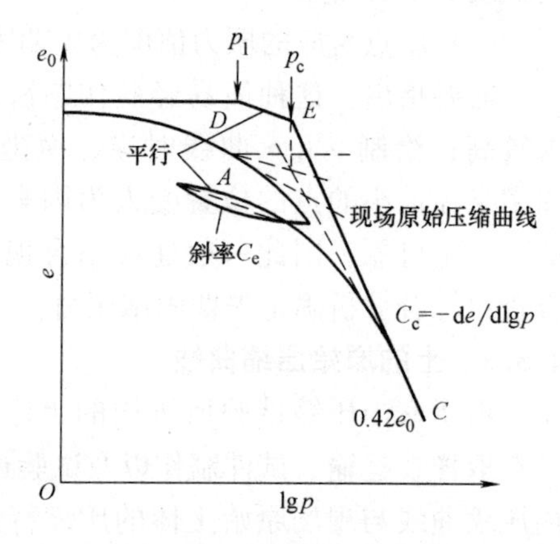

图 4-20 超固结土的原始压缩曲线和再压缩曲线

3. 欠固结土的原始压缩曲线

由于欠固结土在自重应力作用下的压缩变形尚未稳定，只能近似地按照正常固结土的方法求得原始压缩曲线，从而确定压缩指数 C_c 值。

4.5.4 考虑应力历史沉降计算方法

在采用分层总和法计算沉降时，只要从土的原始压缩曲线（e-lg$p$ 曲线）上确定压缩性指标，就可以考虑应力历史沉降的影响了。

1. 正常固结土（$p_c=p_1$）的沉降计算方法（图 4-21）

在土的原始压缩曲线上确定压缩指数 C_c，用 C_c 求出土的孔隙比变化，即可得到最终沉降量的计算公式为：

$$s_c=\sum_{i=1}^{n}\Delta s_i=\sum_{i=1}^{n}\frac{\Delta e_i}{1+e_{0i}}h_i=\sum_{i=1}^{n}\frac{h_i}{1+e_{0i}}C_{ci}\lg\left(\frac{p_{1i}+\Delta p_i}{p_{1i}}\right) \tag{4-24}$$

式中 Δe_i——由原始压缩曲线确定的第 i 层土的孔隙比变化；

e_{0i}——第 i 层的初始孔隙比；

h_i——第 i 层土的厚度；

C_{ci}——第 i 层土的压缩指数，由土的原始压缩曲线确定；

Δp_i——第 i 层土的附加应力平均值（有效应力增量）；

p_{1i}——第 i 层土的自重应力平均值。

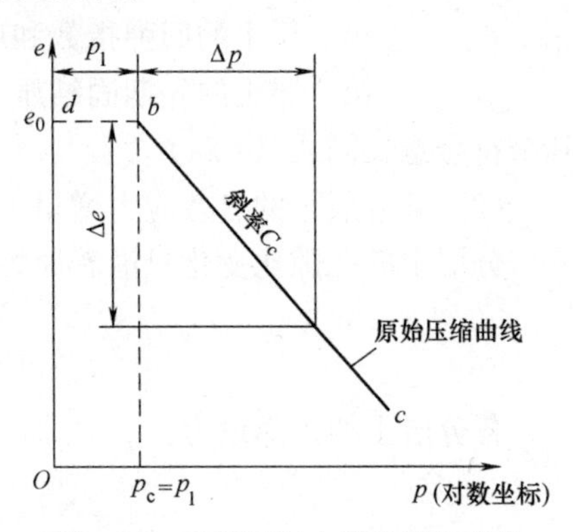

图 4-21 正常固结土的孔隙比变化

2. 超固结土（$p_c>p_1$）的沉降计算方法（图 4-22）

计算超固结土沉降时，应在原始压缩曲线和原始再压缩曲线上分别确定土的压缩指数 C_c 和回弹指数 C_e。其沉降计算应考虑下列两种情况：

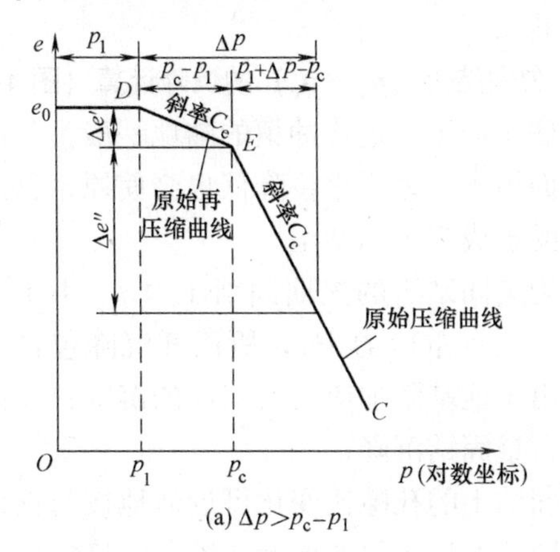

(a) $\Delta p>p_c-p_1$

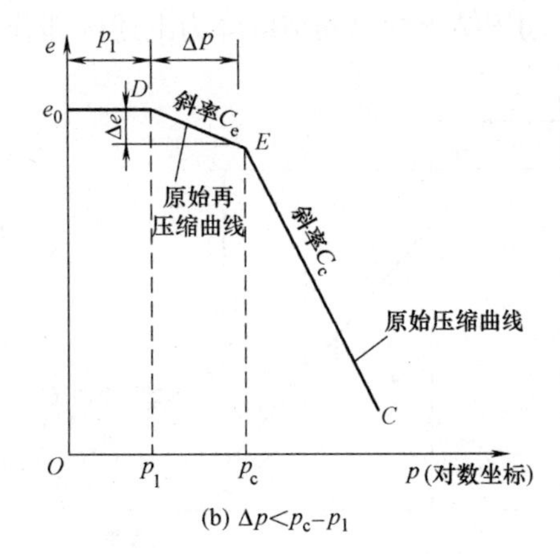

(b) $\Delta p<p_c-p_1$

图 4-22 超固结土的孔隙比变化

（1）某分层土的有效应力增量（$\Delta p>p_c-p_1$）如图 4-22（a）所示。

该分层土的孔隙比将先沿着原始再压缩曲线 DE 段减小 $\Delta e'$，即由现有的土自重压力 p_1 增大到先期固结压力 p_c 的孔隙比变化，然后沿着原始压缩曲线 EC 段减少 $\Delta e''$，即由 p_c 增大到（$p_1+\Delta p$）的孔隙比变化。因此，相应于应力增量的孔隙比变化 $\Delta e=\Delta e'+\Delta e''$，如图 4-22（a）所示：

$$\Delta e'=C_e\lg\left(\frac{p_c}{p_1}\right) \tag{4-25a}$$

$$\Delta e''=C_c\lg\left(\frac{p_1+\Delta p}{p_c}\right) \tag{4-25b}$$

式中 C_e——回弹指数，其值等于原始再压缩曲线 DE 的斜率；

C_c——压缩指数，其值等于原始压缩曲线 EC 的斜率。

各分层土的总固结沉降量计算公式如下：

$$s_n = \sum_{i=1}^{n} \frac{h_i}{1+e_{0i}} \left[C_{ei} \lg\left(\frac{p_{ci}}{p_{1i}}\right) + C_{ci} \lg\left(\frac{p_{1i}+\Delta p_i}{p_{ci}}\right) \right] \tag{4-26}$$

式中　n——压缩土层中有效应力增量 $\Delta p > p_c - p_i$ 的分层数；

C_{ei}、C_{ci}——第 i 层土的回弹指数和压缩指数；

p_{ci}——第 i 层土的先期固结压力；

其余符号意义同式（4-24）。

（2）某分层土的有效应力增量（$\Delta p < p_c - p_1$）如图 4-22（b）所示。

分层土的孔隙比变化只沿着原始再压缩曲线 DE 段减小，其大小为：

$$\Delta e = C_e \lg \frac{p_1 + \Delta p}{p_1} \tag{4-27}$$

各分层土的沉降量为：

$$s_m = \sum_{i=1}^{m} \frac{h_i}{1+e_{0i}} \left[C_{ei} \lg\left(\frac{p_{1i}+\Delta p_i}{p_{1i}}\right) \right] \tag{4-28}$$

式中　m——压缩土层中有效应力增量 $\Delta p < p_c - p_1$ 的分层数。

超固结土的总固结沉降为上述两部分之和，即 $s_c = s_n + s_m$。

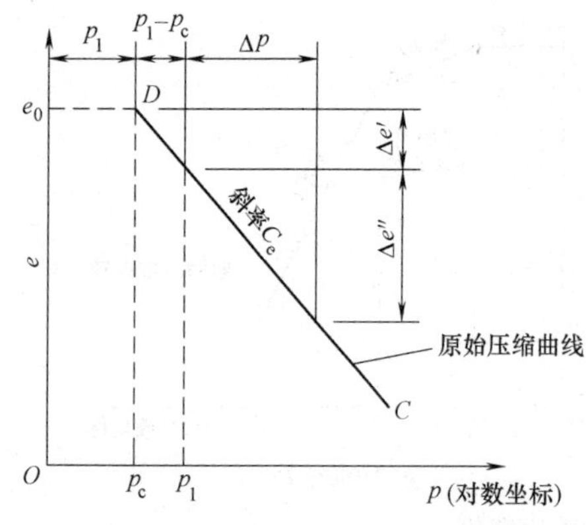

图 4-23　欠固结土的孔隙比变化

3. 欠固结土（$p_1 > p_c$）的沉降计算（图 4-23）

海底淤泥土、近代冲填的陆地一般为欠固结土。地面填土、地下水位降低也会使原来已经正常固结的土成为欠固结土。

因为欠固结土的先期固结压力 p_c 小于土层现有的有效自重应力 P_1，所以其沉降包含两部分：①由于地基附加应力所引起的沉降；②尚未完成的自重固结沉降。

欠固结土的孔隙比变化可近似地按与正常固结土相同的方法求得的原始压缩曲线确定，如图 4-23 所示。沉降计算公式为：

$$s = \sum_{i=1}^{n} \frac{h_i}{1+e_{0i}} \left[C_{ci} \lg \frac{p_{1i}+\Delta p_i}{p_{ci}} \right] \tag{4-29}$$

由此可知，如果按照正常固结土层计算欠固结土的沉降，则计算结果可能远小于实际观测的沉降量。需要强调的是，上述考虑应力历史的沉降计算方法都是根据土压缩过程中孔隙比的变化来计算地基沉降的，因此其计算结果为地基土的固结沉降。

4.6　太沙基一维固结理论

前面讨论了地基最终沉降量的计算方法，在实际工程中，有时需要预估建筑物施工期间和完工后某一时间的地基沉降量，以便控制施工速度、确定建筑物各部分之间的预留净空、连接方法和施工顺序。

透水性好的无黏性土，其变形所经历的时间很短，可以认为在外荷载施加完毕（如结构竣工）时其变形已经稳定；对于黏性土，完成固结所需时间比较长，尤其是饱和软黏土，其固结变形往往需要经过几年甚至几十年时间才能完成，因此下面只研究饱和黏性土的固结问题。

太沙基（K. Terzaghu）于 1923 年研究提出了有效应力原理和一维固结理论，阐明了散粒材料与连续固体材料的区别，标志着土力学成为一门的独立学科。太沙基一维固结理论为单向固结理论，主要研究饱和土体中孔隙水压力的分布、变形随时间的变化规律以及固结度估算等，适用于大面积荷载下地基沉降与时间的关系问题。对于二向或三向固结的实际问题，依靠单向固结理论未必都能得出满意的解答，但是掌握固结理论的基本概念仍然有助于实际工程问题的解决。

4.6.1 饱和土体的有效应力原理

饱和土是由固体颗粒和充满孔隙的水构成的两相体，一般固体颗粒称为土骨架，孔隙水称为孔隙流体。当外力作用于饱和土体后，土骨架与孔隙流体是如何分担外荷载的，二者之间是如何传递与转化，其对土的变形和强度有什么影响等一系列问题，自从太沙基在 1923 年提出有效应力原理后，就得到了答案。

1. 饱和土体中的有效应力原理

当饱和土上作用外荷载时，在土体内部的力，一部分由土骨架承担，并通过固体颗粒间接触点传递的应力，称为粒间应力。一部分是由孔隙水承担，称为孔隙水压力。孔隙水压力由孔隙静水压力和超静孔隙水压力组成。孔隙静水压力是由孔隙水的自重产生的，在地下水位不变的条件下，孔隙静水压力不随时间变化，对土骨架的应力和变形不产生影响。超静孔隙水压力是指由外荷载及其他因素产生的超出静水水位的那部分应力，习惯称为孔隙水压力，用 u 表示。随着土中渗流的产生，孔隙（超静孔隙水压力）水压力随时间而变化，并对土骨架的应力和变形产生影响。有效应力原理就是研究饱和土体中这两种应力的不同性质和它们与总应力的关系。

为研究有效应力，在饱和土单元中取任意水平面 a-a（图 4-24），其断面面积为 A，截面上作用的应力为 σ，它是由上面的土体的重力、静水压力及外荷载 p 的作用所产生的应力，称为总应力。由于是饱和土体，则总应力应由粒间应力和超静孔隙水压力分担，它们各自承担的分量不同，且对变形和强度的影响也不一样。

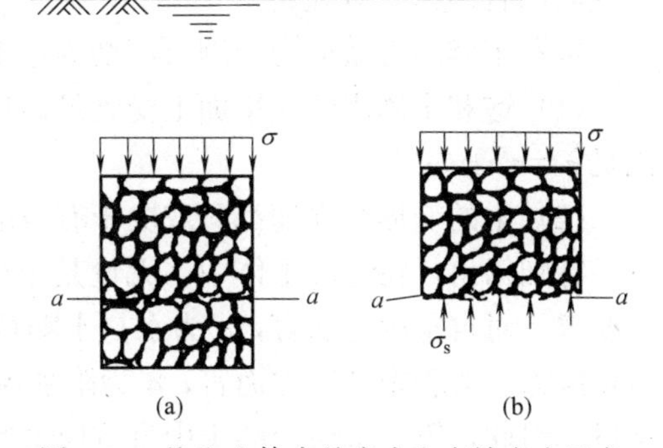

图 4-24 饱和土体中总应力和有效应力示意

如图 4-24（b）所示，沿 a-a 截面取一脱离体，在 a-a 截面上，土颗粒接触面间作用的法向应力为 σ_s，各土颗粒接触面积之和为 A_s，孔隙内水压力为 u，其相应面积为 A_w，根据静力平衡条件得：

$$\sigma A=\sigma_s A_s+uA_w$$

$$\sigma=\frac{\sigma_s A_s}{A}+\frac{A_w}{A}u \tag{4-30}$$

式（4-30）右端第一项 $\frac{\sigma_s A_s}{A}$ 实际上是粒间应力法向应力在截面面积上的平均应力，

称为有效应力，用σ'表示。右端第二项中A_w/A，由于土颗粒接触点面积很小，毕肖普及伊顿定（Bishap and Eldin，1950）根据粒状土的试验结果认为$A_s/A<0.03$，故$A_w/A \approx 1$。因此，式（4-30）可简化为：

$$\sigma=\sigma'+u \text{ 或 } \sigma'=\sigma-u \tag{4-31}$$

式中 σ——作用土中任意平面上总应力（自重应力和附加应力），kPa；

σ'——有效应力，kPa；

u——孔隙水压力，kPa。

式（4-31）即为有效应力原理的表达式。

在饱和土体中，土中任意点的孔隙水压力对各个方向作用都是相等的，它只能使土颗粒本身产生压缩变形，并不能使土颗粒产生位移，而土颗粒本身的压缩模量很大，故土颗粒本身的压缩量很微小，可忽略不计。此外，水不能承受剪应力，因此孔隙水压力自身的变化也不会引起土的抗剪强度变化，由此可知，孔隙水压力本身并不能使土发生变形和强度的变化。

而土颗粒间的有效应力的作用，会引起土颗粒间的位移，使孔隙体积改变，土体发生压缩变形，同时有效应力的大小也会影响土的抗剪强度。这是土力学区别于其他力学的重要原理之一。对于部分饱和土体，同理可导出有效应力公式为：

$$\sigma'=\sigma-u_a+\chi(u_a-u) \tag{4-32}$$

$$\chi=\frac{A_w}{A}$$

式中 u_a——气体压力；

u——孔隙水压力。

这是毕肖普等提出的，式中χ由试验确定。一般认为有效应力能正确地应用于饱和土，对部分饱和土，由于水、气界面上的表面张力和弯液面的存在，问题较复杂，尚存在一些问题有待深入研究。

饱和土体的有效应力原理可归纳为以下两点：

（1）饱和土体内任一平面上受到的总应力可分为有效应力和孔隙水压力两部分，并且满足$\sigma=\sigma'+u$；

（2）土的变形与强度都只取决于有效应力。

特别指出，在饱和土体中，无论是土的自重应力还是附加应力，均应满足式（4-31）的要求。对自重应力而言，σ为水与土颗粒的总自重应力，u为静水压力，σ'为土的有效自重应力。对于附加应力而言，σ为附加应力，u为超静孔隙水压力，σ'为土的有效应力增量。因此，第2章讨论的土中自重应力实际上就是土的有效自重应力。

2. 渗流对土中有效应力影响

静水条件下，如图4-25（a）所示一土层剖面，ab区为干土区，天然重度为γ_1，地下水位于地面以下深度为h_1处；含水层bc区厚度为h_2，饱和重度为γ_{sat}，则该土层各控制点的总应力σ、孔隙水压力u和有效应力σ'分别为：

a点处：$\sigma=0$，$u=0$，$\sigma'=\sigma-u=0$

b点处：$\sigma=\gamma_1 h_1$，$u=0$，$\sigma'=\sigma-u=\gamma_1 h_1$

c点处：$\sigma=\gamma_1 h_1+\gamma_{sat} h_2$，$u=\gamma_w h_2$，$\sigma'=\sigma-u=\gamma_1 h_1+(\gamma_{sat}-\gamma_w)h_2=\gamma_1 h_1+\gamma' h_2$

式中　γ'——土的有效重度。

由此可见，σ'就是c点处的自重应力，即自重应力实际上就是土的有效自重应力。

渗流条件下，当土体内产生由上而下的渗流时，土层各控制点的总应力σ、孔隙水压力u和有效应力σ'如图 4-25（b）所示；当土体内产生由下而上的渗流时，土层各控制点的总应力σ、孔隙水压力u和有效应力σ'如图 4-25（c）所示。从c点处应力分布可知，土体中自上而下发生渗流时，渗透力与土体重力方向一致，使得土层中有效应力增加；反之，使土层有效应力减小，孔隙水压力增加。

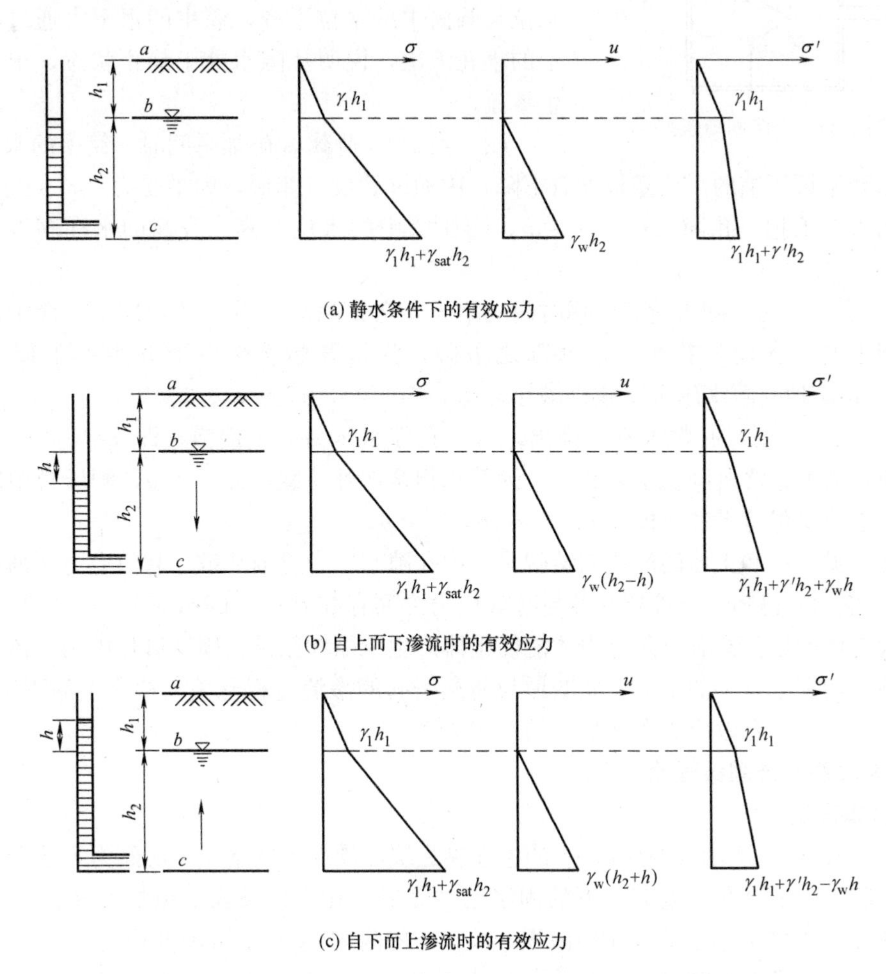

图 4-25　土中静水、渗流时有效应力分布

4.6.2　饱和土的渗流固结模型

饱和土在外荷载作用下某点的渗透固结过程可以用如图 4-26 所示的渗流固结模型演示说明，这就是太沙基（Terzaghi，1925 年）一维渗流固结模型。

该渗流固结模型由一个带有测压管并装满水的圆筒、带孔的活塞板和弹簧组成。其中圆筒代表土的侧限条件、弹簧代表土的固体颗粒骨架，圆筒中的水模拟土中的孔隙水，活塞板上的孔隙象征土的孔隙大小，整个模型表示饱和土体。因为模型中只有固、液两相介质，所以外力增量只能由水和弹簧两者共同承担。设弹簧所承受的应力为有效应力，水所

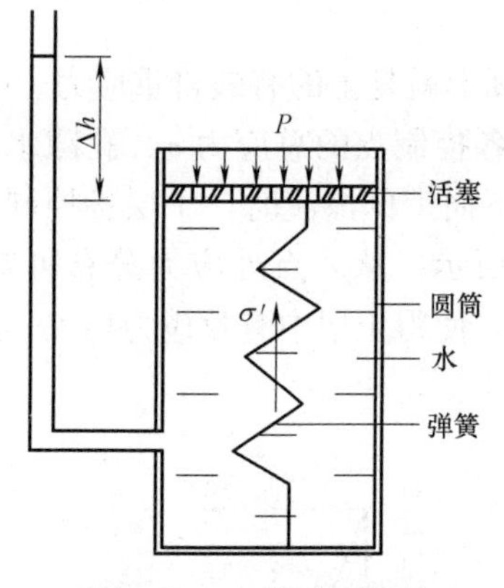

图 4-26 一维固结模型

承担的应力为孔隙水压力 u，根据静力平衡条件有

$$p=\sigma'+u \tag{4-33}$$

因此，利用该模型可以清楚地模拟饱和土的渗流固结过程中孔隙水和土骨架对外荷载引起的附加应力的分担作用以及孔隙水压力和有效应力的转变过程。

试验过程如下：

（1）当活塞板上没有外荷载作用时，测压管中的水位与圆筒中的水位平齐，筒中的水不会通过活塞板上的小孔流出，说明孔隙水处于静止状态，土中未发生渗流。

（2）当 $t=0$ 荷载 p 施加瞬间时，筒中的水来不及排出，水是不可压缩的，活塞板没有下降，因而弹簧没有变形，即不受力，$\sigma'=0$。此时，p 全部由水来承担，孔隙水压力 $u=p$，测压管中的水位升高，升高的水柱高度为 $h=u/\gamma_w=p/\gamma_w$，即 $t=0$，$\sigma'=0$，$u=p$。

（3）当 $t>0$ 时，随着荷载作用时间的增长，在孔隙水压力 u 的作用下，筒中的水通过活塞板上的小孔向外排出，活塞随之下降，弹簧开始发生变形并承担了部分荷载 $\sigma'(>0)$，相应地孔隙水压力 u 逐渐减小，即 $0<t<\infty$，$\sigma'>0$，$u<p$。

（4）当 $t\to\infty$时，孔隙水不断排出，直至孔隙水压力完全消散，即 $u=0$，$h=0$，水不再渗流，活塞最终沉降稳定，此时，弹簧承担全部外荷载，即 $\sigma'=p$，测压管中的水位与圆筒中水位又保持平齐，即 $t\to\infty$，$u=0$，$\sigma'=p$。

由此可见，饱和土体的渗透固结就是土中孔隙水压力逐渐消散、有效应力逐渐增长的过程。由图 4-26 得知，土骨架变形与有效应力之间存在着一一的对应关系，即有效应力增大引起土体变形。只有有效应力才能使土体产生压缩和固结。固结过程中的土体变形是在外荷载作用下土骨架的变形，此变形与荷载引起的渗流过程有关，称为土的固结变形。固结变形与土中的有效应力存在唯一的对应关系。

4.6.3 太沙基一维固结理论

1. 基本假定

如图 4-27（a）所示为厚度为 H 的饱和黏土层，顶面为透水层，底面为不透水和不可压缩层。假设该土层在自重应力下的固结已经完成，在土层顶面上施加大面积均布荷载 p_0，由于土层厚度远小于荷载作用面积，故土中的附加应力 σ_z 沿深度均匀分布，即 $\sigma_z=p_0$。此时，土中孔隙水将产生沿竖直方向由下及上的渗流，土层只发生竖直方向的一维渗透固结。在整个渗透固结过程中，土中的超静孔隙水压力是深度 z 和时间 t 的函数，即 $u=f(z,t)$。为了便于分析土体的固结过程，提出下列基本假定：

（1）荷载是瞬时一次施加的；

（2）土层是均匀和完全饱和的；

（3）土颗粒和水是不可压缩的；

（4）土层仅在竖直方向产生压缩和渗流（水的渗出和土层压缩是单向的）；

（5）土在压缩过程中受压土层的压缩系数 α 为常量；

（6）土中水的渗流符合达西定律，且土的渗透系数 k 为常数。

2. 太沙基一维固结微分方程的建立

在土层表面施加大面积连续均布荷载 p_0 后，通过某一时间后土层中的总应力、孔隙水压力分布如图 4-27（a）所示。现从土层深度为 z 处取一微元土体（断面面积＝1×1，厚度为 $\mathrm{d}z$，土层初始的孔隙比为 e_1），则在此微元体中：

固体颗粒体积 $$V_s=\frac{1}{1+e_1}\mathrm{d}z=\mathrm{const}$$

孔隙体积 $$V_v=eV_s=\frac{e}{1+e_1}\mathrm{d}z \tag{4-34}$$

式中 e_1——土层初始状态孔隙比，常量，由实验测得；

e——土体压缩过程中的孔隙比，变量。

（1）微元体的渗流连续条件

如图 4-27（b）所示，在某时刻 t 流入微元体的水量为 $\left(q+\frac{\partial q}{\partial z}\mathrm{d}z\right)\mathrm{d}t$（$q$ 为单位时间、单位面积的渗流量），流出的微元体的水量为 $q\mathrm{d}t$，则在 $\mathrm{d}t$ 时间内，流经该微元体的水量变化量为：

$$\left(q+\frac{\partial q}{\partial z}\mathrm{d}z\right)\mathrm{d}t-q\mathrm{d}t=\frac{\partial q}{\partial z}\mathrm{d}z\mathrm{d}t \tag{4-35}$$

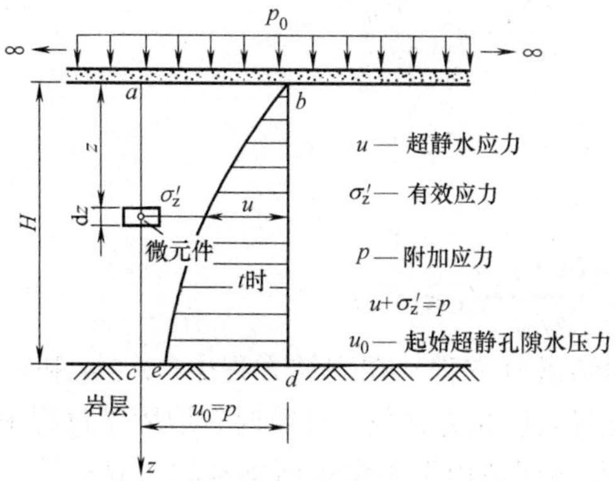

(a) 太沙基一维固结模型 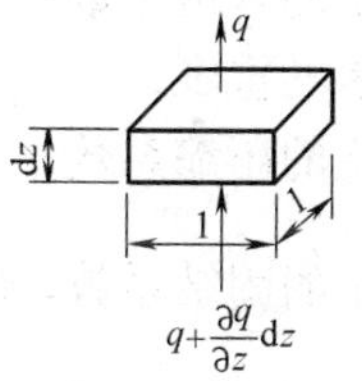　　(b) 饱和土微元件

图 4-27　太沙基一维固结过程

假定土粒和孔隙水都是不可压缩的。根据渗流连续条件可知：在 $\mathrm{d}t$ 时间段内，该微元体排出的水量（水量的变化量）应等于微元体内孔隙体积的变化量，即：

$$\Delta V_v=\Delta q$$

$$\frac{\partial V_v}{\partial t}\mathrm{d}t=\frac{\partial q}{\partial z}\mathrm{d}z\mathrm{d}t \tag{4-36}$$

在 $\mathrm{d}t$ 时间段内，由式（4-34）可知孔隙体积的变化量为：

$$\frac{\partial V_v}{\partial t}\mathrm{d}t=\frac{\partial}{\partial t}\left(\frac{e}{1+e_1}\mathrm{d}z\right)\mathrm{d}t=\frac{1}{1+e_1}\frac{\partial e}{\partial t}\mathrm{d}z\mathrm{d}t \tag{4-37}$$

联立式（4-36）、式（4-37）得：

$$\frac{1}{1+e_1}\frac{\partial e}{\partial t}=\frac{\partial q}{\partial z} \tag{4-38}$$

(2) 微元体的变形条件

因为有效应力与土层的变形之间存在唯一的对应关系，土的压缩定律为：

$$de=-\alpha d\sigma_z' \quad 或 \quad \frac{\partial e}{\partial t}=-\alpha \frac{\partial \sigma_z'}{\partial t} \tag{4-39}$$

假设固结过程中外荷载保持不变，土层中的总应力 p_0 也保持不变，根据有效应力原理，$\sigma_z'=p_0-u$，代入式（4-39）得：

$$\frac{\partial e}{\partial t}=-\alpha \frac{\partial(p_0-u)}{\partial t}=\alpha \frac{\partial u}{\partial t} \tag{4-40}$$

(3) 微元体的渗流条件

根据达西定律得微元体的流量 q：

$$q=vA=kiA=k\frac{\partial h}{\partial z}=\frac{k}{\gamma_w}\times\frac{\partial u}{\partial z} \tag{4-41}$$

将式（4-40）、式（4-41）代入式（4-38）得：

$$\frac{k}{\gamma_w}\frac{\partial^2 u}{\partial z^2}=\frac{\alpha}{1+e_1}\frac{\partial u}{\partial t} \tag{4-42}$$

令 $C_v=\frac{k(1+e_1)}{\alpha\gamma_w}$，称为土的竖向固结系数（$cm^2/s$），得到：

$$\frac{\partial u}{\partial t}=C_v\frac{\partial^2 u}{\partial z^2} \tag{4-43}$$

式中 k——土的渗透系数；

γ_w——水的重度；

α——土的压缩系数；

C_v——土的固结系数，$C_v=\frac{k(1+e_1)}{\alpha\gamma_w}$，$cm^2/s$。

式（4-43）即为太沙基一维固结微分方程。在固结方程中，k、α 和 e 实际上都随有效应力而变化。为了简化，解题时将它们视为常数，计算时宜取固结过程中的平均值，因此固结系数 C_v 也是常数。这一方程不仅适用于假设单面排水的边界条件，也可用于双面排水的边界条件。

3. 一维固结微分方程的求解

利用饱和土的一维固结微分方程可以根据不同的起始条件和边界条件，解得任意深度 z 处土体在任一时间的孔隙水压力 u 的表达式。

如图 4-27（a）所示的起始条件和边界条件如下：

初始条件：$t=0$ 和 $0\leqslant z\leqslant H$ 时，$u=\sigma_z=p_0$（σ_z 为附加应力）；

边界条件：$t>0$ 和 $z=0$ 时，$u=0$；

$0<t<\infty$ 和 $z=H$ 时，因属不透水面，故 $q=0$，$\frac{\partial u}{\partial z}=0$；

$t\to\infty$ 和 $0\leqslant z\leqslant H$ 时，$u=0$。

求得式（4-43）的解为：

$$u_{z,t}=\frac{4}{\pi}p_0\sum_{m=1}^{\infty}\frac{1}{m}\sin\left(\frac{m\pi z}{2H}\right)e^{-m^2\frac{\pi^2}{4}T_v} \tag{4-44}$$

式中　m——正整奇数（1，3，5，…）；

e——自然对数的底数；

H——固结土层中最远的排水距离。当土层为单面排水时，H 取土层的厚度，当土层上下双面排水，水由土层中间向上和向下同时排出，则 H 取土层厚度的一半；

T_v——时间因数，$T_v=\frac{C_v \cdot t}{H^2}$（无量纲）；

t——固结时间。

4.6.4　固结度

1. 固结度

地基土层在一定压力作用下，经过某段时间 t 所产生的固结沉降量 s_t 与最终沉降量 s 的比值称为固结度，用 U_t 表示，即：

$$U_t=\frac{s_t}{s} \tag{4-45}$$

计算土层中某点的固结度对于实际工程来说意义不大，为此引入某一土层的平均固结度。当考虑竖向排水情况，由于饱和土体的固结过程就是孔隙水压力逐渐转化为有效应力的过程，且土体的压缩是由有效应力引起的。因此，某一土层任一时刻 t 的固结度又可用土层中有效应力图面积与最终总应力图面积的比值来表示，称为竖向平均固结度，参见图 4-27（a），则加荷后任意时刻 t 的地基竖向平均固结度为：

$$U_t=\frac{\int_0^H \sigma'_{z,t}\mathrm{d}z}{p_0 H}=\frac{p_0 H-\int_0^H u_{z,t}\mathrm{d}z}{p_0 H}=1-\frac{\int_0^H u_{z,t}\mathrm{d}z}{p_0 H} \tag{4-46}$$

式中　$u_{z,t}$——t 时刻深度 z 处的孔隙水压力；

$\sigma'_{z,t}$——t 时刻深度 z 处的有效应力。

上式表明，固结度反映了地基固结或超静孔隙水压力消散的程度，也就是土中孔隙水压力向有效应力转化过程的完成程度。将式（4-44）代入式（4-46），通过积分并简化便可求得地基土层任一时刻 t 的固结度的表达式为：

$$U_t=1-\frac{8}{\pi^2}\left(e^{-\frac{\pi^2}{4}T_v}+\frac{1}{9}e^{-9\frac{\pi^2}{4}T_v}+\cdots\right) \tag{4-47}$$

式（4-47）中的级数收敛得很快，可只取其第一项进行简化处理，上式可简化为：

$$U_t=1-\frac{8}{\pi^2}e^{-\frac{\pi^2}{4}T_v} \tag{4-48}$$

即 $U_t=f(T_v)$，此式是针对单面排水，起始超静孔隙水压力是均布荷载矩形面积分布情况，即图 4-30（a）中的情况。工程实践中为了便于应用，可根据式（4-48）绘出如图 4-28 所示 U_t-T_v 的曲线（1）。

2. 起始超静孔隙水压力沿土层深度变化的固结度计算

（1）土层单面排水

土层的起始超静孔隙水压力沿土层深度为线性变化，如图 4-30 中单面排水，图 4-30（b）、（c）的起始超静孔隙水压力为三角形，其固结度同理可根据其边界条件，求解微分方程（4-39），并积分得各自的固结度 U_t，并将其绘制在图 4-28 中，如图中曲线（2）、曲线（3）所示。而对于图 4-30（d）、（e）的起始超静孔隙水压力为梯形的固结度 U_t，可利用叠加原理求得。

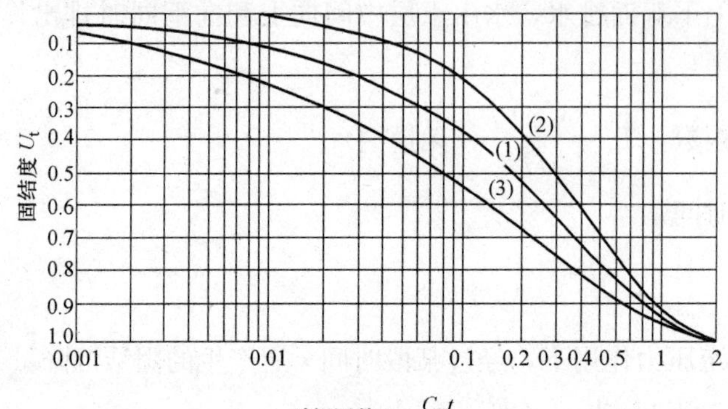

图 4-28　固结度 U_t 与时间因数 T_v 的关系曲线

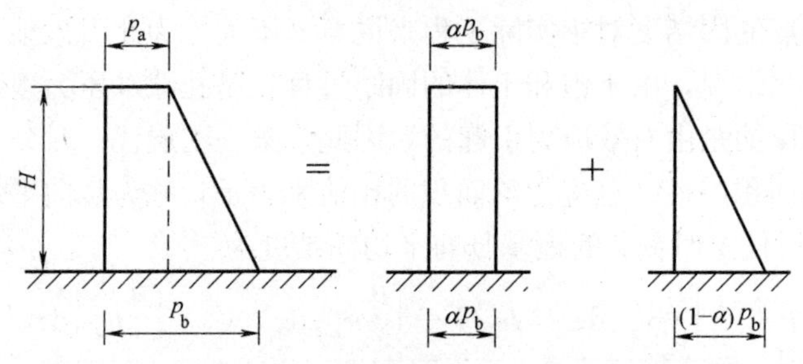

图 4-29　起始超静孔隙水压力梯形分布

对于图 4-30（d）的情况，起始超静孔隙水压力为梯形分布时，可等效为矩形和三角形（图 4-29），其中矩形分布（$\alpha=1$）时固结度为 U_1，三角形分布（$\alpha=0$）时固结度为 U_2，其中 $\alpha=p_a/p_b$。根据式（4-18）和式（4-46）得梯形分布时某一时刻 t 的沉降量为：

$$s_t=U_t s=U_t\frac{p_a+p_b}{2E_s}H=U_t\frac{(1+\alpha)p_b}{2E_s}H \tag{4-49}$$

矩形分布某一时刻 t 的沉降量为：

$$s_{t1}=U_1 s=U_1\frac{p_b}{E_s}H \tag{4-50}$$

三角形分布某一时刻 t 的沉降量为：

$$s_{t2}=U_2 s_2=U_2\frac{(p_b-p_a)}{2E_s}H=U_2\frac{(1-\alpha)p_b}{2E_s}H \tag{4-51}$$

由叠加原理 $s_t=s_{t1}+s_{t2}$，联立式（4-49）～式（4-51）得：

$$U_t=\frac{2\alpha U_1+(1-\alpha)U_2}{(1+\alpha)}H=U_t\frac{(1+\alpha)p_b}{2E_s}H \tag{4-52}$$

实际工程中，作用于饱和土层中的起始超静孔隙水压力分布常根据饱和黏性土层内实际附加应力（对欠固结土包括土层自重应力）的分布和排水条件分成 5 种情况（图 4-30），

其中 $\alpha = p_a / p_b$，p_a 表示土层层顶面的透水处的附加应力；p_b 表示土层不透水处的附加应力。

1）$\alpha = 1$，应力图形为矩形。适用于土层在自重应力作用下的固结已经完成，基础底面积较大而压缩层较薄的情况。

2）$\alpha = 0$，应力图形为三角形。适用于大面积新填土层（饱和时）由于土层自重应力引起的固结；或者由于地下水位下降，在地下水变化范围内，自重应力随深度增加的情况。

3）$\alpha \to \infty$，适用于土层厚，基底面积小，土层底面附加应力已接近于 0 的情况。

4）$\alpha < 1$，适用于土层在自重应力作用下尚未固结，又在其上施加荷载的情况。

5）$\alpha > 1$，适用于土层厚度 $h > b/2$（b 为基础宽度），附加应力随深度增加而减小，但深度 h 处的附加应力大于 0 的情况。

（2）土层双面排水

若土层是双面排水，则不管附加应力分布如何，均按 $\alpha = 1$ 计算，时间因数 T_v 中的 H 以 $H/2$ 代替即可。

由此，地基土层任一时刻的沉降量可按照下列步骤求得：

① 计算地基附加应力沿深度的分布；

② 计算地基最终沉降量；

③ 计算地基土层的竖向固结系数和时间因数；

④ 求解地基固结过程中某一时刻的沉降量，或达到某一沉降量所需的时间。

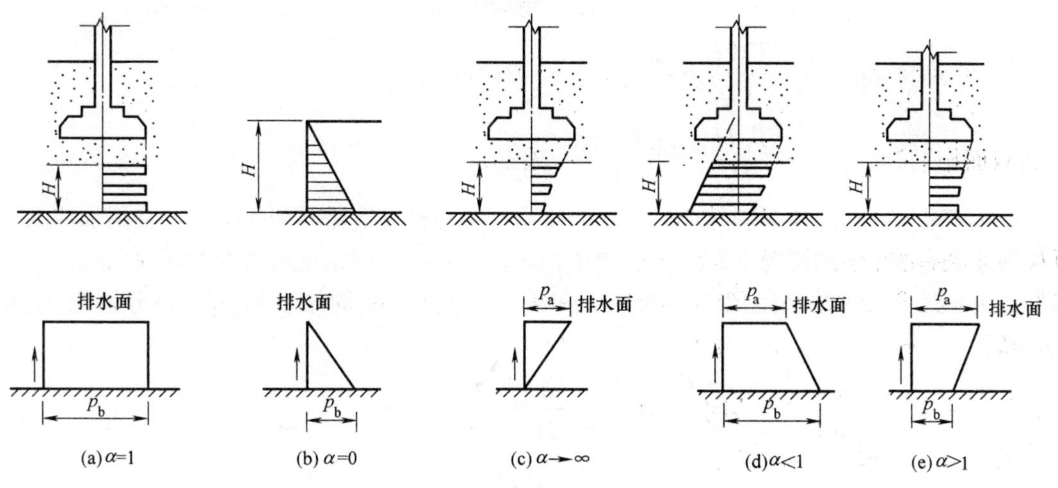

图 4-30　地基中应力的分布图形

【例 4-3】 厚度 10m 的饱和黏土层，其表面作用有大面积均布荷载 $p = 150\text{kPa}$。已知该土层的初始孔隙比 $e = 0.8$，压缩系数 $\alpha = 0.3\text{MPa}^{-1}$，渗透系数 $k = 1.8\text{cm/y}$，求黏性土在单面排水及双面排水条件下：

（1）该黏土层的最终固结沉降量；

（2）加荷 1 年后的沉降量；

（3）固结度达到 90%时所需的时间。

解：（1）黏土层的最终固结沉降量

大面积荷载作用下，黏土层中附加应力沿深度是均布的，即 $\sigma_z = p = 150$

黏土层的最终固结沉降量：$s=\dfrac{\alpha\sigma_z}{1+e}h=\dfrac{0.3\times0.15}{1+0.8}\times10000=250$

（2）加荷 1 年后沉降量

黏土层的固结系数 C_v：$C_v=\dfrac{k(1+e)}{\alpha\gamma_w}=\dfrac{1.8\times10^{-2}\times(1+0.8)}{0.3\times10^{-3}\times10}=10.8\text{m}^2/\text{a}$

当单面排水时，时间因数：$T_v=\dfrac{C_vt}{H^2}=\dfrac{10.8\times1}{10^2}=0.108$

$$U_t=1-\frac{8}{\pi^2}e^{-\frac{\pi^2}{4}T_v}=1-\frac{8}{\pi^2}e^{-\frac{\pi^2}{4}\times0.108}=0.379=37.9\%$$

则加荷 1 年后的沉降量为：$s_t=0.379\times250=94.75\text{mm}$

当双面排水时，时间因数 $T_v=\dfrac{C_vt}{H^2}=\dfrac{10.8\times1}{5^2}=0.432$

$$U_t=1-\frac{8}{\pi^2}e^{-\frac{\pi^2}{4}T_v}=1-\frac{8}{\pi^2}e^{-\frac{\pi^2}{4}\times0.432}=0.72=72\%$$

则加荷 1 年后的沉降量为：$s_t=0.72\times250=180\text{mm}$

（3）固结度达到 90%

将 $U_t=90\%$ 代入 $U_t=1-\dfrac{8}{\pi^2}e^{-\frac{\pi^2}{4}T_v}$ 得：

$$T_v=0.85$$

当单面排水时：$t=\dfrac{T_vH^2}{C_v}=\dfrac{0.85\times10^2}{10.8}=7.87y$

当双面排水时：$t=\dfrac{T_vH^2}{C_v}=\dfrac{0.85\times5^2}{10.8}=1.97y$

由此可知，达到同一固结度时，双面排水比单面排水所需时间短得多。在附加应力分布及排水条件相同的情况下，两土层性质相同，达到同一固结度所需的时间只取决于时间因数。若两土层的排水距离分别为 H_1 和 H_2，达到相同固结度所需时间分别为 t_1 和 t_2，则：

$$T_v=\frac{C_vt_1}{H_1^2}=\frac{C_vt_2}{H_2^2}$$

$$\frac{t_1}{t_2}=\frac{H_1^2}{H_2^2}$$

上式表明，土层性质相同而厚度不同的两层土，当附加应力分布和排水条件相同时，达到同一固结度所需时间之比等于两层土最大排水距离平方之比。增加排水途径、减少排水距离可有效减少固结沉降的时间。

思考题

4-1　土体压缩的实质是什么？

4-2　反映土的压缩性指标有哪些？如何获得？

4-3 压缩系数 α 是否是一个定值？定义 $\alpha_{1\text{-}2}$ 进行土的压缩性划分的工程意义是什么？

4-4 压缩模量与变形模量有何异同？二者之间有什么关系？

4-5 分层总和法计算原理是什么？

4-6 单向分层总和法与《建筑地基基础设计规范》中的推荐方法有何异同？

4-7 土层应力历史对土的压缩性有何影响？

4-8 什么是先期固结压力？如何确定先期固结压力？

4-9 如何判定土体是正常固结土、超固结土和欠固结土？

4-10 简述土的有效应力原理。饱和土的一维固结过程中，土的有效应力和孔隙水压力是如何变化的？

4-11 太沙基的单向渗透固结理论的基本假设有哪些？

4-12 饱和土体一维渗透固结微分方程的表达式、初始条件和边界条件是什么？

4-13 运用土力学知识解释为什么地下水位下降会引起地面沉降？

习　题

4-1 某土样进行室内压缩试验，环刀高度 $h_0=20\text{mm}$。切取一原状土样，测得试样含水率为 35%，$\gamma=19\text{kN/m}^3$，土粒相对密度 $d_s=2.7$。当试样在 $p_1=100\text{kPa}$ 时，稳定压缩量是 $s_1=0.8\text{mm}$，$p_2=200\text{kPa}$ 时，稳定压缩量是 $s_2=1\text{mm}$，试求：(1) 试样的孔隙比 e_0、e_1、e_2；(2) 压缩系数 $\alpha_{1\text{-}2}$，压缩模量 $E_{1\text{-}2}$；(3) 评价土的压缩性。

[参考答案：(1) $e_0=1.92$，$e_1=1.8$，$e_2=1.77$；(2) $\alpha_{1\text{-}2}=0.3\text{MPa}^{-1}$，$E_{1\text{-}2}=9.3\text{MPa}$；(3) 中等压缩]

4-2 如图 4-31 所示条形基础宽度 $b=2.0\text{m}$，荷载 $F_k=1200\text{kN/m}$，基础埋置深度为 1.0m，地下水位在基底下 1.0m，其中填土重度 $\gamma=18.2\text{kN/m}^3$，粉质黏土 $\gamma=19.0\text{kN/m}^3$，$d_x=2.7$，$w=30\%$，淤泥质土 $\gamma=17.8\text{kN/m}^3$，$d_y=2.72$，$w=42\%$。地基土层压缩试验成果见表 4-8，试用分层总和法计算基础中点处的沉降量。

[参考答案：$s=990.7\text{mm}$]

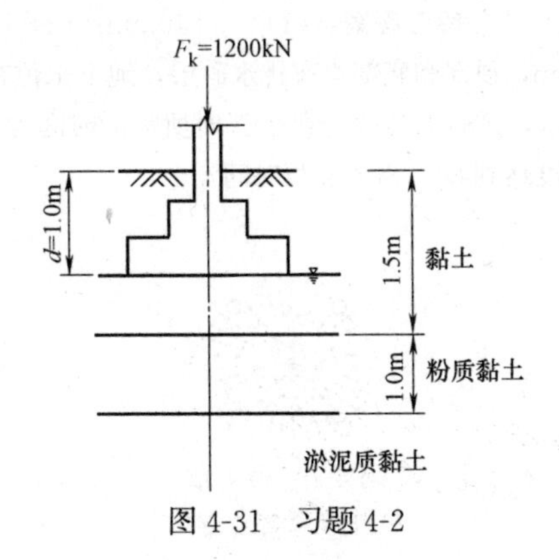

图 4-31 习题 4-2

e-p 压缩试验数据 　　　　**表 4-8**

压力值 p(kPa) / 孔隙比 e	0	50	100	200	400
填土	0.780	0.720	0.697	0.663	0.640
粉质黏土	0.875	0.812	0.785	0.742	0.721
淤泥质土	1.05	0.942	0.886	0.794	0.698

4-3　已知条件同习题 4-2，试用规范法计算基础中点处的沉降量（取 $\psi_s=1.1$）。

［参考答案：$s=474.5$mm］

4-4　如图 4-32 所示，测得 a 点的前期固结压力 $p_c=180$kPa，试判断该土层天然固结状态。

［参考答案：$OCR=0.82<1$，欠固结土］

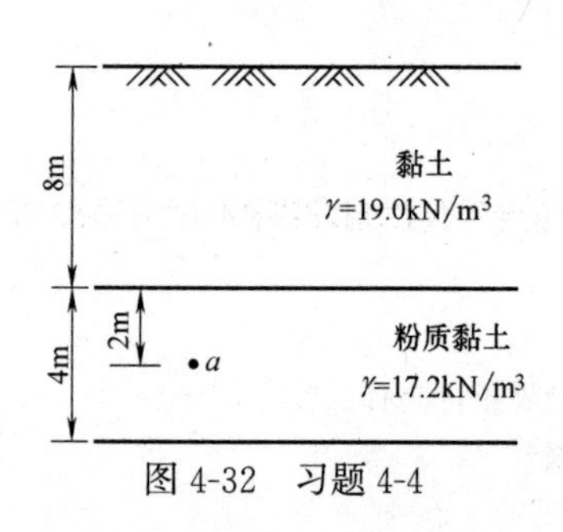

图 4-32　习题 4-4

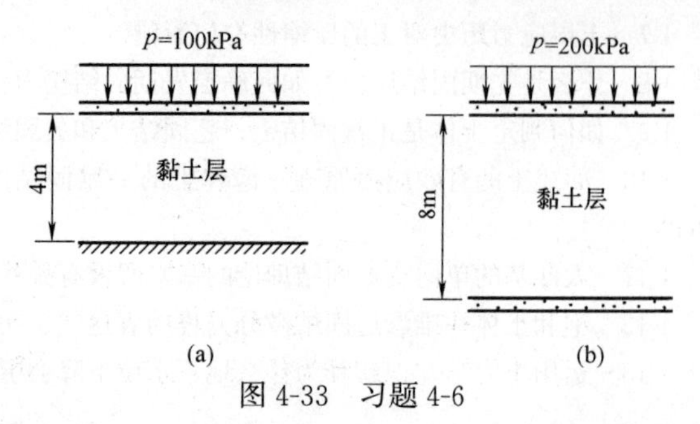

图 4-33　习题 4-6

*4-5　地表下有一层 10m 厚的黏土层，饱和重度 $\gamma_{sat}=18$kN/m^3，地下水位在地表处，双面排水，已知土的固结系数 $C_v=4.54\times10^{-3}$cm^2/s，若地面瞬时施加一无限均布荷载 $p_0=50$kPa，计算 100 天后地面下 5m 深处总的有效应力和孔隙水压力各为多少（$u_{z,t}$ 只考虑一项 $m=1.0$）？

［参考答案：$\sigma'=46.77$kPa，$u_z=93.23$kPa］

4-6　如图 4-33 所示，两个性质相同的黏性土层，问：（1）这两个黏土层达到同一固结度 70%时，所需时间是否相同？为什么？（2）达到同一固结度 70%时，二者压缩量是否相同，为什么？

［参考答案：（1）时间相同；（2）压缩量不同］

4-7　某地基中一饱和黏土层厚 6m，顶底面均为粗砂层，底部为不透水的坚硬岩层。黏土层的初始孔隙比 $e=1.0$，压缩系数 $\alpha=0.4$MPa^{-1}，渗透系数 $k=1.8$cm/y。若在地面上作用大面积均布荷载 $p_0=200$kPa，试求：（1）黏土层的最终固结沉降量；（2）加荷 1 年后的沉降量；（3）加荷多久沉降量达到 15cm？

［参考答案：（1）$s=240$mm；（2）$s_t=134.4$mm；（3）$t=1.25$ 年］

*4-8　有一黏土层，厚度 6m，顶部和底部均有排水砂层，地下水位在黏土层的顶面。取该土层进行固结试验，试样高 2cm，双面排水，试验固结度达到 80%时所需的时间为 10min。若在黏土层顶面瞬间施加无限均布荷载，则黏土层固结度达到 80%需要多长时间？

［参考答案：$t=156.25$d］

码 4-7　第 4 章
习题参考答案

第 5 章　土的抗剪强度理论

5.1　土的抗剪强度

码 5-1　土的抗剪强度

5.1.1　土的抗剪强度

在建筑外荷载作用下，地基土内部产生法向应力与剪应力，在法向应力作用下土体产生压缩变形，而在剪应力作用下会产生剪切变形，与此同时，土体内也会引起抵抗剪切变形的阻力。大量的工程实践表明，土体的破坏大多数是剪切破坏。这主要是由于土颗粒自身的强度远大于颗粒间的连接强度，在外力作用下，土颗粒会最先沿接触处互相错动而发生剪切破坏，剪应力对土的破坏起到控制作用。土的强度通常是指土的抗剪强度，即土体在外荷载作用下抵抗剪切破坏的极限能力，用 τ_f 表示。

当土中一点某一截面的剪应力达到土的抗剪强度（$\tau=\tau_f$）时，它将沿着剪应力方向产生相对滑动，即该点发生剪切破坏。随着荷载增加，剪切破坏的范围逐渐扩大，在土体中形成连续的滑动面，最终导致一部分土体沿着某一截面相对于另一部分土体产生滑动。

与土的抗剪强度有关的工程问题主要表现在以下三个方面，如图 5-1 所示。

（1）挡土结构物破坏，即土压力问题。如挡土墙、地下室等周围的土体，它的破坏将造成对墙体侧向土压力增大，可能导致这些建筑物发生滑动、倾覆等事故，如图 5-1（a）所示。

（2）滑坡问题。如土坝、路堤等填方边坡以及天然土坡（包括挖方边坡）等的滑坡失稳问题，如图 5-1（b）所示。

（3）地基破坏，即地基承载力问题。如果基础下地基土体承载力不足，会出现地基整体失稳，造成建筑物的破坏或出现影响其正常使用的事故，如图 5-1（c）所示。

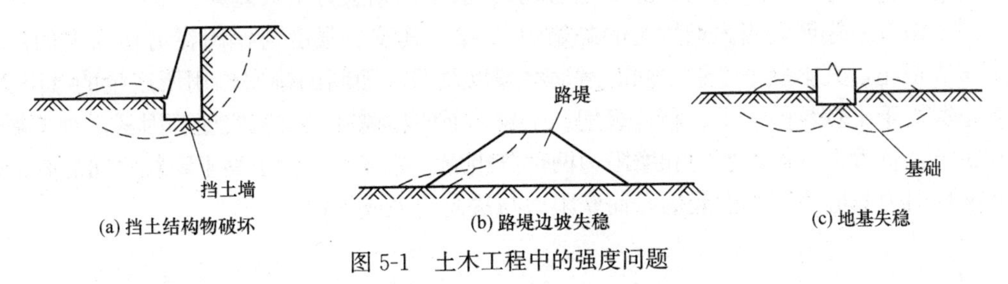

图 5-1　土木工程中的强度问题

5.1.2　库仑定律

码 5-2　库仑定律及工程应用

土的抗剪强度与土的组成、结构、含水率、孔隙比等密切相关。土的抗剪强度需通过试验确定，法国科学家库仑对砂土进行剪切试验，试验装置如图 5-2 所示。试验时，将土样装在有开缝的上、下刚性金属盒中。先在土样上施加一个法向力 P，然后固定上盒，施加水平力 T，推动下盒，让土样在预定的上、下盒的接触面处受剪，直到破坏。破坏时，剪切面上的剪应力即为土的抗剪强度 τ_f。

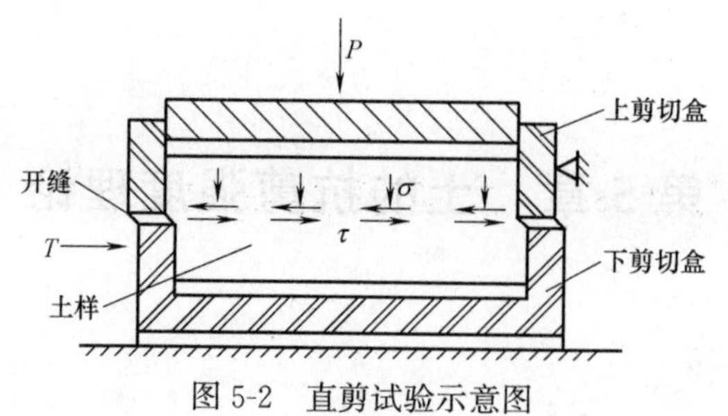

图 5-2　直剪试验示意图

取 n 个相同的土样进行试验，对每一试样施加不同的垂直荷载 P，得到相应的抗剪强度 τ_f。试验结果表明，土的抗剪强度不是常量，而是随作用在剪切面上的法向应力 σ 增大而增大。

1776 年法国科学家库仑通过砂土直剪试验，总结土的破坏现象和影响因素，提出了砂土的抗剪强度表达式：

$$\tau_f=\sigma\tan\varphi \tag{5-1}$$

后来，库仑又通过试验提出了黏性土的抗剪强度表达式：

$$\tau_f=\sigma\tan\varphi+c \tag{5-2}$$

式中　τ_f——剪切破坏面上的剪应力，即土的抗剪强度（kPa）；

σ——破坏面上的法向应力（kPa）；

c——土的黏聚力（kPa），对于无黏性土，$c=0$；

φ——土的内摩擦角（°）。

式（5-1）和式（5-2）表明土的抗剪强度是剪切面上的法向应力的线性函数，统称为库仑定律，分别用图 5-3（a）、（b）表示。由图 5-3 可知，内摩擦角 φ 是抗剪强度线与水平线的夹角，黏聚力 c 是抗剪强度线在纵坐标轴的截距。c、φ 是决定土的抗剪强度的两个指标，称为土的抗剪强度指标（抗剪强度参数），其值与法向应力无关。对于同一种土，在相同的试验条件下 c、φ 为常数，但是试验方法不同则会有很大差异。

图 5-3（a）表明，当无黏性土的黏聚力 $c=0$，其抗剪强度与作用在剪切面上的法向应力 σ 成正比，其本质是土粒之间的滑动摩擦以及凹凸面间的镶嵌作用所产生的摩阻力，其大小取决于土颗粒的大小、颗粒级配、土粒表面的粗糙度以及密实度等因素。对于黏性土和粉土，抗剪强度由黏聚力和摩阻力两部分组成。黏聚力是由于黏土颗粒之间的胶结作用和电场引力效应等因素引起的，而摩阻力与法向应力成正比。

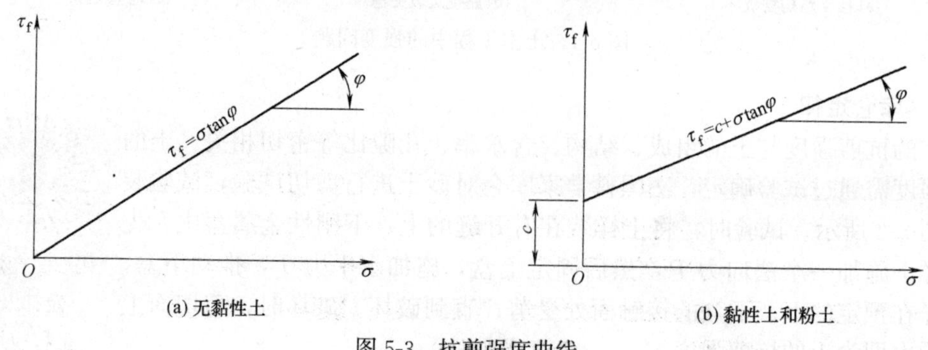

图 5-3　抗剪强度曲线

与一般固体材料不同，土的抗剪强度不是常数，而是与剪切面上的法向应力相关，随着法向应力的增大而增大。同时，许多土的抗剪强度线并非都呈直线状，而是随着应力水平有所变化。应力水平较高时，抗剪强度线往往呈非线性的曲线形状。但实践证明，在一般压力范围内，抗剪强度采用这种直线关系是能够满足工程精度要求的。对于高压力作用的情况，抗剪强度则不能采用简单的直线表示。

根据有效应力原理，只有有效应力的变化才能引起强度的变化，即有效应力与土的抗剪强度存在唯一对应关系，土的抗剪强度应表示为剪切破坏面上法向有效应力的函数，用公式表示如下：

$$\tau_{\mathrm{f}}=\sigma' \tan\varphi' + c' \tag{5-3}$$

式中 σ'——剪切面上的法向有效应力（kPa）；

c'——土的有效黏聚力（kPa）；

φ'——土的有效内摩擦角（°）。

由此可见，土的抗剪强度有两种表达方式：一种是总应力式表达，抗剪强度采用式(5-2)，称为抗剪强度总应力法，相应抗剪强度指标 c、φ 称为总应力抗剪强度指标；另一种是有效应力式表达，抗剪强度采用式（5-3），相应抗剪强度指标 c'、φ'称为有效应力抗剪指标。因有效应力抗剪强度概念明确、指标稳定，符合土的抗剪强度破坏机理。但为确定有效法向应力，需要量测孔隙水压力 u，但实际工程中很难量测孔隙水压力。总应力抗剪强度与土体强度、变形特性不能成唯一对应关系，不符合土的强度机理，但便于工程应用，应用时要结合工程实际考虑。

5.2 土的莫尔-库仑强度理论

5.2.1 莫尔-库仑强度理论

1. 莫尔强度理论

1910 年莫尔提出材料的破坏是剪切破坏的理论，认为当任一平面上的剪应力等于材料的抗剪强度时，该点就发生剪切破坏，并且在破裂面上，法向应力 σ 与抗剪强度 τ_{f} 之间存在着一定的函数关系，即

$$\tau_{\mathrm{f}}=f(\sigma) \tag{5-4}$$

这个函数所定义的曲线如图 5-4 所示，称为莫尔破坏包线（或抗剪强度包线）。莫尔破坏包线反映了材料受到不同应力作用达到极限状态时滑动面上的法向应力 σ 与剪应力 τ_{f} 的关系。

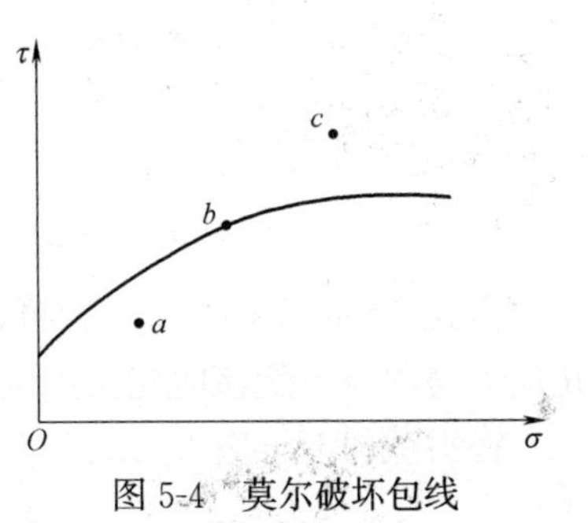

图 5-4 莫尔破坏包线

2. 莫尔-库仑强度理论

一般的土，在应力变化范围不是很大的情况下，莫尔破坏包线可以近似用库仑公式来表示，即土的抗剪强度与法向应力呈线性函数的关系。这种以库仑公式表示莫尔破坏包线的强度理论称为莫尔-库仑强度理论。

如果已知在某一平面上作用的法向应力 σ 以及剪应力 τ，则根据 τ 与抗剪强度 τ_{f} 的对比关系，可能有以下三种情况：

$\tau < \tau_f$，在莫尔破坏包线以下，弹性平衡状态，如图 5-4 中 a 点；

$\tau = \tau_f$，在莫尔破坏包线上，极限平衡状态（临界状态），即当土单元体中有一个面的剪应力等于抗剪强度时，该单元体即进入趋于破坏的临界状态，称为极限平衡状态，如图 5-4 中 b 点。

$\tau > \tau_f$，在莫尔破坏包线以上，破坏状态，如图 5-4 中 c 点，在工程实际中是不存在的。

5.2.2 莫尔应力圆

码 5-3 莫尔应力圆

当土体中某点任一平面上的剪应力等于土的抗剪强度时，该点即进入极限平衡状态。为此，必须研究土中任意一点的应力状态，这里以平面应变问题为例进行分析。根据材料力学的结论，土中任意一点 M 的应力状态可用它的三个应力分量 σ_x、σ_y、σ_z 表示，也可由这一点的主应力分量 σ_1、σ_3 表示。若 σ_x、σ_z 和 τ_{xz} 已知时，则大、小主应力分别为：

$$\frac{\sigma_1}{\sigma_3}=\frac{\sigma_z+\sigma_x}{2}\pm\sqrt{\left(\frac{\sigma_z-\sigma_x}{2}\right)^2+\tau_{xz}^2} \tag{5-5}$$

如图 5-5 所示，在土中取一微单元体，设作用在该微元体上的最大主应力 σ_1 和最小主应力 σ_3，在微元体内与大主应力呈任意角 α 的 AC 斜截面上有正应力 σ 和剪应力 τ，为此建立 σ、τ 与 σ_1、σ_3 之间的关系，取微元体 ABC 为隔离体，如图 5-5（b）所示，忽略微元体自身的重量，将各力分别在 AC 平面的法向方向与切线方向投影，根据静力平衡条件可得：

法线方向：

$$\sigma\cdot AC=\sigma_1\cdot BC\cdot\cos\alpha+\sigma_3\cdot AB\cdot\sin\alpha$$

$$\sigma=\sigma_1\cdot\frac{BC}{AC}\cdot\cos\alpha+\sigma_3\cdot\frac{AB}{AC}\cdot\sin\alpha=\sigma_1\cos^2\alpha+\sigma_3\sin^2\alpha$$

经换算后可得：

$$\sigma=\frac{\sigma_1+\sigma_3}{2}+\frac{\sigma_1-\sigma_3}{2}\cos2\alpha \tag{5-6}$$

切线方向：

$$\tau\cdot AC=\sigma_1\cdot BC\cdot\sin\alpha-\sigma_3\cdot AB\cdot\cos\alpha$$

$$\tau=\sigma_1\cdot\frac{BC}{AC}\cdot\sin\alpha-\sigma_3\cdot\frac{AB}{AC}\cdot\cos\alpha=\sigma_1\cdot\cos\alpha\cdot\sin\alpha-\sigma_3\cdot\sin\alpha\cdot\cos\alpha$$

经换算后可得：

$$\tau=\frac{\sigma_1-\sigma_3}{2}\sin2\alpha \tag{5-7}$$

由式（5-5）和式（5-6）可知，当单元体的大小主应力确定时，则单元体中任一面上正应力与剪应力随该面与大主应力作用面夹角 α 的变化而变化。

将斜截面上正应力（式 5-6）与剪应力公式（式 5-7）整理，并消去 α，可得到：

$$\left(\sigma-\frac{\sigma_1+\sigma_3}{2}\right)^2+\tau^2=\left(\frac{\sigma_1-\sigma_3}{2}\right)^2 \tag{5-8}$$

式（5-8）即为圆的方程，圆心坐标 $\left(\frac{\sigma_1+\sigma_3}{2},\ 0\right)$，半径为 $\frac{\sigma_1-\sigma_3}{2}$，该圆称为莫尔应力

圆，如图 5-5（c）所示。应力圆上的任一点的纵、横坐标代表了与大主应力作用面呈某一夹角 α 的斜截面上的正应力 σ 与剪应力 τ，因此，莫尔应力圆就可以表示土中任意一点的应力状态。

如果给定了土的抗剪强度指标 c、φ 以及土中某点的应力状态，则可将抗剪强度包线与莫尔应力圆绘制在同一坐标图上，如图 5-6 所示。抗剪强度包线与莫尔应力圆之间的关系有以下三种情况。

（1）相离（圆 a）：整个莫尔应力圆位于抗剪强度线的下方，说明该点在任意平面上的剪应力都小于土的抗剪强度，土体处于弹性平衡状态。

（2）相切（圆 b）：莫尔应力圆与抗剪强度线相切（切点为 A），切点 A 所代表平面上的剪应力正好等于抗剪强度，即该点处于极限平衡状态，该莫尔应力圆也称为极限应力圆。

（3）相割（圆 c）：说明该点已经破坏，实际上该应力圆所代表的应力状态是不存在的，因为该点任何方向上的剪应力 τ 不可能超过土的抗剪强度 τ_f。

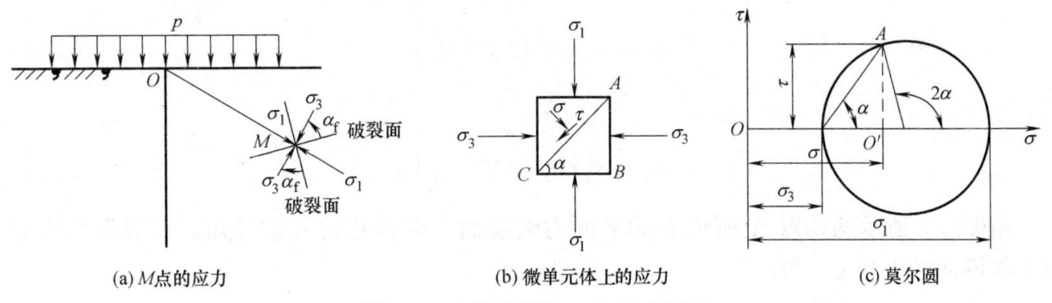

图 5-5　土体中任意一点 M 的应力

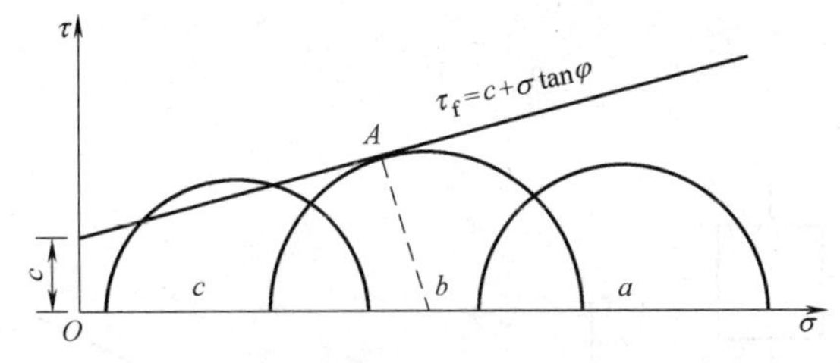

图 5-6　莫尔应力圆与抗剪强度包线的关系

5.2.3　土中一点的极限平衡条件（莫尔-库仑破坏准则）

土体中某点处于极限平衡状态时的应力条件称为极限平衡条件。根据图 5-7 所示极限应力圆与土的抗剪强度包线直剪的几何关系，可推出黏性土的极限平衡条件。

码 5-4　莫尔-库仑破坏准则

当土体处于极限平衡状态时，极限应力圆与抗剪强度包线相切，如图 5-7 所示，由直角三角形 ABO_1 可知：

$$\sin\varphi = \frac{AO_1}{BO_1} = \frac{\frac{\sigma_1 - \sigma_3}{2}}{\frac{\sigma_1 + \sigma_3}{2} + c \cdot \cot\varphi} = \frac{\sigma_1 - \sigma_3}{\sigma_1 + \sigma_3 + 2c \cdot \cot\varphi} \tag{5-9}$$

将式（5-9）经三角函数关系变换后，得到：

$$\sigma_1=\sigma_3\frac{1+\sin\varphi}{1-\sin\varphi}+2c\sqrt{\frac{1+\sin\varphi}{1-\sin\varphi}}$$

根据三角函数证明：

$$\frac{1+\sin\varphi}{1-\sin\varphi}=\tan^2\left(45°+\frac{\varphi}{2}\right)$$

整理可得，黏性土的极限平衡条件为：

$$\sigma_{1f}=\sigma_3\tan^2\left(45°+\frac{\varphi}{2}\right)+2c\tan\left(45°+\frac{\varphi}{2}\right) \tag{5-10}$$

或

$$\sigma_{3f}=\sigma_1\tan^2\left(45°-\frac{\varphi}{2}\right)-2c\tan\left(45°-\frac{\varphi}{2}\right) \tag{5-11}$$

式（5-10）、式（5-11）即为土的极限平面条件，称为莫尔-库仑破坏准则。对于无黏性土，取 $c=0$，其平衡条件简化为：

$$\sigma_{1f}=\sigma_3\tan^2\left(45°+\frac{\varphi}{2}\right) \tag{5-12}$$

或

$$\sigma_{3f}=\sigma_1\tan^2\left(45°-\frac{\varphi}{2}\right) \tag{5-13}$$

由图 5-7 所示的切点 A 所代表的平面为破裂面，根据几何关系可知，破裂面与大主应力作用面的夹角 α_{cr} 为：

$$2\alpha_{cr}=90°+\varphi$$

即破裂角为：

$$\alpha_{cr}=45°+\frac{\varphi}{2} \tag{5-14}$$

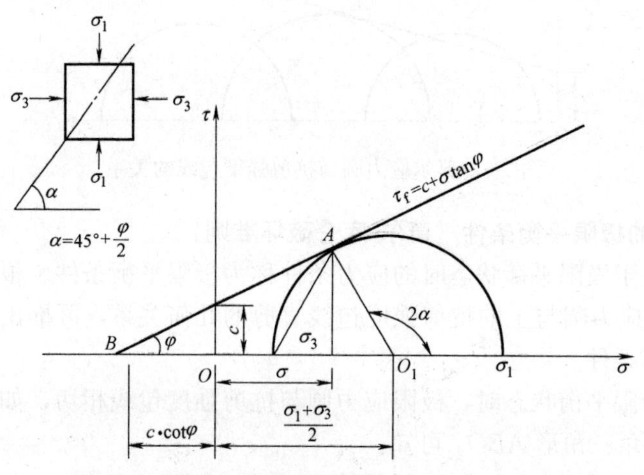

图 5-7　土体中一点处于极限平衡状态时的摩尔圆

需要说明的是，由于土的抗剪强度取决于有效应力，式（5-14）中的 φ 取 φ' 才能得到实际的破裂角。

5.2.4 莫尔-库仑破坏准则应用

码 5-5 莫尔-库仑破坏准则应用

已知土体所受应力和土的抗剪强度指标，利用莫尔-库仑破坏准则可以判断该单元体处于何种应力状态。例如已知土体内某一点的主应力为 σ_1、σ_3，土的抗剪强度指标 c、φ。判断土体的应力状态方法如下：

1. 假定 σ_3＝常数，将 σ_3 代入式（5-10）计算与 σ_3 对应极限状态的 σ_{1f}，将计算结果 σ_{1f} 与 σ_1 比较如下（图 5-8a）：

$\sigma_1 < \sigma_{1f}$，弹性平衡状态；

$\sigma_1 = \sigma_{1f}$，极限平衡状态；

$\sigma_1 > \sigma_{1f}$，破坏状态。

2. 假定 σ_1＝常数，将 σ_1 代入式（5-11）计算与 σ_1 对应极限状态的 σ_{3f}，将计算结果 σ_{3f} 与 σ_3 比较如下（图 5-8b）：

$\sigma_3 < \sigma_{3f}$，破坏状态；

$\sigma_3 = \sigma_{3f}$，极限平衡状态；

$\sigma_3 > \sigma_{3f}$，弹性平衡状态。

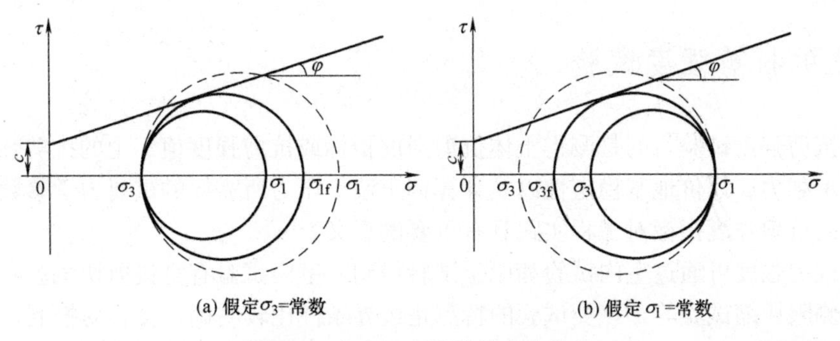

图 5-8 土中一点所处的应力状态

【例 5-1】 已知地基中某一点土体所受的最大主应力为 σ_1＝600kPa，最小主应力 σ_3＝200kPa，作用面主法线方向为水平向，土的抗剪强度指标 φ＝20°，c＝15kPa。（1）绘制该点莫尔应力圆；（2）计算该点最大剪应力值及其作用方向；（3）判断该点处于何种应力状态；（4）计算剪切破坏面上的剪应力与正应力。

解：（1）建立坐标系，按比例在横坐标轴上

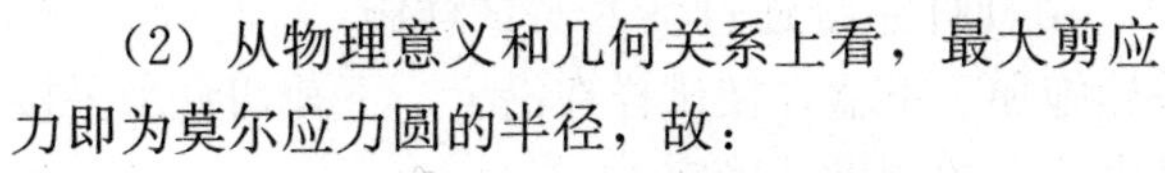

绘制 σ_1、σ_3，以 $\sigma_1-\sigma_3$ 为直径，$\left(\dfrac{\sigma_1+\sigma_3}{2}, 0\right)$ 为圆心坐标画圆，即为代表该点应力状态的莫尔应力圆，如图 5-9 实线所示。

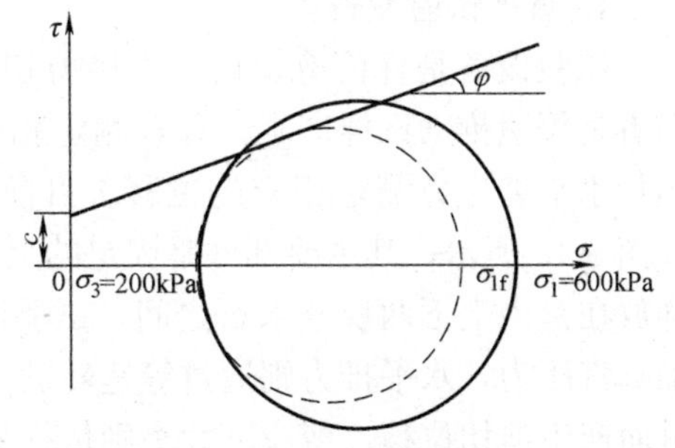

图 5-9 例 5-1 莫尔应力圆

（2）从物理意义和几何关系上看，最大剪应力即为莫尔应力圆的半径，故：

$$\tau_{max}=\frac{\sigma_1-\sigma_3}{2}=\frac{600-200}{2}=200\text{kPa}$$

τ_{max} 的作用面与大主应力作用面的夹角为 45°，这与式（5-7）计算的 τ_{max} 结果是一致的。

(3) $\sigma_{1f}=\sigma_3\tan^2\left(45°+\frac{\varphi}{2}\right)+2c\tan\left(45°+\frac{\varphi}{2}\right)$

$$=200\times\tan^2\left(45°+\frac{20°}{2}\right)+2\times15\times\tan\left(45°+\frac{20°}{2}\right)=450.9\text{kPa}<\sigma_1=600\text{kPa}$$

土体处于破坏状态

(4) 剪切破裂面与大主应力作用面的夹角：$\alpha_{cr}=45°+\frac{\varphi}{2}=55°$

剪切破坏面上剪应力：

$$\tau=\frac{\sigma_1-\sigma_3}{2}\sin2\alpha=\frac{600-200}{2}\sin2\times55°=187.94\text{kPa}$$

剪切破坏面上正应力：

$$\sigma=\frac{\sigma_1+\sigma_3}{2}+\frac{\sigma_1-\sigma_3}{2}\cos2\alpha=\frac{600+200}{2}+\frac{600-200}{2}\cos2\times55°=331.6\text{kPa}$$

此外，按已知条件在 τ-σ 坐标平面内作抗剪强度线和莫尔应力圆，通过两者的位置关系也可确定该点所处的状态。

5.3 土的抗剪强度试验

土的抗剪强度试验目的是测得土体抗剪强度指标或抗剪强度值。土的抗剪强度指标是计算地基承载力、评价地基稳定性以及计算挡土墙土压力所需要的重要力学参数，因此正确测定土的抗剪强度指标对工程实践具有重要的意义。

土的抗剪强度可通过室内试验和原位试验得到。室内试验有直接剪切试验、三轴压缩试验和无侧限压缩试验等，该类试验的特点是边界条件比较明确，且容易控制，但室内试验必须从现场采取试样，在取样的过程中不可避免地引起应力释放和土的结构扰动。原位测试试验的优点是试验直接在现场原位进行，不需取试样，因而能够更好地反映土的结构和构造特性；在饱和软黏土中常用的原位试验是十字板剪切试验。本节将这些方法作一些简要介绍。

5.3.1 直接剪切试验

1. 直剪试验设备

试验设备是直接剪切仪，直接剪切仪分为应变控制式和应力控制式，前者是等速推动试样产生位移，测定相应的剪应力；后者则是对试样分级施加水平剪应力测定相应的位移。目前我国普遍采用应变控制式直剪仪，如图 5-10 所示，其主要部件是固定的上剪切盒和可活动的下剪切盒，将试样放在盒内上下两块透水石之间，试验时，由杠杆系统通过活塞对试样施加垂直压力，水平推力则通过等速转动手轮施加于下盒，使试样在沿上、下剪切盒水平接触面产生剪切位移。剪应力大小则依据量力环上的测微计确定。

码 5-6 直剪试验

2. 直剪试验原理

对试样施加恒定的法向应力，使试样发生剪切变形，直至破坏，以获得试样的剪应力。直剪仪在等速剪切过程中按固定时间间隔测读一次试样剪应力大小，由此绘制出一定

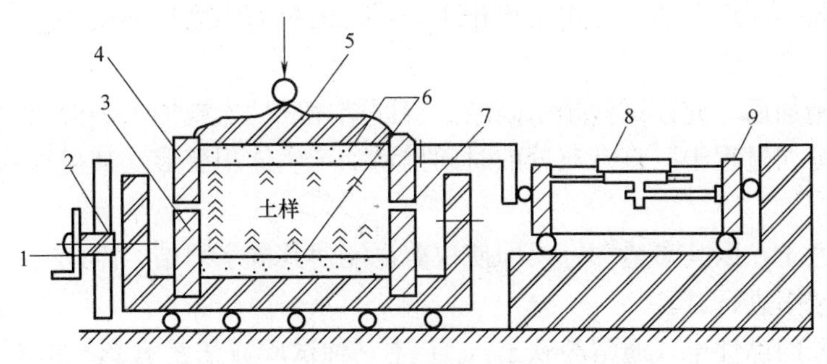

图 5-10　应变控制式直剪仪

1—手轮；2—螺杆；3—下盒；4—上盒；5—传压板；
6—透水石；7—开缝；8—测微计；9—弹性量力环

法向应力 σ 下的试样剪切位移 λ 与剪应力 τ 的关系曲线，如图 5-11（a）所示。一般以曲线的峰值应力作为试样在该竖向应力作用下的抗剪强度 τ_f，若无峰值时，可取剪切位移 4mm 时所对应的剪应力为抗剪强度 τ_f。

为了确定土的抗剪强度指标，至少取 4 组相同的试样，对各个试样施加不同的竖向应力，然后进行剪切，得到相应的抗剪强度。一般可取竖向应力为 100kPa、200kPa、300kPa、400kPa，将试验结果绘制在以竖向应力 σ 为横轴、以抗剪强度 τ_f 为纵轴的平面图上，通过各试验点绘制一条直线，即为抗剪强度包线，如图 5-11（b）所示。抗剪强度包线与水平线的夹角为试样的内摩擦角 φ，在纵轴的截距为试样的黏聚力 c。

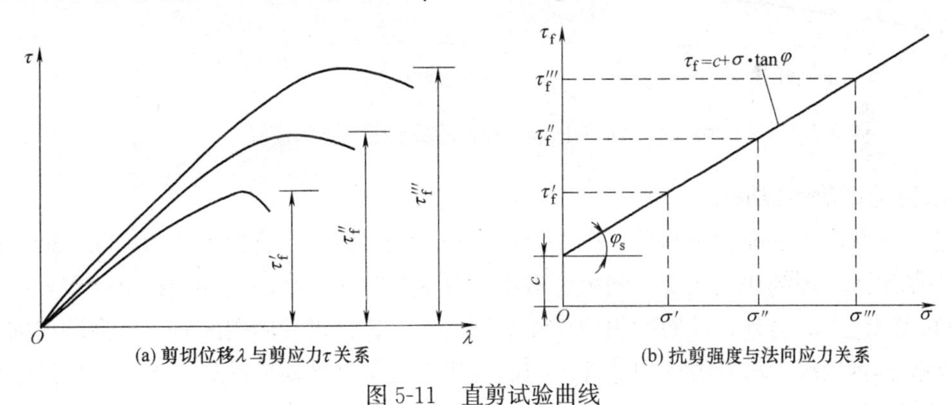

图 5-11　直剪试验曲线

3. 直剪试验分类

排水条件对土的抗剪强度有很大影响，为了在直剪试验中能模拟土体现场的排水条件，通过控制排水条件和加荷速率快慢，将直剪试验分为：

（1）快剪

竖向应力施加后，立即施加水平剪力进行剪切，同时剪切速率也很快。如《土工试验方法标准》规定，要使试样在 3～5min 内剪坏。由于剪切速率快，可以认为土样在此过程中没有排水固结，即模拟了“不排水”剪切的情况，得到的抗剪强度指标用 c_q、φ_q 表示。

（2）固结快剪

竖向应力施加后，给出充分时间让试样排水固结。固结完成后再进行快速剪切，其剪切速率与快剪相同，即剪切过程中不再排水，得到的抗剪强度指标用 c_{cq}、φ_{cq} 表示。

（3）慢剪

竖向应力施加后，允许试样排水固结。待固结完成后，施加水平剪应力，剪切速率放慢，使试样在剪切过程中一直有充分的时间排水和产生体积变形。其得到的抗剪强度指标用 c_s、φ_s 表示。

对于无黏性土，因其渗透性好，即使快剪也能使其排水固结。因此，对无黏性土一律采用一种加荷速率进行试验。

对正常固结的黏性土（通常为软土），上述三种试验方法是有意义的。因为在竖向应力和剪应力作用下，黏性土样都被压缩，所以通常在一定应力范围内，快剪的抗剪强度 τ_q 最小，固结快剪的抗剪强度 τ_{cq} 有所增大，而慢剪抗剪强度 τ_s 最大，即对于正常固结土$\tau_q<\tau_{cq}<\tau_s$。

如图 5-12 所示是正常固结黏性土直剪试验三种方法得到的抗剪强度线。

饱和软黏土的渗透性较差，所以快剪试验得到的内摩擦角 φ_q 很小。我国沿海地区饱和软黏土的 φ_q 一般在 0°～5°之间。

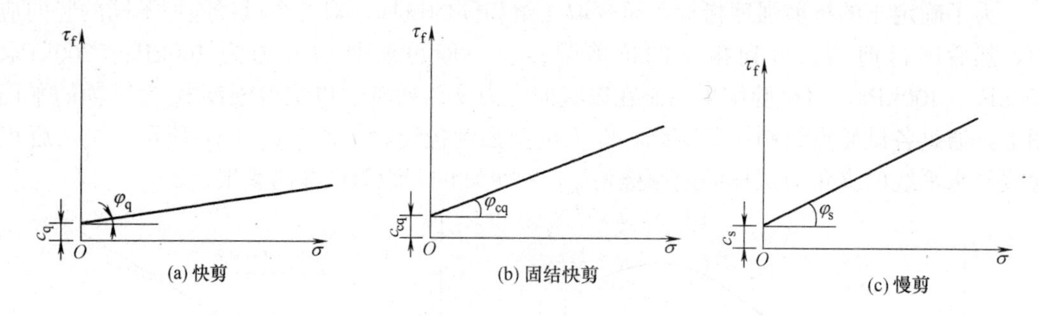

图 5-12　直剪试验三种试验方法的抗剪强度线

4. 直剪试验的优缺点

直剪试验由于仪器设备简单，操作方便，在工程实践中一直应用较为广泛。这种试验的试件厚度薄，固结快，试验时间短。对于需要很长时间固结的黏性细粒土，用直剪试验有着突出的优点。另外，试验所用的仪器盒刚度大，试件没有侧向膨胀，根据试件的竖向变形量就能直接算出试验过程中试件体积的变化，也是这种仪器的优点之一。但是这种仪器也存在如下缺点：

（1）剪切面限定为上下盒直剪的接触面上，而该平面并非是试样抗剪最弱的剪切面，这可能造成测得结果偏大。

（2）剪切过程中试样内的剪应变和剪应力分布不均匀。试样剪破时，靠近剪力盒边缘的应变最大，而试样中间部位的应变相对小得多；同时剪切面附近的应变又大于试样顶部和底部的应变。因此，试样内的剪应力分布不均匀。

（3）剪切过程中，土样剪切面逐渐减小，而在计算抗剪强度时却按土样的原截面积计算。

（4）试验不能严格控制试件的排水条件，不能量测试样中的孔隙水压力，因而只能根据剪切速率大致模拟实际工程中土体的工作情况，使试验结果不够理想。

5.3.2 三轴压缩试验

1. 试验设备和试验原理

码 5-7 三轴压缩试验

三轴压缩试验是目前测定土体抗剪强度指标较为完善的仪器。常用的试验设备是应变控制式三轴仪，三轴压缩仪的构造如图 5-13 所示。它由压力室、周围压力系统、轴向加载系统、孔隙水压力量测系统等组成。其核心部分是三轴压力室，周围压力系统通过水对试样施加周围压力，轴压系统用来对试样施加轴向压力，并可控制轴向应变的速率。

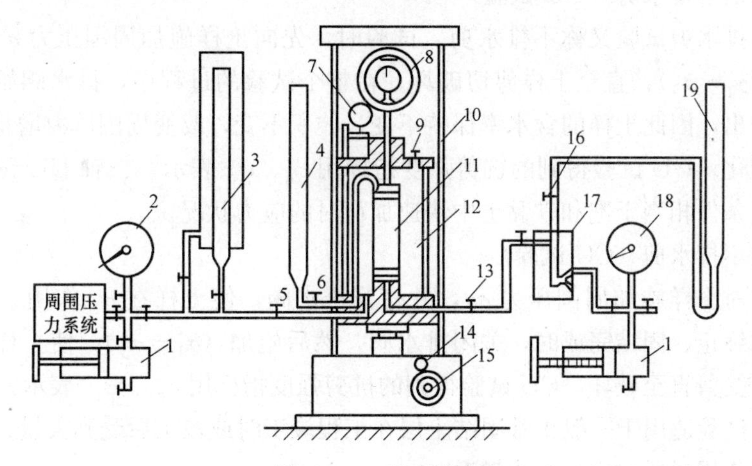

图 5-13 三轴压缩仪

1—调压筒；2—周围压力表；3—体变管；4—排水管；5—周围压力阀；6—排水阀；7—变形量表；8—量力环；9—排气孔；10—轴向加压设备；11—试样；12—压力室；13—孔隙压力阀；14—离合器；15—手轮；16—量管阀；17—零位指示器；18—孔隙水压力表；19—量管

试验过程如下：

① 将制备好的圆柱形试样放入压力室，用橡皮膜密封；

② 安装压力室，向压力室注水，该土样受到围压 σ_3 作用；

③ 然后通过压力室顶部的活塞杆在试样上施加一个轴向压力 $\Delta\sigma$（$\Delta\sigma=\sigma_1-\sigma_3$，称为偏差应力），逐渐加大轴向压力（$\sigma_1-\sigma_3$）值而 σ_3 维持不变，直至土样被剪切破坏，如图 5-14（b）所示。根据作用于试样上的围压 σ_3 和破坏时的轴向力（$\sigma_{1f}-\sigma_3$）绘制极限应力圆，如图 5-14（c）中实线圆所示。

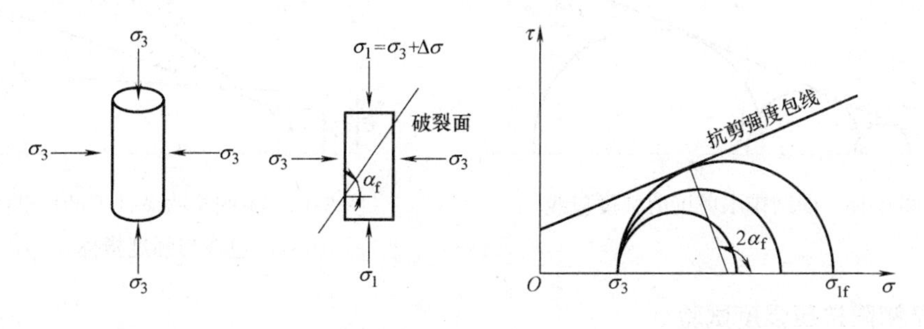

图 5-14 三轴压缩试验原理

④ 同一种土样取至少 3 个试样，分别施加围压 100kPa、200kPa、300kPa，重复步骤①～③，可得三个极限莫尔应力圆，则三个莫尔应力圆公切线即为土的抗剪强度线，抗剪强度线与水平轴夹角为内摩擦角 φ，与纵轴的截距为黏聚力 c。

2. 三轴压缩试验类型

按照剪切前的固结程度和剪切时的排水条件，将常规三轴试验分为以下三种试验方法。

（1）不固结不排水剪（UU 试验）

不固结不排水剪试验又称不排水剪。试验时，先向土样施加周围压力 σ_3，然后立即施加轴向力（$\sigma_1-\sigma_3$），直至土样剪切破坏。在整个试验的过程中，排水阀始终关闭，不允许土中水排出，因此土样的含水率保持不变，体积不变，改变周围压力增量只能引起孔隙水压力的变化。UU 试验得到的抗剪强度指标用 c_u、φ_u 表示。三轴 UU 试验方法所对应的实际工程条件相当于饱和软黏土中快速加荷时的应力状况。

（2）固结不排水剪（CU 试验）

试验时先对土样施加周围压力 σ_3，并打开排水阀，使土样在 σ_3 作用下充分排水固结。土样排水终止、固结完成时，关闭排水阀，然后施加（$\sigma_1-\sigma_3$），使土样在不能向外排水的条件下受剪直至破坏。CU 试验得到的抗剪强度指标用 c_{cu}、φ_{cu} 表示。

三轴 CU 试验适用于一般正常固结土层在工程竣工时或竣工后受到大量、快速的活荷载或新增荷载作用时所对应的受力情况。

（3）固结排水剪（CD 试验）

固结排水剪三轴试验又称排水剪。在围压 σ_3 和（$\sigma_1-\sigma_3$）施加的过程中，打开排水阀门，让土样始终处于排水固结状态。固结稳定后，放慢（$\sigma_1-\sigma_3$）加荷速率，从而使土样在剪切过程中充分排水，土样在孔隙水压力始终为零的情况下达到剪切破坏。用这种试验方法测得的抗剪强度称为排水强度，相应的抗剪强度指标为排水强度指标 c_d 和 φ_d。如图 5-15 所示为一组排水剪三轴试验结果。

试验证明，同一种土采用上述三种不同的三轴试验方法所得强度包线的形状及其相应的强度指标不相同，其大致形态与关系如图 5-16 所示。

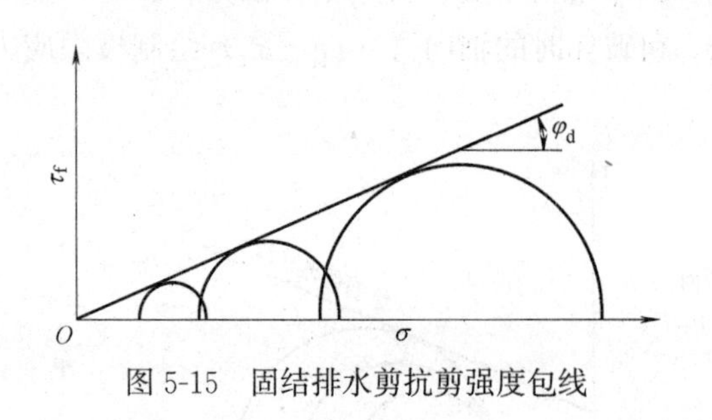

图 5-15　固结排水剪抗剪强度包线

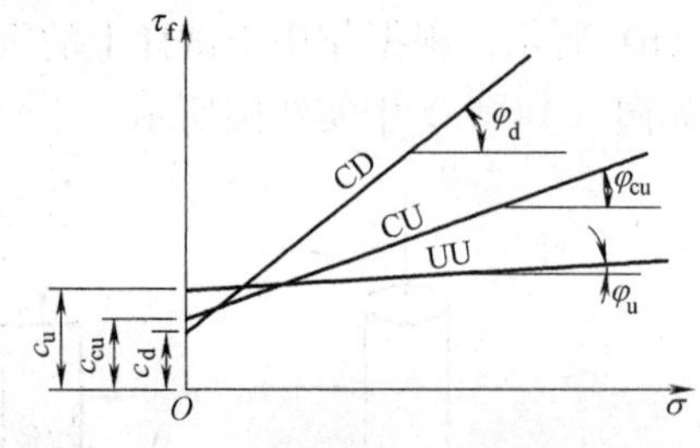

图 5-16　不同排水条件下的抗剪强度包线与强度指标

5.3.3　无侧限抗压强度试验

无侧限抗压强度试验实际上是三轴试验中 $\sigma_3=0$ 的一种特殊情况。试验所用土样仍为圆柱状。试验时，对试样不施加周围应力 σ_3，仅施加轴向力 σ_1，因此土样在侧向不受限制，可以任意变形。由于无黏性土在无侧限条件下难以成形，该试验主要适用于黏性土。

因为该试验不能改变周围压力，所以只能测得一个通过原点的极限应力圆，得不到抗剪强度包线。试验中土样的受力状况如图 5-17（a）所示，试验所得的极限应力圆如图 5-17（b）所示。

码 5-8　无侧限抗压强度试验

土样剪切破坏时的轴向力用 q_u 表示，即 $\sigma_3=0$，$\sigma_1=q_u$，q_u 称为无侧限抗压强度。

对于饱和软黏土，其在不固结不排水条件下的破坏包线近似是一条水平直线，即 $\varphi=0$，所以由无侧限抗压强度 q_u 即可推算出饱和黏性土的不排水抗剪强度，即：

$$\tau_f=c_u=q_u/2 \tag{5-15}$$

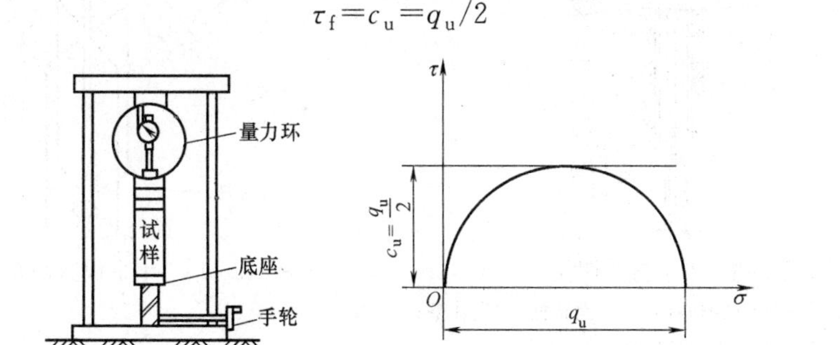

(a) 试验装置示意图　　(b) 极限应力圆

图 5-17　无侧限抗压强度试验

需要强调的是，采用该试验方法的土样在取土过程中受到扰动，原位应力被释放，因此该试验测得的不排水强度并不能完全代表土样的原位不排水强度。一般而言，它低于原位不排水强度。

无侧限抗压强度试验还用来测定黏性土的灵敏度。其方法是将已做完无侧限抗压强度试验的原状土样结构彻底破坏，并迅速重塑成与原状土样同体积的重塑试样，并再次进行无侧限抗压强度试验。这样，可以保证重塑土样含水率与原状土样相同，并且土的强度没有因为触变性部分恢复。如果土样扰动前、后的无侧限抗压强度分别为 q_u、q_u'，则该土样的灵敏度 S_t 为：

$$S_t=\frac{q_u}{q_u'} \tag{5-16}$$

式中　q_u——原状土样的无侧限抗压强度（kPa）；

q_u'——重塑土样的无侧限抗压强度（kPa）。

5.3.4　十字板剪切试验

十字板剪切试验是比较常用的一种现场原位测试试验。由于该试验无须钻孔取得原状土样而使土少受扰动，试验时土的排水条件、受力状况等与实际条件十分接近，故该试验通常用于测定难以取样和高灵敏度的饱和软黏土的原位不排水剪切强度。

试验仪器采用十字板剪切仪。十字板剪切仪主要由板头、加力装置和量测设备三部分组成。试验装置如图 5-18 所示。

试验通常在现场钻孔内进行，先将钻孔钻进至要求测试的深度以上 750mm 左右，清理孔底后，将十字板插到预定测试深度，然后在地面上以一定的转速对它施加扭力矩，使板内的土体与其周围土体发生剪切，形成一个高为 H、直径为 D 的圆柱形剪切面。剪切面上的剪应力随扭矩的增加而增加，直到最大扭矩时，土体沿圆柱面破坏，剪应力达到土的抗剪强度。因此，只要测出其相应的最大扭矩，根据力矩平衡关系，即可推算圆柱形剪切环面上土的抗剪强度。十字板剪切试验原理如图 5-19 所示。

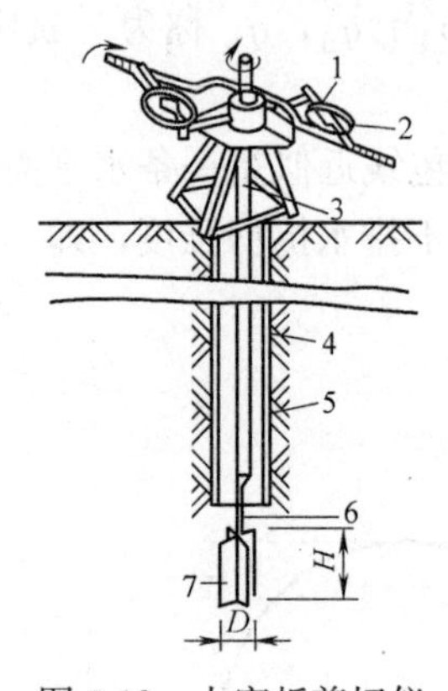

图 5-18　十字板剪切仪

1—刻度盘；2—应力环扭转柄；3—回转杆；4—孔壁；
5—套筒；6—十字板轴杆；7—十字板

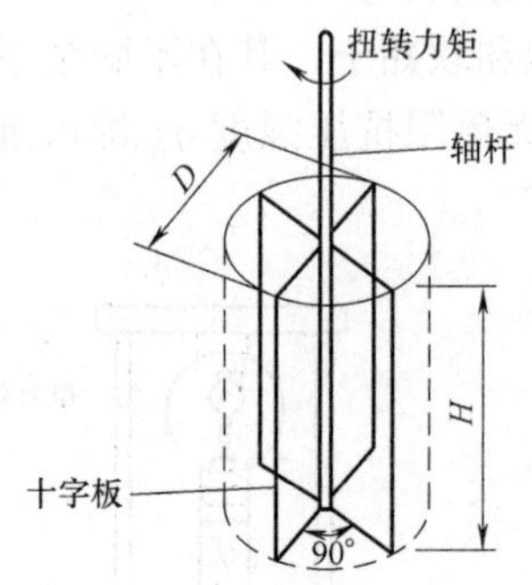

图 5-19　十字板剪切原理

分析土的抗剪强度与扭矩的关系，实际上最大扭矩 $M_{\max}$ 由两部分组成，其中 M_1 是柱体上、下面的抗剪强度对圆心所产生的抗扭力矩，M_2 是圆柱面上的剪应力对圆心所产生的抗扭力矩，则有：

$$M_{\max}=M_1+M_2=2\left(\frac{\pi D^2}{4}\times l\times\tau_{\mathrm{fh}}\right)+\pi DH\times\frac{D}{2}\times\tau_{\mathrm{fv}} \tag{5-17}$$

式中　l——圆柱体上、下面剪应力对圆心的平均力臂，取 $l=\frac{2}{3}\left(\frac{D}{2}\right)=\frac{D}{3}$（m）；

τ_{fh}——水平面上的抗剪强度（kPa）；

τ_{fv}——竖直面上的抗剪强度（kPa）；

D、H——十字板板头的直径与高度（m）。

假定土为各向同性体，即 $\tau_{\mathrm{fh}}=\tau_{\mathrm{fv}}$，则抗剪强度 τ_{f} 与扭矩 M 的关系为：

$$M_{\max}=\pi\tau_{\mathrm{f}}\left(\frac{D^3}{6}+\frac{D^2H}{2}\right) \tag{5-18}$$

即

$$\tau_{\mathrm{f}}=\frac{2M_{\max}}{\pi D^2\left(\frac{D}{3}+H\right)} \tag{5-19}$$

由十字板剪切试验在现场测得的土的抗剪强度相当于不排水抗剪强度，因此其结果应与无侧限抗压强度试验的结果接近，即

$$\tau_{\mathrm{f}}=\frac{q_{\mathrm{u}}}{2} \tag{5-20}$$

5.4 孔隙压力系数

1954 年，英国斯肯普顿教授根据三轴压缩试验，给出了孔隙压力与周围压力和偏应力的关系式，并提出了反映这一关系的孔隙压力系数的概念。

图 5-20 表示试样在不排水条件下孔隙压力的变化。在三轴压缩试验中，试样先承受围压 σ_0 固结稳定，以模拟试样的原始应力状态，此时，孔隙水压力 $u_0=0$。由于外荷载作用时试样在原始应力状态下受到的大、小主应力增量为 $\Delta\sigma_1$、$\Delta\sigma_3$，这一过程在三轴试验中是分两个阶段来实现的，即先使试样承受周围压力增量 $\Delta\sigma_3$，然后在周围压力不变的条件下施加应力（$\Delta\sigma_1-\Delta\sigma_3$）。试验在不排水条件下进行时，$\Delta\sigma_3$ 和（$\Delta\sigma_1-\Delta\sigma_3$）的施加引起的孔隙水压力增量分别为 Δu_1 和 Δu_2。

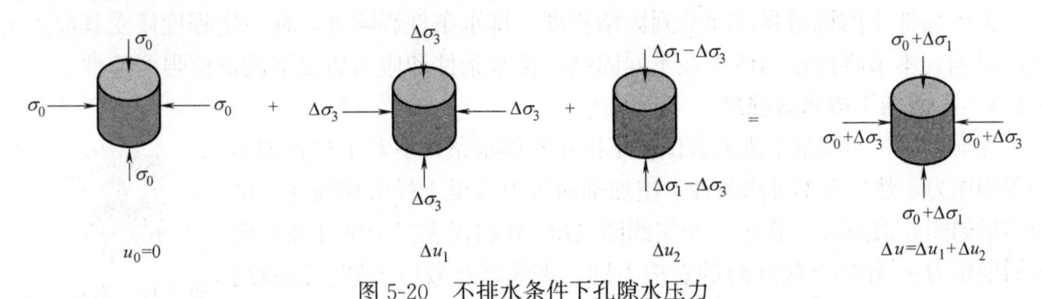

图 5-20 不排水条件下孔隙水压力

孔隙水压力的增量为：

$$\Delta u=\Delta u_1+\Delta u_2 \tag{5-21}$$

码 5-9 孔隙压力系数

总的孔隙水压力为：

$$u=u_0+\Delta u=\Delta u \tag{5-22}$$

将 Δu_1 与 $\Delta\sigma_3$ 之比定义为孔隙应力系数 B，即：

$$B=\frac{\Delta u_1}{\Delta\sigma_3} \tag{5-23}$$

式中 B——在各向相等围压下的孔隙压力系数；该系数是反映试样在各向相等围压下，孔隙水压力变化情况的指标。

由于孔隙水和土粒被认为是不可压缩的，因此饱和黏性土的不固结不排水试验中，试样在周围压力增量下将不发生竖向和侧向变形，所以周围压力增量完全由孔隙水压力承担，$\Delta u_1=\Delta\sigma_3$，故 $B=1$；当土为完全干燥时，周围压力增量完全由土骨架承担，$\Delta u_1=0$，故 $B=0$；在非饱和土体中，B 介于 0～1 之间。

将 Δu_2 与 $B(\Delta\sigma_1-\Delta\sigma_3)$ 之比定义为孔隙应力系数 A，即：

$$A=\frac{\Delta u_2}{B(\Delta\sigma_1-\Delta\sigma_3)} \tag{5-24}$$

式中 A——在偏差应力作用下的孔隙压力系数。A 值随偏差应力增量变化呈非线性变化，其与土的种类、应力历史有关。

用孔隙压力系数表示各向相等围压下、偏差应力引起的孔隙水压力为：

$$\Delta u_1=B\Delta\sigma_3 \quad \Delta u_2=AB(\Delta\sigma_1-\Delta\sigma_3) \tag{5-25}$$

将式（5-25）代入式（5-22）得围压和偏差应力共同作用下引起的孔隙水压力：

$$u=B[\Delta\sigma_3+A(\Delta\sigma_1-\Delta\sigma_3)] \tag{5-26}$$

对于饱和土 $B=1$，在不固结不排水试验中，孔隙水压力为：

$$\Delta u=\Delta\sigma_3+A(\Delta\sigma_1-\Delta\sigma_3) \tag{5-27}$$

在固结不排水试验中，由于试样在 $\Delta\sigma_3$ 作用下排水固结，则 $\Delta u_1=0$，于是

$$\Delta u=A(\Delta\sigma_1-\Delta\sigma_3) \tag{5-28}$$

在固结排水试验中，从始至终孔隙水压力等于零，所以有

$$\Delta u=0 \tag{5-29}$$

5.5 饱和黏性土的抗剪强度

饱和黏性土的抗剪强度除受到固结程度、排水条件影响外，在一定程度还受其应力历史的影响，本节将讨论黏性土在不同固结、排水条件和应力历史下的抗剪强度特性。

5.5.1 不固结不排水剪强度

如前所述，不固结不排水剪试验是指在不排水条件下对土样施加不同周围压力，然后在不排水条件下施加轴向压力直至土样剪切破坏。试验结果如图 5-21 所示，图中三个实线圆 *ABC* 分别代表三个试件在不同的周围压力 σ_3 作用下破坏时的总应力圆，虚线是有效应力圆。试验结果表明，虽然三个试样的周围压力 σ_3 不同，但剪切破坏时主应力差相同，表现为三个总应力圆直径相同，所以抗剪强度包线是一条水平线，即：

码 5-10 饱和黏性土的抗剪强度

$$\varphi_u=0 \tag{5-30}$$

$$c_u=\frac{\sigma_1-\sigma_3}{2} \tag{5-31}$$

式中 φ_u——不排水内摩擦角（°）；

c_u——不排水抗剪强度（kPa）。

此外，在试验中若分别量测试样破坏时的孔隙水压力 u_f，试验结果用有效应力表示，则三个试样的总应力圆得到同一个有效应力圆，并且有效应力圆的直径与三个总应力圆的直径相等，如图 5-21 中的虚线圆所示。这是因为在不排水条件下，饱和黏性土的孔隙压

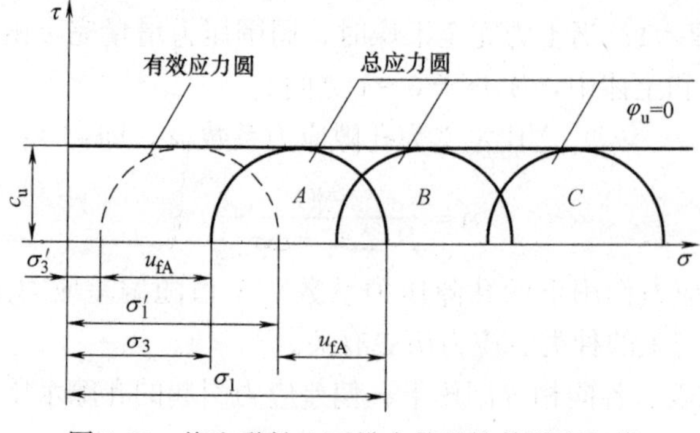

图 5-21 饱和黏性土不排水剪的抗剪强度包线

力系数 $B=1$，试样在试验过程中含水率不变，体积不变，改变周围压力增量只能引起孔隙水压力的变化，并不会改变试样中的有效应力，各试样在剪切前的有效应力相同，周围压力的差异并未引起土体结构和组成等方面的变化，因此抗剪强度不变。

需要说明的是，不固结不排水剪切试验中的“不固结”是指在三轴压力室内不再固结，而试样仍保持着原有的现场有效固结压力不变。如果饱和黏性土从未固结过，其将是一种泥浆状的土，抗剪强度必然为零。一般从天然土层中钻取的试样，相当于在某一压力下已经固结，具有一定的天然强度。从以上分析可知，c_u 值反映的正是试样原始有效固结压力作用所产生的强度。

5.5.2 固结不排水剪强度

饱和黏性土在剪切过程中的性状和抗剪强度在一定程度上受到应力历史的影响，因此在研究黏性土的固结不排水强度时，要区别试样是正常固结土还是超固结土。

在三轴试验中，常用 σ_c 来模拟历史上曾对试样所施加的先期固结压力。因此，当试样所受到的周围压力 $\sigma_3<\sigma_c$ 时，试样就处于超固结状态；反之，当 $\sigma_3>\sigma_c$ 时，试样处于正常固结状态。试验结果表明，两种不同固结状态的试样在剪切试验中的孔隙水压力和体积变化规律完全不同，其抗剪强度特性也不一样。

试验时，饱和黏性土试样在周围压力 σ_3 作用下充分排水固结，$u_1=0$，然后在不排水条件下施加偏应力剪切破坏，试样中的孔隙水压力 $u_1=A(\sigma_1-\sigma_2)$。对于正常固结土剪切时体积有减小的趋势（剪缩），由于不允许排水，会产生正的孔隙水压力。超固结土试样在剪切时体积有增加的趋势（剪胀），在开始剪切时只出现微小的正孔隙水压力，随后孔隙水压力下降，趋于负值。

如图 5-22 所示为正常固结饱和黏性土的 CU 试验结果。图中实线表示总应力圆和总应力破坏包线，虚线为有效应力圆和有效应力破坏包线，u_f 为剪切破坏时的孔隙水压力。由图 5-22 所示得：

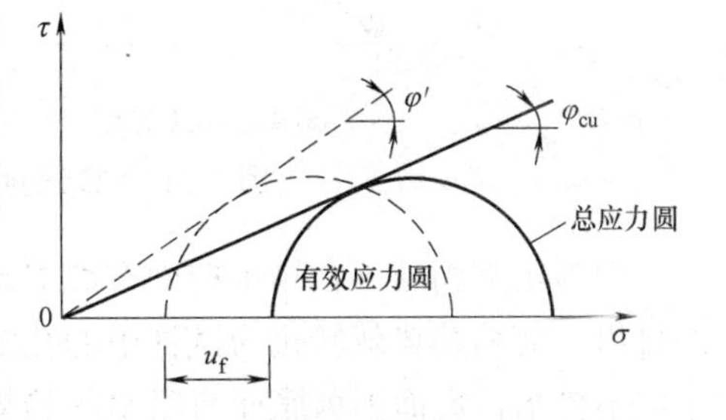

图 5-22 正常固结黏性饱和土 CU 试验总应力和有效应力强度包线

$$\sigma_1'=\sigma_1-u_f, \sigma_3'=\sigma_3-u_f$$

$$\sigma_1-\sigma_3=\sigma_1'-\sigma_3' \tag{5-32}$$

即有效应力圆直径与总应力圆直径相等，但位置不同，两者之间相差 u_f。正常固结土在剪切破坏时孔压为正，故有效应力圆在总应力圆左侧。总应力破坏包线和有效应力破坏包线都通过坐标原点，说明未受任何固结压力的土，不具有抗剪强度。

超固结饱和黏性从天然土层取出的试样总具有一定的先期固结压力，若室内剪切前固结围压 $\sigma_3<\sigma_c$，即为超固结土的不排水剪切，其强度要比正常固结土的强度大，强度包线为一条略平缓的曲线，由图 5-23 中 *AB* 线表示，其与正常固结土破坏包线 *BC* 相交，*BC* 线的延长线仍通过原点。由此可见，饱和黏性土试样的 CU 试验所得到的是一条折线状的抗剪强度包线（图 5-23 中的 *ABC* 线），前段为超固结状态，后段为正常固结状态。实用上，一般不作如此复杂的分析，可作多个极限应力圆的公切线（图 5-23 中的 *AD* 线），即可获得固结不排水剪的总应力强度包线和强度指标 c_{cu} 和 φ_{cu}。

由于超固结土在剪切破坏时产生负的孔隙水压力，故其有效应力圆在总应力圆的右侧

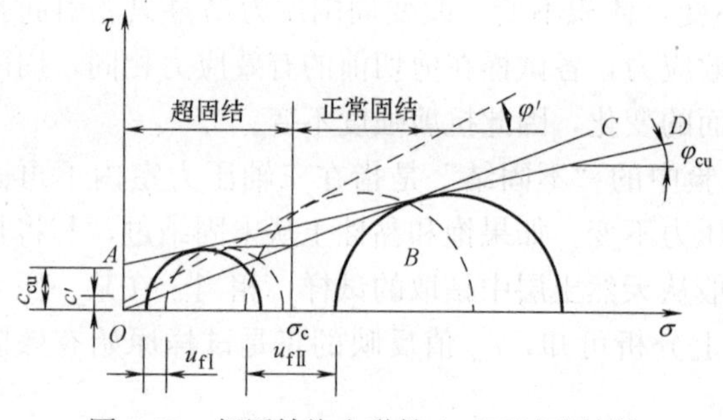

图 5-23　超固结饱和黏性土 CU 试验结果

（图 5-23 中虚线小圆）；而正常固结土在剪切时产生正的孔隙水压力，故有效应力圆在总应力圆左侧（图 5-23 中虚线大圆）。按各虚线圆求其公切线，即为该土的有效应力强度包线，由此可确定 c' 和 φ'。CU 试验的有效应力强度指标与总应力强度指标相比，通常 $c' < c_{cu}$，$\varphi' > \varphi_{cu}$。试样抗剪强度指标确定后，根据莫尔-库仑公式可确定其抗剪强度。

5.5.3　固结排水剪强度

在固结排水试验整个试验过程中，试样始终处于排水状态，孔隙水压力始终为零，总应力等于有效应力，总应力圆就是有效应力圆，总应力强度包线就是有效应力强度包线，所以 c_d 和 φ_d 就是有效应力抗剪强度指标 c' 和 φ'。

如图 5-24 所示为固结排水试验的应力-应变关系和体积变化。在剪切过程中，试样体积随偏差应力的增加而不断变化。正常固结黏土的体积在剪切过程中不断减小（剪缩），而超固结黏土的体积在剪切过程中则是先减小，继而转向不断增加（剪胀）。

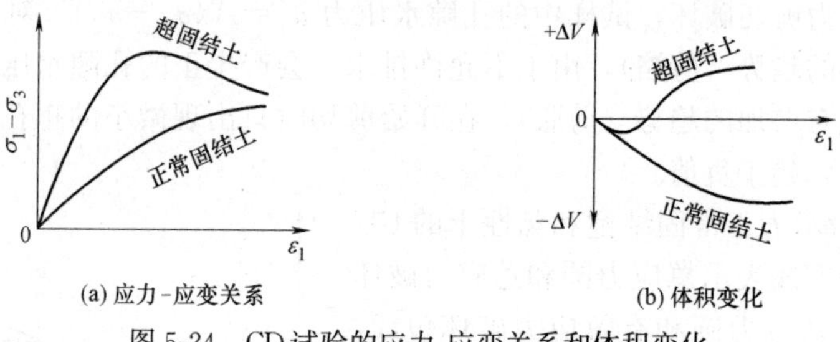

图 5-24　CD 试验的应力-应变关系和体积变化

因为正常固结土在排水剪中有剪缩趋势，所以当它进行不排水剪切时，由于孔隙水无法排出，剪缩趋势就转化为试样中的孔隙水压力不断增长；反之，超固结土在排水剪切中不但不排水，反而因剪胀而有吸水的趋势，但它在不排水剪过程中却无法吸水，于是就产生负的孔隙水压力。

正常固结土的 CD 试验结果如图 5-25 所示，其破坏包线通过原点。黏结强度 $c_d = 0$，但并不意味着这种土不具有黏聚强度，而是因为正常固结状态的土，其黏聚强度也如摩擦强度一样与压应力成正比，两者区分不开，黏聚强度实际上隐含于摩擦强度内。

超固结土的 CD 试验结果如图 5-26 所示，其破坏包线略弯曲，实用上近似取一条直线代替。内摩擦角 φ_d 比正常固结土要小。

试验证明，c_d 和 φ_d 与固结不排水试验得到的 c' 和 φ' 很接近。由于固结排水试验所需的时间太长，常用 c' 和 φ' 分别代替 c_d 和 φ_d，但是两者的试验条件是不同的。CU 试验在剪切过程中试样的体积保持不变，而 CD 试验在剪切过程中试样的体积一般要发生变化，c_d 和 φ_d 分别略大于 c' 和 φ'。

如果将饱和软黏土试样所作的 UU、CU、CD 三组试验结果综合表示在一张坐标图上，可以看出三种不同的三轴试验方法所得强度包线形状及其相应的强度指标是不相同的，如图 5-27 所示。

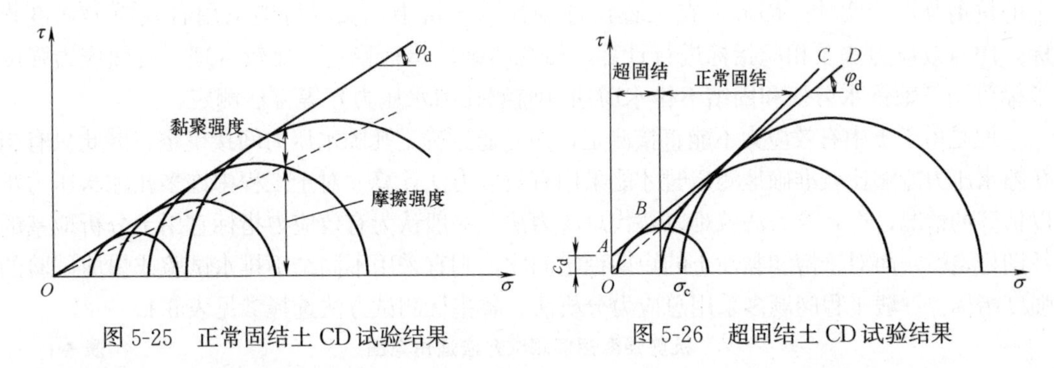

图 5-25　正常固结土 CD 试验结果　　图 5-26　超固结土 CD 试验结果

假设试样先在先期固结压力 σ_c 下排水固结，然后对试样施加新的围压 σ_3（$>\sigma_c$），并在不同的固结和排水条件下进行剪切，由此可得到三个大小不同的破坏应力圆（图 5-27 右侧的 CD、CU 和 UU 三个应力圆）。显然，该正常固结土的 $\varphi_d>\varphi_{cu}>\varphi_u$，而且 $\varphi_u=0$，c 值也不相同。

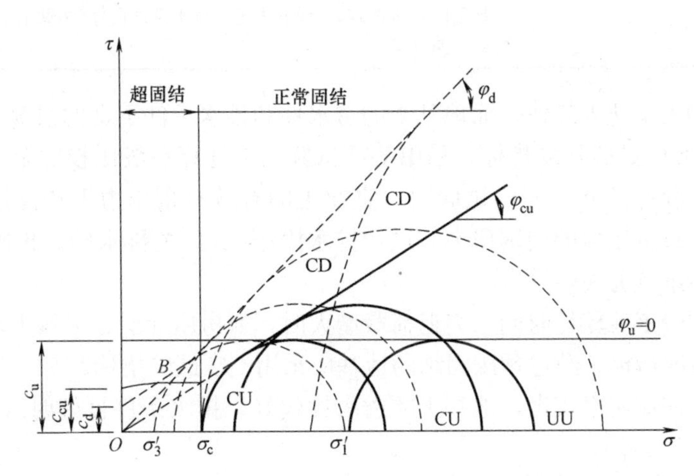

图 5-27　不同排水条件下的抗剪强度包线与强度指标

如果对试样施加新的围压 σ_3（$<\sigma_c$），同样进行上述三种试验，此时土具有超固结特征，试样在剪切过程中可能出现剪胀和吸水的趋势。由于 CD 试验中的试样在排水剪切过程中有可能进一步吸水软化，含水率增加，而 CU 试验则无此可能。因此，排水剪切强度比固结不排水剪切强度要低，而 UU 试验因不允许吸水，含水率保持不变，故其不固结不排水剪切强度比固结不排水剪切和排水剪切强度都高（如图 5-27 中左侧超固结状态所处位置的各强度包线所示），其情形与正常固结状态正好相反。

上述试验也证明，同一种黏性土在不同排水条件下的试验结果，以总应力表示，得到不同的强度破坏包线和抗剪强度指标；而以有效应力法表示，则不论采用哪种试验方法，都得到近乎同一条有效应力破坏包线。由此可见，抗剪强度与有效应力有唯一的对应关系。

码 5-11　抗剪强度指标选用

5.5.4　不同排水条件下抗剪强度指标的选用

由前面对试样在不同排水条件下抗剪强度指标分析可知，有效应力与土的抗剪强度之间存在唯一的对应关系，所以从理论上说，用有效应力法才能确切表示土的抗剪强度的实质。因此，在工程设计的计算分析中，应尽可能采用有效应力强度指标。用有效应力法及相应指标进行计算，概念明确，指标稳定，比较合理。有效应力强度指标可用三轴排水剪切和固结不排水剪切（监测孔隙水压力）等方法测定。

但是由于土中有效应力不能直接测定，而是通过确定孔隙水压力间接确定，因此只有当孔隙水压力能够比较准确地测定时才能采用有效应力法计算。对于工程中许多孔隙水压力难以估算的情况，有效应力法就难以替代总应力法。一般认为有效应力指标宜用于分析地基的长期稳定性，而对于饱和黏性土的短期稳定问题，则宜采用不固结不排水试验或快剪试验的强度指标。一般工程问题多采用总应力分析法。各指标测试方法选择参见表 5-1。

抗剪强度指标测试方法适用范围 **表 5-1**

试验方法	适用条件
UU 快剪试验	地基为透水性差的饱和黏性土，排水不良，且建筑物施工速度快。常用于施工期的强度与稳定验算
CU 固结快剪试验	建筑物竣工后较长时间，突遇荷载增大，如房屋加层、天然土坡上堆载等
CD 慢剪试验	地基的透水性较好（如砂土等），排水条件良好（如黏土中夹有砂层），而建筑物施工速度慢

（1）结构物施工速度较快，而地基土的透水性和排水条件不良的情况（如饱和软黏土地基），宜采用 UU 试验强度指标。采用 UU 试验结果计算一般比较安全，常用于施工期的强度与稳定性验算。进行 UU 试验时，宜在土的有效自重压力下预固结，即对试验土样先施加相当于自重压力的周围压力，进行排水固结 1h 后关排水阀，再施加试验需要的周围压力，而后进行剪切。

（2）结构物竣工后较长时间，突遇荷载增大时，如房屋加层、天然土坡上堆载等，可采用 CU 试验强度指标。经过预压固结的地基应采用 CU 试验指标。

（3）结构物加荷速率较慢，地基土的透水性较好，排水条件良好时（如砂性土），可以采用 CD 试验强度指标。

由于实际工程中加荷情况和地基土的性质是复杂的，且结构物在施工和使用过程中要经历不同的固结状态，试验室的试验条件与现场条件毕竟还有差别。因此，选定抗剪强度指标时，还应与实际工程经验结合起来。

【例 5-2】 某饱和黏性土由固结不排水试验测得的有效抗剪强度指标为 $c'=10\text{kPa}$，$\varphi'=30°$。（1）如果该土样受到总应力 $\sigma_1=250\text{kPa}$ 和 $\sigma_3=150\text{kPa}$ 的作用，测得孔隙水压力为 $u=100\text{kPa}$，则该试样是否会破坏？（2）如果对该土样进行固结排水试验，围压 $\sigma_3=150\text{kPa}$，问该样破坏时应施加多大的偏差应力？

解：（1）固结不排水试验时，有效应力分别为：

$$\sigma_1'=\sigma_1-u=250-100=150\text{kPa}$$

$$\sigma_3'=\sigma_3-u=150-100=150\text{kPa}$$

$$\sigma_{1f}'=\sigma_3'\tan^2\left(45°+\frac{\varphi'}{2}\right)+2c'\cdot\tan\left(45°+\frac{\varphi'}{2}\right)=50\times\tan^2\left(45°+\frac{30°}{2}\right)+2\times10\times\tan\left(45°+\frac{30°}{2}\right)$$

$$=184.64\text{kPa}>\sigma_1=150\text{kPa}$$

试样处于弹性平衡状态

（2）固结排水试验，总应力即为有效应力，$\sigma_3=\sigma_3'=150\text{kPa}$

$$\sigma_{1f}'=\sigma_3'\tan^2\left(45°+\frac{\varphi}{2}\right)+2c\tan\left(45°+\frac{\varphi}{2}\right)=484.64\text{kPa}\quad \sigma_1=\sigma_{1f}'=484.64\text{kPa}$$

$$\Delta\sigma=\sigma_1-\sigma_3=484.64-150=334.64\text{kPa}$$

试样破坏时应施加的偏差应力大小为 334.64kPa

【例 5-3】 某无黏性土饱和试样进行固结排水剪试验，测得抗剪强度指标为 $c_d=0\text{kPa}$，$\varphi_d=35°$。如果对同一试样进行固结不排水试验。施加的周围压力 $\sigma_3=150\text{kPa}$，试样破坏时的轴向偏差应力 $(\sigma_1-\sigma_3)=200\text{kPa}$。试求：（1）试样的不排水剪强度指标 φ_{cu}；（2）破坏时的孔隙水压力 u_f、孔隙压力系数 A。

解：（1）由试验结果知：$\sigma_{1f}=150+200=350\text{kPa}$，$\sigma_{3f}=150\text{kPa}$

无黏性土的 $c_{cu}=0$，由 $\sigma_{1f}=\sigma_3\tan^2\left(45°+\frac{\varphi}{2}\right)$得：

$$\frac{\sigma_{1f}}{\sigma_{3f}}=\tan^2\left(45°+\frac{\varphi_{cu}}{2}\right)=2.33$$

$$\varphi_{cu}'=24°$$

（2）固结排水剪试验的孔隙水压力恒为零，得 $c'=c_d=0\text{kPa}$，$\varphi'=\varphi_d=35°$

$$\frac{\sigma_{1f}'}{\sigma_{3f}'}=\tan^2\left(45°+\frac{\varphi'}{2}\right)=3.69$$

$$(\sigma_1'-\sigma_3')_f=(\sigma_1-\sigma_3)_f=200\text{kPa}$$

联立上式可得有效大、小主应力为：

$$\sigma_{1f}'=274.35\text{kPa},\sigma_{3f}'=74.35\text{kPa}$$

$$u_f=\sigma_{3f}-\sigma_{3f}'=75.65\text{kPa}$$

破坏时孔隙水压力系数：$A=\dfrac{u_f}{\sigma_1-\sigma_3}=\dfrac{75.65}{200}=0.38$

思 考 题

5-1 什么是土的抗剪强度？举例说明与土的抗剪强度有关的工程问题有哪些？

5-2 什么是库仑定理？对某一类土，其抗剪强度指标是否为定值，为什么？

5-3 总应力强度指标与有效应力强度指标有什么不同？

5-4 什么是土的极限平衡状态？满足什么条件时会达到土的极限平衡状态？

5-5 利用莫尔-库仑强度理论解释：为什么当大主应力 σ_1 不变，小主应力 σ_3 逐渐减小土体可能会破坏；反之，当小主应力 σ_3 不变，增大大主应力 σ_1 土体也可能会破坏？

5-6 土体中首先发生剪切破坏的平面是否就是剪应力最大的平面？为什么？

5-7 简述直剪试验如何确定土的抗剪强度指标？该试验有哪些优缺点？直剪试验是如何确定土的抗剪强度指标？该试验有哪些优缺点？

5-8 简述三轴压缩试验如何确定土的抗剪强度指标？其优缺点有哪些？

5-9 简述 UU 试验、CU 试验、CD 试验。

5-10 什么是土的无侧限抗压强度？它与土的不排水强度有何关系？如何用无侧限抗压强度试验来测定黏性土的灵敏度？

5-11 绘图说明 UU 试验、CU 试验、CD 试验这三种试验确定的总应力强度指标与有效应力强度指标有何关系？

5-12　如何选择土的抗剪强度指标？

习　题

5-1　某黏性土地基土内某点$\sigma=250$kPa，$\tau=75$kPa，经试验测得$c=10$kPa，$\varphi=15°$，该点土体处于何种应力状态？

[答案：弹性平衡状态]

5-2　某土样的抗剪强度指标$c=15$kPa，$\varphi=30°$，若地基某点大、小主应力分别为300kPa和180kPa，问：(1) 该土样处于何种应力状态？(2) 若大主应力为400kPa，则该点小主应力达到多少时，该土样处于极限平衡？

[答案：(1) 弹性平衡状态；(2) $\sigma_{3f}=150.51$kPa]

5-3　某住宅地基中某一点土体所受的最大主应力为$\sigma_1=600$kPa，最小主应力$\sigma_3=200$kPa，作用面主法线方向为水平向，土的抗剪强度指标$\varphi=20°$，$c=15$kPa，求：(1) 绘制该点莫尔应力圆；(2) 该点最大剪应力值；(3) 该点剪切破坏面上的正应力与剪应力；(4) 判断该点是否破坏。

[答案：(2) $\tau_{max}=200$kPa；(3) $\tau=187.94$kPa，$\sigma_1=331.6$kPa；(4) 破坏]

5-4　取饱和的正常固结黏性土样进行固结不排水试验，测得试件破坏时的数据，见表5-2。试求：黏性土的总应力强度指标和有效应力强度指标。

试样破坏时的数据　　**表5-2**

周围压力(kPa)	偏差应力(kPa)	孔隙水压力(kPa)
490	286	270
686	400	378

[答案：$c_{cu}=0$，$\varphi_{cu}=13°$；$c'=0$，$\varphi'=23.2°$]

5-5　对饱和黏土试样进行无侧限抗压试验，测得其无侧限抗压强度$q_u=180$kPa，求：

(1) 该土样的不排水抗剪强度；

(2) 与圆柱形试样轴成60°交角的斜面上的法向应力σ剪应力τ。

[答案：(1) $\tau_f=90$kPa；(2) $\sigma=135$kPa，$\tau=77.94$kPa]

5-6　对正常固结饱和黏土试样进行不固结不排水试验，测得$c_u=30$kPa，$\varphi_u=0°$；对同样的土样进行固结不排水试验，得到有效抗剪强度指标$c'=0$，$\varphi'=30°$。如果试样在不排水条件下破坏，试求剪切破坏时的有效大主应力和小主应力。

[答案：$\sigma_1'=141.97$kPa，$\sigma_3'=81.97$kPa]

*5-7　对一饱和原状土进行固结排水试验，破坏时测得$\sigma_3=200$kPa，$\sigma_1-\sigma_3=400$kPa，孔隙水压力$u=100$kPa，试样破裂面与水平面夹角为58°，求：(1) 孔隙压力系数A；(2) 有效应力强度指标c'、φ'。

[答案：(1) $A=0.25$；(2) $c'=76.2$kPa，$\varphi'=26°$]

*5-8　对饱和黏性土进行三轴固结排水剪试验，测得有效应力的抗剪强度参数$c'=25$kPa，$\varphi'=30°$。

(1) 固结后在三轴压力室保持300kPa的压力条件下做不排水剪试验，破坏时的孔隙水压力$u=150$kPa，试求土的破裂面上的剪应力值及破坏面的方向；

(2) 在固结不排水试验时测得三轴室压力为300kPa，轴向主应力差为400kPa，试求破坏时的孔隙水压力及孔隙水压力系数A_f、B。

[答案：(1) $\tau=167.4$kPa，$\alpha_{cr}=60°$；(2) $u_f=143.3$kPa，$A_f=0.36$，$B=1$]

码5-12　第5章习题参考答案

第6章　土压力计算

挡土结构物是防止土体坍塌的构筑物，广泛用于房屋建筑、水利、铁路以及公路和桥梁，例如边坡挡土墙、基坑围护结构、码头及桥台等。在这些构筑物与土体的接触面处均存在侧向压力的作用，这种侧向压力就是土压力。

挡土结构物上的土压力是指挡土结构物后填土因自重或外荷载作用对墙背产生的侧向压力。其土压力是设计挡土结构物断面及验算其稳定性的主要荷载。本章主要探讨基于古典的郎肯土压力理论和库仑土压力理论下土压力性质及计算问题。

6.1　土压力类型

6.1.1　挡土结构物及其类型

挡土结构是为防止土体坍塌而建造的挡土结构物。在山区斜坡上填方或挖方筑路、地下室基坑开挖、修筑护岸或码头等常常需要设置挡土结构物来防止边坡土方坍塌，如图 6-1 所示。挡土结构物按照结构形式可分为重力式、悬臂式、板桩墙等，通常采用块石、砖、素混凝土及钢筋混凝土等材料建成。

码 6-1　挡土结构物与土压力

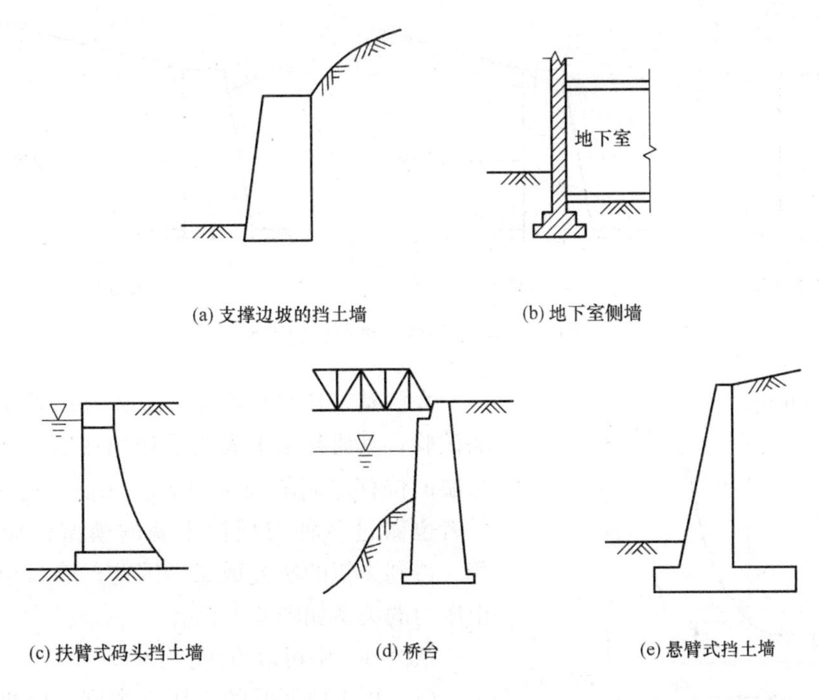

(a) 支撑边坡的挡土墙　(b) 地下室侧墙

(c) 扶臂式码头挡土墙　(d) 桥台　(e) 悬臂式挡土墙

图 6-1　挡土墙应用实例

6.1.2 土压力类型

在挡土结构物设计中，土压力是挡土结构物的主要荷载，必须计算土压力的大小及其分布规律。试验表明，土压力的大小及其分布规律与挡土结构物的侧向位移方向和大小、土的性质、挡土结构物的刚度和高度等因素有关，但起决定因素的是挡土结构物的位移方向和位移量。根据挡土结构物的位移情况和墙后土体所处的应力状态，可将土压力分为以下三种。

（1）静止土压力：刚性挡土墙在土压力作用下没有发生位移，保持原来的位置静止不动，墙后土体处于弹性平衡状态，此时墙背所受的土压力称为静止土压力 E_0。此时作用在每延米挡土墙上静止土压力的合力用 E_0（kN/m）表示，静止土压力强度用 P_0（kPa）表示，如图 6-2（a）所示。如地下室外墙、涵洞的侧壁以及其他不产生位移的挡土结构物均可按静止土压力计算。

（2）主动土压力：挡土墙在墙后土压力作用下向着背离填土的方向移动或沿墙根转动，随着墙体位移量的逐渐增大，作用于墙上的土压力逐渐减小，当墙后土体达到主动极限平衡状态并出现连续滑动面使土体下滑时，作用于墙上的土压力减至最小值，称为主动土压力，如图 6-2（b）所示。此时作用在每延米挡土墙上主动土压力的合力用 E_a（kN/m）表示，主动土压力强度用 P_a（kPa）表示。

（3）被动土压力：挡土墙在外力作用下向填土方向移动，随着墙体位移量的逐渐增大，作用于墙上的土压力逐渐增大，当墙后土体达到被动极限平衡状态并出现连续滑动面，墙后土体向上挤出隆起时，作用于墙上的土压力增至最大值，称为被动土压力 E_p，如图 6-2（c）所示。此时作用在每延米挡土墙上被动土压力的合力用 E_p（kN/m）表示，被动土压力强度用 P_p（kPa）表示。

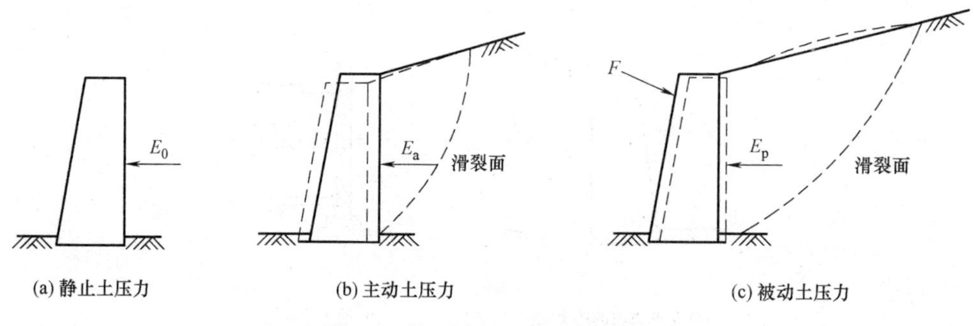

图 6-2 挡土墙的三种土压力类型

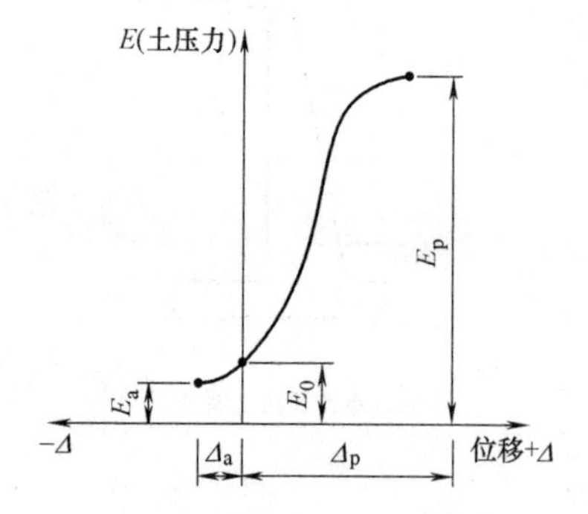

图 6-3 土压力与墙身位移关系

太沙基（1934）曾经做过 2.18m 高的模型挡土墙试验，其研究结果表明了作用在墙背上的土压力与墙的位移之间的关系为 $E_a < E_0 < E_p$。其他不少学者也做过多种类型挡土墙的模型试验和原型观测，得到类似的研究成果。因此，墙身位移大小与土压力的关系如图 6-3 所示。

从图 6-3 中可以看出：

（1）挡土墙所受的土压力类型，取决于墙体是否发生位移以及位移的方向。即：①墙的位移为零时，作用在墙背上的静止土压力 E_0；②墙向前移动至土的极限平衡状态时，作用在墙背上的主动土压力 E_a；③墙向后移动至土的极限平衡状态时，作用在墙背上的被动土压力 E_p。

（2）产生被动土压力所需要的墙的位移值 Δ_p 远大于达到主动土压力所需要的墙的位移值 Δ_a。经验表明，一般 $\Delta_a=(0.001 \sim 0.005)h$，$\Delta_p=(0.01 \sim 0.1)h$。

（3）在相同墙高和填土条件下：$E_a<E_0<E_p$。

（4）挡土墙所受土压力的大小随着位移的变化而不断变化，因此作用在墙上的实际土压力值与墙的位移相关，而并非只有这三种特定的值。

在实际工程中，一般按三种特定状态的土压力（主动土压力、静止土压力、被动土压力）进行挡土结构物设计，此时应该弄清实际工程与哪种状态较为接近。在使用被动土压力时，由于它的发挥需要较大的变位，往往超过实际的可能性，工程上常将被动土压力 E_p 经适当折减后使用。而在某些情况下，又按挡土墙实际的位移影响考虑土压力的分布，例如在多支撑支护结构设计中采用简化的经验支撑土压力分布，以及在计算基坑支护结构的变形时把任一点的土压力看成和该点的位移成正比等。各种计算方法都有它适用的条件和范围，所以必须根据工程特点和地区经验选择合适的土压力计算方法。

6.2 静止土压力计算

码 6-2 静止土压力计算

计算静止土压力时，墙身静止不动，在土的自重作用下土体无侧向位移，墙后填土处于弹性平衡状态。故在填土表面以下任意深度 z 处取一微小单元体，如图 6-4 所示，在微单元体的水平面上作用着竖向的自重应力 γz，该点的侧向压力即为静止土压力强度：

$$p_0=K_0 \cdot \gamma \cdot z \tag{6-1}$$

式中 p_0——静止土压力（kPa）；

γ——填土的重度（kN/m^3）；

z——计算点距离填土表面的深度（m）；

K_0——静止土压力系数，一般由室内试验（例如单向固结试验、三轴试验等）或原位测试（例如旁压试验、水力劈裂试验等）确定，无试验资料时可按参考值或半经验公式（6-2）计算。

$$K_0=1-\sin\varphi' \tag{6-2}$$

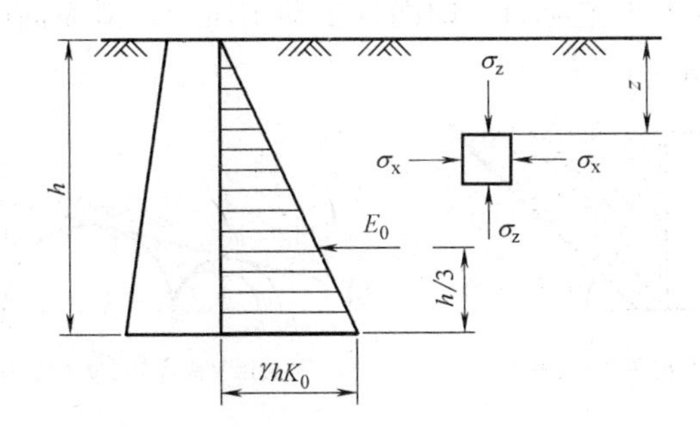

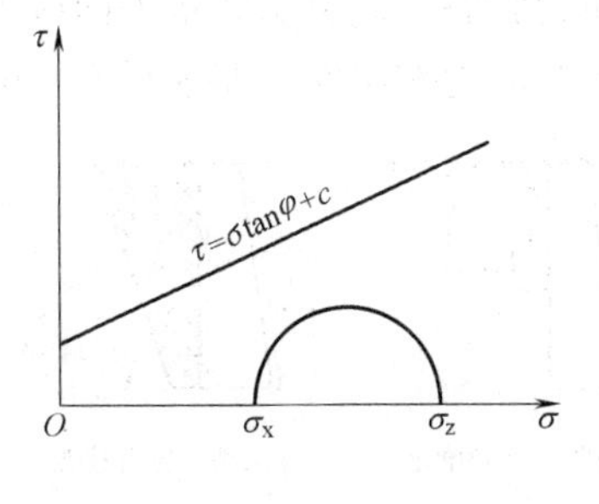

图 6-4 静止土压力计算示意图

由式（6-1）可知，静止土压力沿墙高呈三角形分布，如图 6-4 所示。如果取单位墙长计算，则作用在墙背上的总静止土压力为：

$$E_0=\frac{1}{2}K_0\gamma h^2 \tag{6-3}$$

式中 h——挡土墙的高度（m）。

E_0 的方向垂直指向墙背，其作用点在距墙底 $h/3$ 处。

6.3 朗肯土压力理论

6.3.1 基本假设

朗肯土压力理论是英国学者朗肯（Rankine）1857 年根据均质的半无限土体的应力状态和土处于极限平衡状态的应力条件提出的，从弹性半空间体中一点的应力状态出发，根据土的极限平衡理论导出土压力强度计算公式。朗肯土压力理论中挡土墙与墙后填土满足以下基本假定：

（1）墙后填土为均质、各向同性土。

（2）挡土墙是刚性的，墙背是垂直的。

（3）挡土墙的墙后填土表面水平。

（4）挡土墙的墙背光滑，不考虑墙背与填土之间的摩擦力。

6.3.2 基本原理

由 2.2 节可知，深度 z 处的竖向应力 σ_z 等于该处土的自重应力，即 $\sigma_z=\gamma z$，水平向应力为 $\sigma_z=K_0\gamma z$，而水平向及竖向剪应力均为零，故 σ_z、σ_x 分别为大、小主应力。

假定挡土墙墙背竖直、光滑，填土面水平，如图 6-5 所示。因墙背与填土面间无摩擦力产生，故剪应力为零，墙背为主应力面。若挡土墙静止不动，墙后土体处于弹性平衡状态，作用在墙背上的应力状态与弹性空间土体应力状态相同。在离填土面深度 z 处，$\sigma_z=\sigma_1=\gamma z$，$\sigma_x=\sigma_3=K_0\gamma z$，用 σ_1、σ_3 作出的摩尔应力圆Ⅰ与土的抗剪强度线相离，处于抗剪强度曲线下方（图 6-5）。

当挡土墙在土压力作用下向远离土体的方向移动时，墙后土体侧向约束减小，水平向应力 σ_x 减小，而竖向应力 σ_z 不变，σ_z 和 σ_x 仍为大、小主应力。当挡土墙位移使墙后土体达极限平衡状态时，σ_x 达最小值 p_a，其莫尔应力圆与抗剪强度包线相切（图 6-5（d）中圆Ⅱ）。土体形成一系列滑裂面，面上各点均处于极限平衡状态，这种状态称为朗肯主动土压力状态，此时墙背水平向应力 σ_x 为最小主应力，即朗肯主动土压力。滑裂面的方向与大主应力作用面（即水平面）的角度 $\alpha=45°+\varphi/2$。

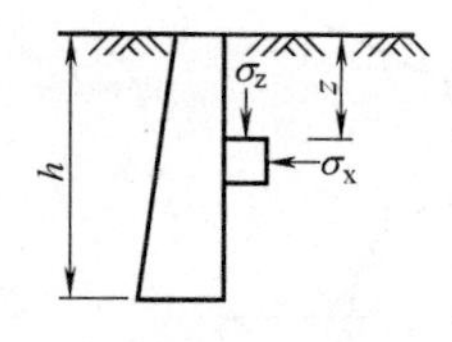

(a) 墙背土体微单元

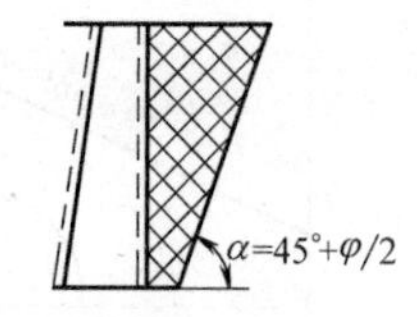

(b) 主动土压力状态

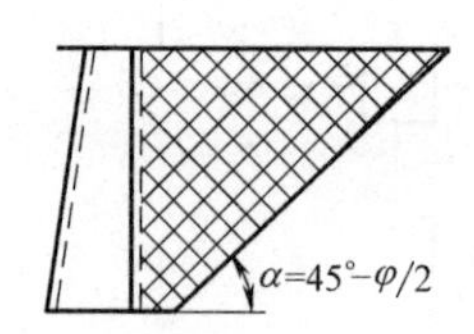

(c) 被动土压力状态

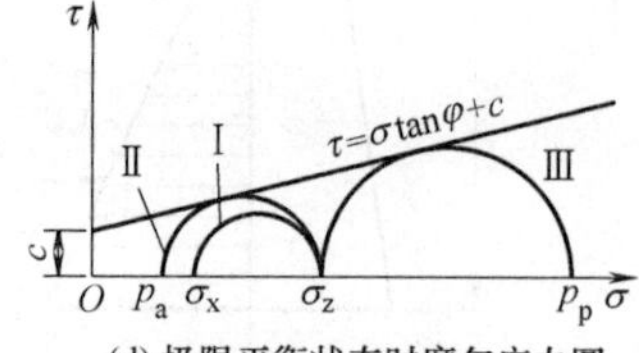

(d) 极限平衡状态时摩尔应力圆

图 6-5 半空间体的极限平衡状态

同理，若挡土墙在外力作用下朝填土方向移动，σ_z 不变，而 σ_x 随着挡土墙位移增加而逐步增大，当 σ_x 超过 σ_z 时，σ_x 变为大主应力，σ_z 为小主应力。当挡土墙位移至墙后土体极限平衡状态时，σ_x 达到最大值 p_p，莫尔应力圆与抗剪强度包线相切（图 6-5（d）中圆Ⅲ），土体形成一系列滑裂面，称为朗肯被动土压力状态。此时墙背水平向应力 σ_x 为最大主应力，即朗肯被动土压力。滑裂面的方向与水平面的角度 $\alpha=45°-\varphi/2$。

6.3.3 朗肯主动土压力

根据土的抗剪强度理论，当土体中某点处于极限平衡状态时，大、小主应力 σ_1、σ_3 应满足以下关系式：

黏性土：

$$\sigma_1=\sigma_3\tan^2\left(45°+\frac{\varphi}{2}\right)+2c\tan\left(45°+\frac{\varphi}{2}\right)$$

$$\sigma_3=\sigma_1\tan^2\left(45°-\frac{\varphi}{2}\right)-2c\tan\left(45°-\frac{\varphi}{2}\right)$$

码 6-3　朗肯主动土压力计算

无黏性土：

$$\sigma_1=\sigma_3\tan^2\left(45°+\frac{\varphi}{2}\right)$$

$$\sigma_3=\sigma_1\tan^2\left(45°-\frac{\varphi}{2}\right)$$

在朗肯主动极限平衡状态下，$\sigma_1=\sigma_z=\gamma z$，$\sigma_3=\sigma_x=p_a$，$p_a$ 即主动土压力强度。由土的极限平衡条件得：

黏性土：

$$p_a=\sigma_{3f}=\gamma z\tan^2\left(45°-\frac{\varphi}{2}\right)-2c\tan(45°-\frac{\varphi}{2})=\gamma zK_a-2c\sqrt{K_a} \tag{6-4a}$$

无黏性土：

$$p_a=\gamma zK_a \tag{6-4b}$$

式中　K_a——主动土压力系数，$K_a=\tan^2\left(45°-\frac{\varphi}{2}\right)$；

　　c——填土的黏聚力。

由式（6-4b）可知，无黏性土的主动土压力强度与 z 成正比，沿挡土墙高呈三角形分布，如图 6-6（b）所示，则单位墙长上作用的主动土压力合力为：

$$E_a=\frac{1}{2}\gamma h^2K_a \tag{6-5}$$

E_a 合力通过三角形形心，作用点在距墙底 $H/3$ 处，如图 6-6（b）所示。

黏性土的主动土压力强度由两部分组成。一部分是由土自重引起的土压力 γzK_a，另一部分是由黏聚力 c 引起的负侧压力 $2c\sqrt{K_a}$，这两部分土压力叠加的结果如图 6-6（c）所示。图中虚线部分为负值，即拉应力，但实际上墙与填土之间没有抗拉强度，故拉应力的存在会使填土与墙背脱开，出现深度的裂缝。黏性土的土压力分布实际上仅是 abc 部分。

a 点离填土面的深度 z_0 为拉应力区深度，令 $P_a=0$ 求得 z_0 的位置，即

$$\gamma z_0K_a-2c\sqrt{K_a}=0 \tag{6-6}$$

拉应力区深度：

$$z_0=\frac{2c}{\gamma\sqrt{K_a}} \tag{6-7}$$

则单位墙长上作用的主动土压力合力为△abc 的面积，其合力为：

$$E_a=\frac{1}{2}(h-z_0)(\gamma hK_a-2c\sqrt{K_a})=\frac{1}{2}\gamma h^2K_a-2ch\sqrt{K_a}+\frac{2c^2}{\gamma} \tag{6-8}$$

E_a 作用点通过△abc 的形心，在距墙底（$H-z_0$）/3 处，如图 6-6（c）所示。

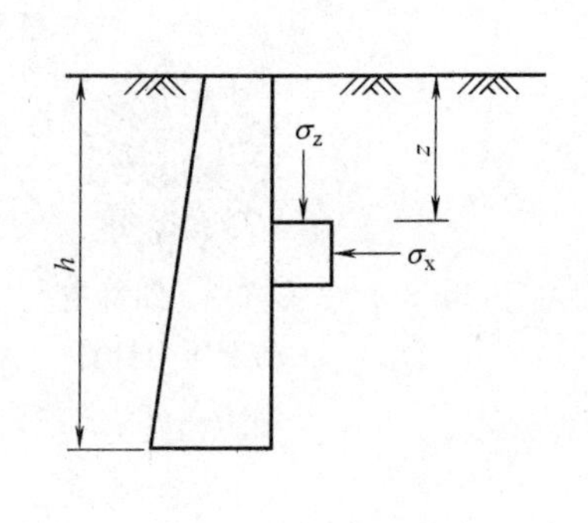

(a) 朗肯主动土压力计算图示

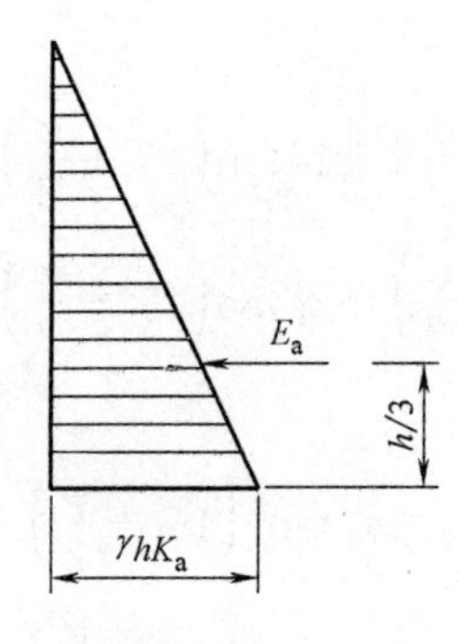

(b) 无黏性土主动土压力分布

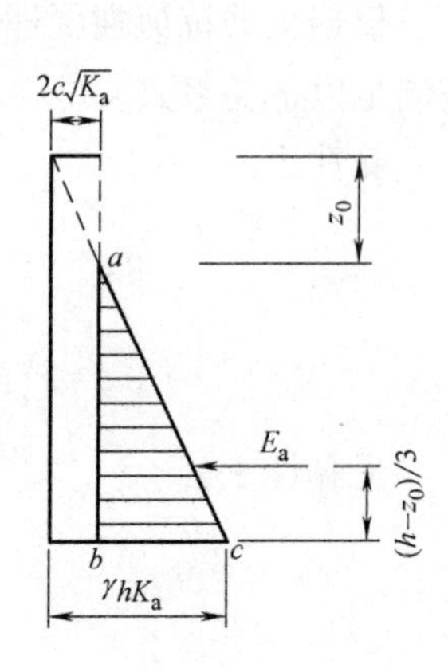

(c) 黏性土主动土压力分布

图 6-6 朗肯主动土压力分布图

6.3.4 朗肯被动土压力

码 6-4 朗肯被动土压力计算

在朗肯被动极限平衡状态下，$\sigma_1=\sigma_x=p_p$，p_p 即为被动土压力强度，$\sigma_3=\sigma_z=\gamma z$，由土的极限平衡条件得：

黏性土：$$p_p=\sigma_{1f}=\gamma z\tan^2\left(45°+\frac{\varphi}{2}\right)+2c\tan\left(45°+\frac{\varphi}{2}\right)=\gamma zK_p+2c\sqrt{K_p} \tag{6-9}$$

无黏性土：$$p_p=\gamma zK_p \tag{6-10}$$

式中 K_p——被动土压力系数，$K_p=\tan^2\left(45°+\frac{\varphi}{2}\right)$。

由式（6-10）可知，无黏性土的被动土压力沿挡土墙高呈三角形分布，如图 6-7（b）所示，则单位墙长上作用的主动土压力合力为：

$$E_p=\frac{1}{2}\gamma h^2K_p \tag{6-11}$$

其作用点位于三角形形心。

黏性土的被动土压力沿挡土墙呈梯形分布，如图 6-7（c）所示，单位长度墙体上作用被动土压力大小为：

$$E_p=\frac{1}{2}\gamma h^2K_p+2ch\sqrt{K_p} \tag{6-12}$$

被动土压力通过三角形或梯形压力分布图形的形心，可通过一次求矩得到。

【例 6-1】 有一挡土墙，高 6.0m，墙背直立、光滑，填土面水平。填土的物理力学

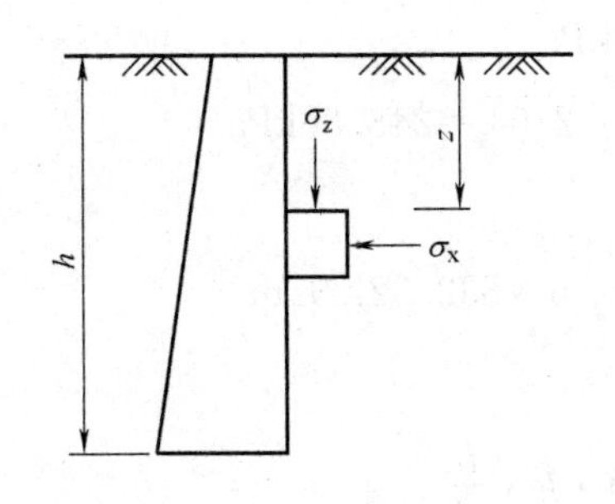

(a) 被动土压力计算图示

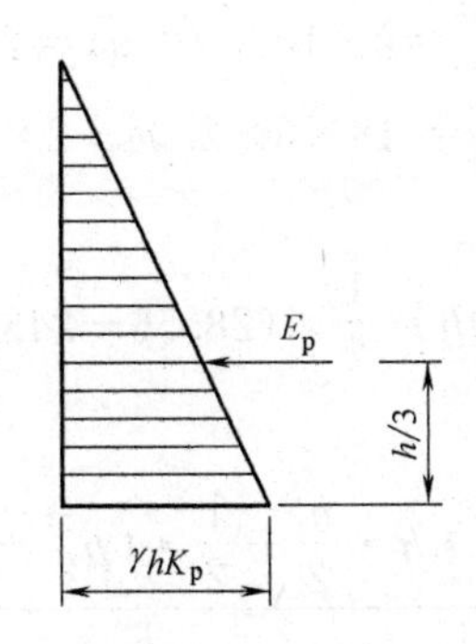

(b) 无黏性土被动土压力分布

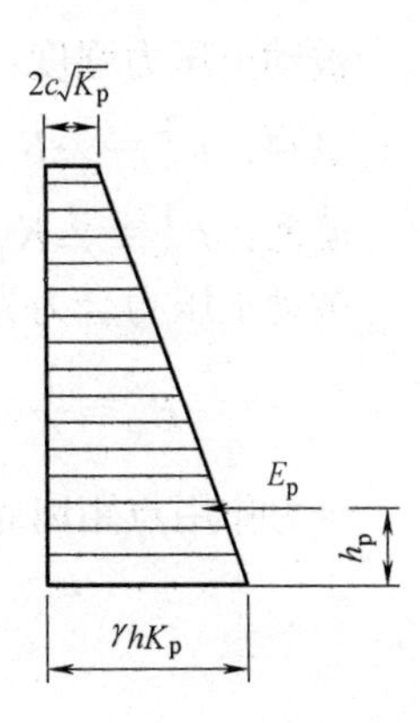

(c) 黏性土被动土压力分布

图 6-7　被动土压力分布图

性质指标如下：$c=10\text{kPa}$，$\varphi=20°$，$\gamma=18\text{kN/m}^3$。试求作用在此挡土墙上的静止土压力、主动土压力和被动土压力，并绘制土压力分布图。

【解】（1）静止土压力

墙后填土为黏性土，按经验取静止土压力系数为 $K_0=0.5$，静止土压力强度为：

$$p_0=\gamma z K_0=18\times6\times0.5=54\text{kPa}$$

静止土压力合力：$E_0=\frac{1}{2}\gamma h^2 K_0=\frac{1}{2}\times18\times6\times6\times0.5=162\text{kN/m}$

合力作用点距墙底$\frac{h}{3}=2.0$，如图 6-8（a）所示。

（2）主动土压力

主动土压力系数：$K_a=\tan^2\left(45°-\frac{\varphi}{2}\right)=\tan^2\left(45°-\frac{20°}{2}\right)=0.49$

主动土压力强度：

墙顶：$p_a=\gamma z K_a-2c\sqrt{K_a}=-2\times10\times0.49=-9.8\text{kPa}$

临界深度：令 $p_a=\gamma z_0 K_a-2c\sqrt{K_a}=0$

$$z_0=\frac{2c}{\gamma\sqrt{K_a}}=\frac{2\times10}{18\times\sqrt{0.49}}=1.59\text{m}$$

墙底：$p_a=\gamma z K_a-2c\sqrt{K_a}=18\times6\times0.49-2\times10\times\sqrt{0.49}=38.92\text{kPa}$

主动土压力合力为：

$$E_a=\frac{1}{2}(h-z_0)(\gamma h K_a-2c\sqrt{K_a})=\frac{1}{2}\times(6-1.59)\times38.92=85.82\text{kN/m}$$

合力作用点距墙底：$\frac{1}{3}\times(6-1.59)=1.47\text{m}$

主动土压力分布如图 6-8（b）所示。

（3）被动土压力

被动土压力系数：$K_p=\tan^2\left(45°+\frac{\varphi}{2}\right)=\tan^2\left(45°+\frac{20°}{2}\right)=2.04$

被动土压力强度：

墙顶：$p_p^{上}=\gamma zK_p+2c\sqrt{K_p}=2\times10\times\sqrt{2.04}=28.56\text{kPa}$

墙底：$p_p^{下}=\gamma zK_p+2c\sqrt{K_p}=18\times6\times2.04+2\times10\times\sqrt{2.04}=248.88\text{kPa}$

被动土压力合力为：

$$E_p=\frac{1}{2}(p_p^{上}+p_p^{下})h=\frac{1}{2}\times(28.56+248.88)\times6=832.32\text{kN/m}$$

合力作用点距墙底

$$z_p=\frac{p_p^{上}\cdot h\cdot\frac{h}{2}+\frac{1}{2}\cdot(p_p^{下}-p_p^{上})\cdot h\cdot\frac{h}{3}}{E_p}$$

$$=\frac{28.56\times6\times\frac{6}{2}+\frac{1}{2}\times(248.88-28.56)\times6\times\frac{6}{3}}{832.32}$$

$$=2.21\text{m}$$

主动土压力分布如图 6-8（c）所示。

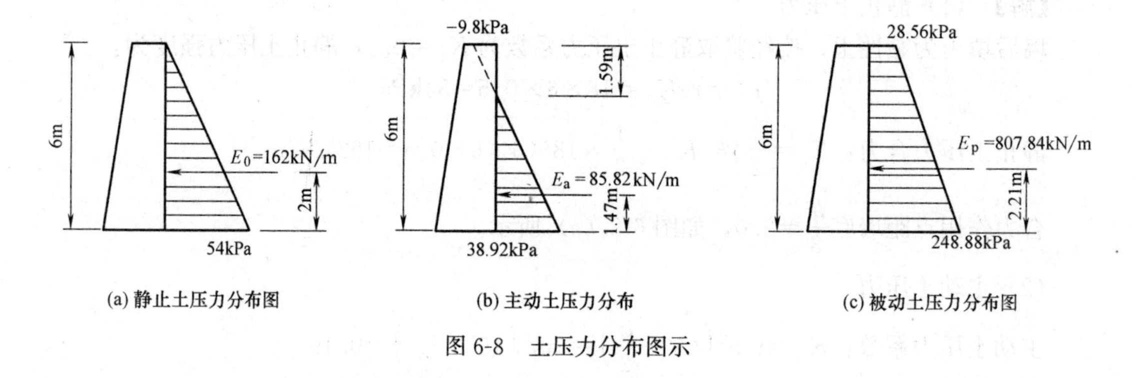

(a) 静止土压力分布图　(b) 主动土压力分布　(c) 被动土压力分布图

图 6-8　土压力分布图示

6.4　库仑土压力理论

6.4.1　基本假设

库仑土压力理论是法国学者库仑（Coulomb）于 1776 年根据挡土墙墙后滑动土楔体的静力平衡条件提出的。库仑土压力理论根据墙后土体处于极限平衡状态并形成一滑动楔体时，从楔体的静力平衡条件得出土压力，也称为滑楔土压力理论。

基本假设为：

（1）挡土墙是刚性的，墙后填土是均质的无黏性土。

（2）当挡土墙墙身向前或向后移动，达到产生主动或被动土压力条件时，墙后填土形成的滑动楔体沿通过墙踵的一个平面滑动。

（3）滑动楔体为刚体。

库仑土压力理论的基本思路是：墙后土体处于极限平衡状态并形成一滑动楔体，从三角形土楔的力系平衡条件，求出挡土墙对滑动土楔的支承反力，从而解出挡土墙墙背所受的总土压力。

6.4.2　主动土压力计算

如图 6-9 所示挡土墙，已知墙背 AB 倾斜，与竖直线的夹角为 α，填土表面 AC 是一个平面，与水平面的夹角为 β，若挡土墙在墙后填土作用下向前移动，使得墙后土体达到主动极限平衡状态时，整个土体沿着墙背 AB 和滑动面 BC（BC 面通过墙踵）同时下滑，形成一个滑动的楔体 ABC。假设滑动面 BC 与水平面的夹角为 θ，不考虑楔体本身的压缩变形。

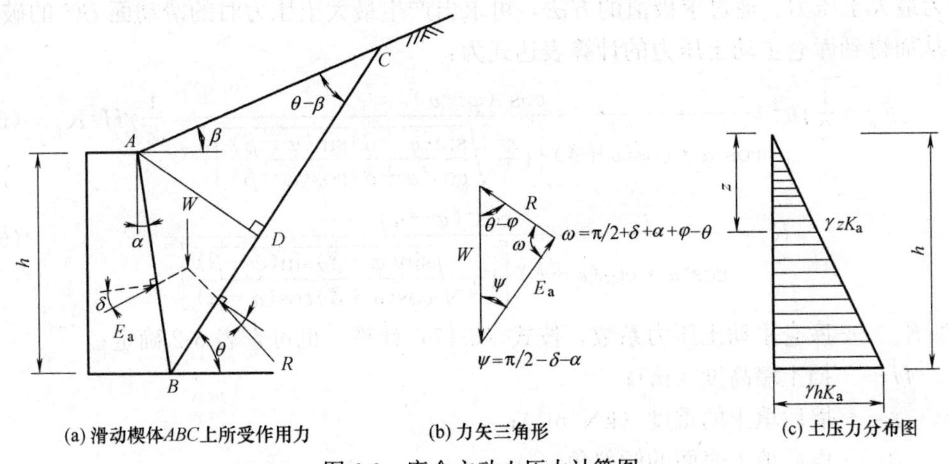

图 6-9　库仑主动土压力计算图

取土楔体△ABC 作为隔离体进行分析，作用在△ABC 上的力有：

（1）楔体△ABC 自重 W。若 θ 值已知，则 W 的大小、方向及作用点位置均已知。

（2）土体作用在滑动面上的反力 R。R 是 BC 面上的摩擦力 T_1 与法向反力 N_1 的合力，它与 BC 面法线 N_1 夹角为土的内摩擦角 φ，反力 R 位于法线 M 的下方。R 的作用方向已知，大小未知。

（3）墙背对楔体△ABC 的反力 E，与墙背的法线 N_2 的夹角为 δ，反力 E 位于 N_2 的下方。δ 为墙背与土之间的摩擦角，即土的外摩擦角。E 的作用方向已知，大小未知。作用在挡土墙上的主动土压力与反力 E 大小相等、方向相反。

$$\frac{E}{W}=\frac{\sin(\theta-\varphi)}{\sin[180^\circ-(\theta-\varphi+\psi)]}=\frac{\sin(\theta-\varphi)}{\sin(\theta-\varphi+\psi)}$$

$$E=W\frac{\sin(\theta-\varphi)}{\sin(\theta-\varphi+\psi)} \tag{6-13}$$

其中，$\psi=90^\circ-(\delta+\alpha)$

其余符号由图 6-9 可知：

$$\begin{cases} W=\dfrac{1}{2}\overline{BC}\cdot\overline{AD}\cdot\gamma \\ \overline{AD}=\overline{AB}\cos(\theta-\alpha)=\dfrac{h}{\cos\alpha}\cos(\theta-\alpha) \\ \overline{BC}=\overline{AB}\dfrac{\sin(90^\circ-\alpha+\beta)}{\sin(\theta-\beta)}=\dfrac{h}{\cos\alpha}\dfrac{\cos(\alpha-\beta)}{\sin(\theta-\beta)} \\ W=\dfrac{\gamma h^2}{2}\dfrac{\cos(\alpha-\beta)\cdot\cos(\theta-\alpha)}{\cos^2\alpha\cdot\sin(\theta-\beta)} \end{cases} \tag{6-14}$$

将W代入式（6-13），得：

$$E=\frac{\gamma h^2}{2}\frac{\cos(\alpha-\beta)\cdot\cos(\theta-\alpha)\cdot\sin(\theta-\varphi)}{\cos^2\alpha\cdot\sin(\theta-\beta)\cdot\sin(\theta-\varphi+\varphi)} \tag{6-15}$$

对于已确定的挡土墙和填土来说，γ、H、α、β、δ、φ均为已知，只有θ角是任意假定的，而且不一定是真正的滑动面，当θ角发生变化，则W随之发生变化，E、R也随之发生变化。E是θ的函数。墙后土体破坏时，必沿抗力最小的滑动面滑动，相应的土压力即为最大土压力。通过求极值的方法，可求出产生最大土压力时的滑动面BC的破坏角θ_{cr}，从而得到库仑主动土压力的计算表达式为：

$$E_a=\frac{1}{2}\gamma h^2\frac{\cos^2(\varphi-\alpha)}{\cos^2\alpha\cdot\cos(\alpha+\delta)\left[1+\sqrt{\frac{\sin(\varphi+\delta)\sin(\varphi-\beta)}{\cos(\alpha+\delta)\cos(\alpha-\beta)}}\right]^2}=\frac{1}{2}\gamma H^2K_a \tag{6-16}$$

$$K_a=\frac{\cos^2(\varphi-\alpha)}{\cos^2\alpha\cdot\cos(\alpha+\delta)\left[1+\sqrt{\frac{\sin(\varphi+\delta)\sin(\varphi-\beta)}{\cos(\alpha+\delta)\cos(\alpha-\beta)}}\right]^2} \tag{6-17}$$

式中 K_a——库仑主动土压力系数，按式（6-17）计算，也可查表6-2确定；

H——挡土墙高度（m）；

γ——墙后填土的重度（kN/m^3）；

β——墙后填土表面的倾斜角（°）；

α——墙背的倾斜角（°），俯斜时为正，仰斜时为负；

δ——土对墙背的摩擦角，查表6-1确定。

土对挡土墙的摩擦角 **表6-1**

挡土墙粗糙度及填土排水情况	外摩擦角	挡土墙粗糙度及填土排水情况	外摩擦角
墙背平滑、排水不良	$0\sim\frac{\varphi}{3}$	墙背很粗糙、排水良好	$\frac{\varphi}{2}\sim\frac{2\varphi}{3}$
墙背粗糙、排水良好	$\frac{\varphi}{3}\sim\frac{\varphi}{2}$	墙背与填土之间不可能滑动	$\frac{2\varphi}{3}\sim\varphi$

库仑主动土压力系数 **表6-2**

δ	α	β \ φ	15°	20°	25°	30°	35°	40°	45°	50°
0°	0°	0°	0.589	0.490	0.406	0.333	0.271	0.217	0.172	0.132
		10°	0.704	0.569	0.462	0.374	0.300	0.238	0.186	0.142
		20°		0.883	0.573	0.441	0.344	0.267	0.204	0.154
		30°				0.750	0.436	0.318	0.235	0.172
	10°	0°	0.652	0.560	0.478	0.407	0.343	0.288	0.238	0.194
		10°	0.784	0.655	0.550	0.461	0.383	0.318	0.261	0.211
		20°		1.015	0.685	0.548	0.444	0.360	0.291	0.231
		30°				0.925	0.566	0.433	0.337	0.262

续表

δ	α	β \ φ	15°	20°	25°	30°	35°	40°	45°	50°
0°	20°	0°	0.736	0.648	0.569	0.498	0.434	0.375	0.322	0.274
		10°	0.896	0.768	0.663	0.572	0.492	0.421	0.358	0.302
		20°		1.205	2.834	0.688	0.576	0.484	0.405	0.337
		30°				1.169	0.740	0.586	0.474	0.385
	−10°	0°	0.540	0.433	0.344	0.270	0.209	0.158	0.117	0.083
		10°	0.644	0.500	0.389	0.301	0.229	0.171	0.125	0.088
		20°		0.785	0.482	0.353	0.261	0.190	0.136	0.094
		30°				0.614	0.331	0.226	0.155	0.104
	−20°	0°	0.497	0.380	0.287	0.212	0.153	0.106	0.070	0.043
		10°	0.595	0.439	0.323	0.234	0.166	0.114	0.074	0.045
		20°		0.707	0.401	0.274	0.188	0.125	0.080	0.047
		30°				0.498	0.239	0.147	0.090	0.051
10°	0°	0°	0.533	0.447	0.373	0.309	0.253	0.204	0.163	0.127
		10°	0.664	0.531	0.431	0.350	0.282	0.225	0.177	0.136
		20°		0.897	0.549	0.420	0.326	0.254	0.195	0.148
		30°				0.762	0.423	0.306	0.226	0.166
	10°	0°	0.603	0.520	0.448	0.384	0.326	0.275	0.230	0.189
		10°	0.759	0.626	0.524	0.440	0.369	0.307	0.253	0.206
		20°		1.064	0.674	0.534	0.432	0.351	0.284	0.227
		30°				0.969	0.564	0.427	0.332	0.258
	20°	0°	0.659	0.615	0.543	0.478	0.419	0.365	0.316	0.271
		10°	0.890	0.752	0.646	0.558	0.482	0.414	0.354	0.300
		20°		1.308	0.844	0.687	0.573	0.481	0.403	0.337
		30°				1.268	0.758	0.594	0.478	0.388
	−10°	0°	0.477	0.358	0.309	0.245	0.191	0.146	0.106	0.078
		10°	0.590	0.455	0.354	0.275	0.211	0.159	0.116	0.082
		20°		0.773	0.450	0.328	0.242	0.177	0.127	0.088
		30°				0.605	0.313	0.212	0.146	0.098
	−20°	0°	0.427	0.330	0.252	0.188	0.137	0.096	0.064	0.039
		10°	0.529	0.388	0.286	0.209	0.149	0.103	0.068	0.041
		20°		0.674	0.364	0.248	0.170	0.114	0.073	0.044
		30°				0.475	0.220	0.135	0.082	0.047
15°	0°	0°	0.518	0.434	0.363	0.301	0.248	0.201	0.160	0.125
		10°	0.656	0.522	0.423	0.343	0.277	0.222	0.174	0.135
		20°		0.914	0.546	0.415	0.323	0.251	0.194	0.147

续表

δ	α	β \ φ	15°	20°	25°	30°	35°	40°	45°	50°
		30°				0.777	0.422	0.305	0.225	0.165
		0°	0.592	0.511	0.441	0.378	0.323	0.273	0.228	0.189
		10°	0.760	0.623	0.520	0.437	0.366	0.305	0.252	0.206
	10°	20°		1.103	0.679	0.535	0.432	0.351	0.284	0.228
		30°				1.005	0.571	0.430	0.334	0.260
		0°	0.690	0.611	0.540	0.476	0.419	0.366	0.317	0.273
		10°	0.904	0.757	0.649	0.560	0.484	0.416	0.357	0.303
	20°	20°		1.383	0.862	0.697	0.579	0.486	0.408	0.341
15°		30°				1.341	0.778	0.606	0.487	0.395
		0°	0.458	0.371	0.298	0.237	0.186	0.142	0.106	0.076
		10°	0.576	0.422	0.344	0.267	0.205	0.155	0.114	0.081
	−10°	20°		0.776	0.441	0.320	0.237	0.174	0.125	0.087
		30°				0.607	0.308	0.209	0.143	0.097
		0°	0.405	0.314	0.240	0.180	0.132	0.093	0.062	0.038
		10°	0.509	0.372	0.275	0.201	0.144	0.100	0.066	0.040
	−20°	20°		0.667	0.352	0.239	0.164	0.110	0.071	0.042
		30°				0.470	0.214	0.131	0.080	0.046
		0°			0.357	0.297	0.245	0.199	0.160	0.125
		10°			0.419	0.340	0.275	0.220	0.174	0.135
	0°	20°			0.547	0.414	0.322	0.251	0.193	0.147
		30°				0.798	0.425	0.306	0.225	0.166
		0°			0.438	0.377	0.322	0.273	0.229	0.190
		10°			0.521	0.438	0.367	0.306	0.254	0.208
	10°	20°			0.690	0.540	0.436	0.354	0.286	0.230
		30°				1.051	0.582	0.437	0.338	0.264
		0°			0.543	0.479	0.422	0.370	0.321	0.277
20°		10°			0.659	0.568	0.490	0.423	0.363	0.309
	20°	20°			0.891	0.715	0.592	0.496	0.417	0.349
		30°				1.434	0.807	0.624	0.501	0.406
		0°			0.291	0.232	0.182	0.140	0.105	0.076
		10°			0.337	0.262	0.202	0.153	0.113	0.080
	−10°	20°			0.437	0.316	0.233	0.171	0.124	0.086
		30°				0.614	0.306	0.207	0.142	0.096
		0°			0.231	0.174	0.128	0.090	0.061	0.038
		10°			0.266	0.195	0.140	0.097	0.064	0.039
	−20°	20°			0.344	0.233	0.160	0.108	0.069	0.042
		30°				0.468	0.210	0.129	0.079	0.045

如果挡土墙满足朗肯土压力理论假设，即墙背垂直（$\alpha=0$）、光滑（$\delta=0$）、填土面水平（$\beta=0$），且无超载（填土与挡土墙顶平齐）时，式（6-16）可简化为：

$$E_{\mathrm{a}}=\frac{1}{2}\gamma h^{2}\tan^{2}\left(45^{\circ}-\frac{\varphi}{2}\right)=\frac{1}{2}\gamma h^{2}K_{\mathrm{a}} \tag{6-18}$$

可见，朗肯土压力理论的主动土压力计算公式只是库仑土压力理论的主动土压力计算公式的特例。

库仑主动土压力强度沿墙高的分布计算公式为：

$$p_{\mathrm{a}}=\gamma z K_{\mathrm{a}} \tag{6-19}$$

可见，库仑主动土压力强度沿墙高呈三角形分布，土压力作用点通过距墙底 1/3 墙高处，如图 6-9（c）所示。

6.4.3 被动土压力计算

当挡土墙受外力向填土方向移动，直至墙后土体达到被动极限平衡状态，产生沿平面 BC 向上滑动的三角形楔体△ABC（图 6-10）时，墙背上的土压力为被动土压力，以 E_{P} 表示。平面 BC 以下土体对楔体△ABC 的反力 R 和墙背对楔体△ABC 的反力 E_{P} 都作用在各自作用平面法线的上方。由于此时被动土压力是抵抗挡土墙滑动的因素，满足得到最小被动土压力 E_{P} 的滑动面为最危险滑动面。与求库仑主动土压力方法类似，可以得到库仑被动土压力合力的计算公式为：

$$E_{\mathrm{p}}=\frac{1}{2}\gamma h^{2}K_{\mathrm{p}} \tag{6-20}$$

式中，K_{p} 为被动土压力系数，按下式计算，即

$$K_{\mathrm{a}}=\frac{\cos^{2}(\varphi+\alpha)}{\cos^{2}\alpha\cdot\cos(\alpha-\delta)\left[1-\sqrt{\dfrac{\sin(\varphi+\delta)\sin(\varphi+\beta)}{\cos(\alpha-\delta)\cos(\alpha-\beta)}}\right]^{2}} \tag{6-21}$$

其余符号含义同式（6-16）。

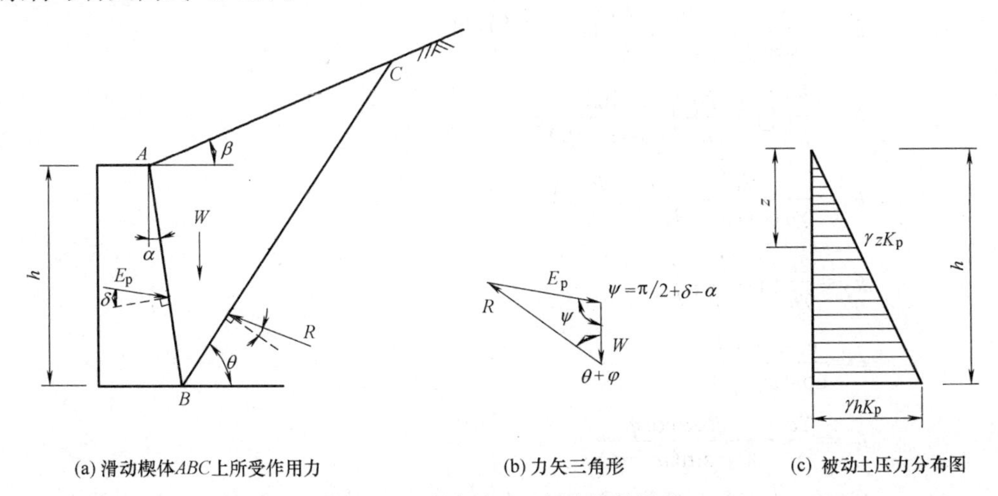

图 6-10　库仑被动土压力计算图示

库仑被动土压力强度计算公式为：

$$p_{\mathrm{p}}=\gamma z K_{\mathrm{p}} \tag{6-22}$$

被动土压力沿墙高呈三角形直线分布，如图 6-10（c）所示。

朗肯土压力理论的被动土压力计算公式也只是库仑土压力理论的被动土压力计算公式的特例，所以朗肯土压力理论实际上是库仑土压力理论的一个特例。

特别需要注意的是，库仑土压力合力的作用方向并不与墙背垂直，而与墙背法向成外摩擦角。

【例 6-2】 有一挡土墙，高 4m，墙背倾斜角 $\alpha=10°$（俯斜），填土面坡角 $\beta=20°$，填土与墙背之间摩擦角 $\delta=20°$，填土的物理力学性质指标如下：$c=0$，$\varphi=30°$，$\gamma=19\text{kN/m}^3$。试按库仑理论求主动土压力及其作用点。

解：根据填土的指标查表 6-2 得 $K_a=0.540$，于是得：

$$E_a=\frac{1}{2}\gamma h^2 K_a=\frac{1}{2}\times19\times4\times4\times0.540=82.08\text{kN/m}$$

土压力作用点在距墙底 $H/3$ 处，即距墙底 1.33m 处。

6.4.4 黏性土的库仑土压力理论

1. 广义库仑理论

为了考虑黏性土的黏聚力 c 对土压力的影响，以往常常采用“等值内摩擦角 φ_D”（加大 φ 值，以取代 c、φ 的共同作用）的方法计算，但误差较大，在低墙时偏于保守，高墙时偏于危险。因此，近年来许多学者在库仑理论的基础上计入了墙后填土面超载、填土黏聚力、填土与墙背间的黏结力以及填土表面附近的裂缝深度等因素的影响（图 6-11），提出了所谓“广义库仑理论”。根据图 6-11 所示的计算简图，可得库仑主动土压力系数为：

$$K_a=\frac{\cos(\alpha-\beta)}{\cos\alpha\cos^2\psi}\{[\cos(\alpha-\beta)\cos(\alpha+\delta)+\sin(\varphi-\beta)\sin(\varphi+\delta)]k_q+2k_2\cos\varphi\sin\psi$$
$$+k_1\sin(\alpha+\varphi-\beta)\cos\psi+k_0\sin(\beta-\varphi)\cos\psi-2\sqrt{G_1G_2}\} \tag{6-23}$$

其中

$$k_q=\frac{1}{\cos\alpha}\left[1+\frac{2q}{\gamma h}\varepsilon-\frac{h_0}{h^2}\left(h_0+\frac{2q}{\gamma}\right)\varepsilon^2\right]$$

$$k_0=\frac{h_0^2}{h^2}\left(1+\frac{2q}{\gamma h_0}\right)\frac{\sin\alpha}{\cos(\alpha-\beta)}\varepsilon$$

$$k_1=\frac{2c'}{\gamma h\cos(\alpha-\beta)}\left(1-\frac{h_0}{h}\varepsilon\right)$$

$$k_2=\frac{2c}{\gamma h}\left(1-\frac{h_0}{h}\varepsilon\right)$$

$$\varepsilon=\frac{\cos\alpha\cos\beta}{\cos(\alpha-\beta)}$$

$$h_0=\frac{2c}{\gamma}\cdot\frac{\cos\alpha\cos\varphi}{1+\sin(\alpha-\varphi)}$$

$$G_1=k_q\sin(\delta+\varphi)\cos(\delta+\alpha)+k_2\cos\varphi+\cos\psi[k_1\cos\delta-k_0\cos(\alpha+\delta)]$$

$$G_2=k_q\cos(\alpha-\beta)\sin(\varphi-\beta)+k_2\cos\varphi$$

$$\psi=\alpha+\delta+\varphi-\beta$$

式中 q——填土表面的均布荷载（kPa）；

h_0——地表裂缝深度（m）；

c——填土的黏聚力（kPa）；

c'——墙背与填土之间的黏聚力（kPa）；

其他符号意义同前。

如果 $c=0$，$q=0$，$c'=0$，整理得到式（6-19）。这说明，广义库仑土压力理论是库仑土压力理论的推广。

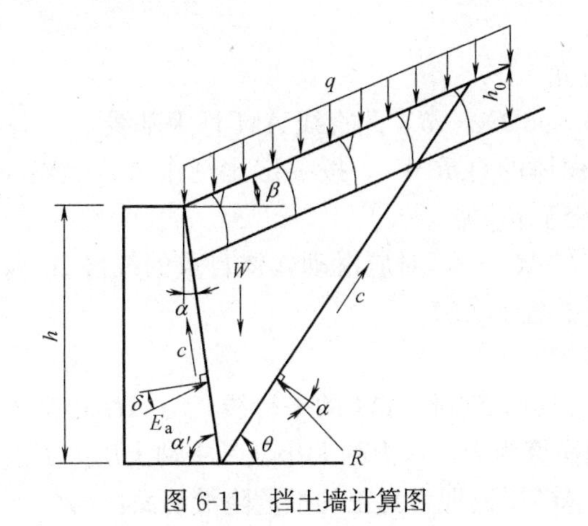

图 6-11　挡土墙计算图

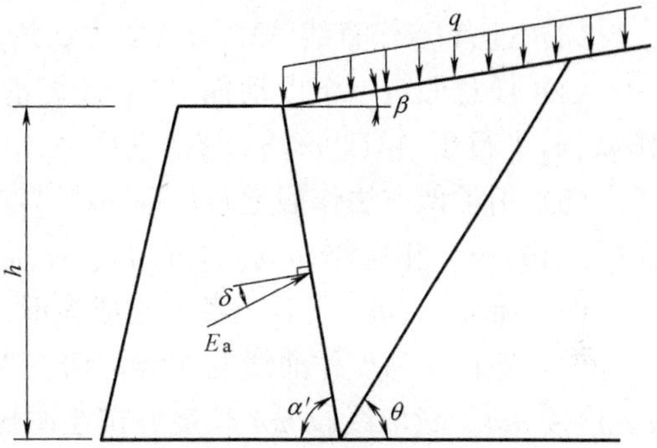

图 6-12　规范推荐方法计算简图

2. 《建筑地基基础设计规范》GB 50007 推荐公式

《建筑地基基础设计规范》GB 50007（以下简称《规范》）推荐采用“广义库仑理论”方法计算主动土压力：

$$E_a=\psi_c\frac{1}{2}\gamma h^2K_a \tag{6-24}$$

其中

$$K_a=\frac{\cos(\alpha'+\beta)}{\sin^2\alpha'\sin^2\psi}\{[\sin(\alpha'+\beta)\sin(\alpha'-\delta)+\sin(\varphi-\beta)\sin(\varphi+\delta)]k_q+2\eta\sin\alpha'\cos\varphi\cos\psi-2\sqrt{G_1G_2}\} \tag{6-25}$$

$$k_q=1+\frac{2q\sin\alpha'\cos\beta}{\gamma h\sin(\alpha'+\beta)}$$

$$\eta=\frac{2c}{\gamma h}$$

$$G_1=k_q\sin(\alpha'+\beta)\sin(\varphi-\beta)+\eta\sin\alpha'\cos\varphi$$

$$G_2=k_q\sin(\alpha'-\delta)\sin(\varphi+\delta)+\eta\sin\alpha'\cos\varphi$$

$$\psi=\alpha'+\beta-\varphi-\delta$$

式中　ψ_c——主动土压力增大系数，当土坡高度小于等于 5m 时取 1.0，高度为 5～8m 时宜取 1.1，高度大于 8m 时宜取 1.2；

γ——填土重度（kN/m^3）；

h——挡土墙的高度（m）；

q——填土表面的均布荷载（kPa）；

K_a——主动土压力系数；

φ、c——填土的内摩擦角（°）、黏聚力（kPa）；

α'、β、δ 如图 6-12 所示。

6.4.5 库尔曼图解法

对于一切不规则的填土表面和荷载情况，可以采用库尔曼（Culmann）图解法来计算土压力。库尔曼图解法的理论基础是库仑土压力理论，以计算主动土压力为例，用图解法求解土压力的步骤如下（图 6-13）：

（1）按比例绘制挡土墙与填土面的剖面图。

（2）从墙踵 A 点作直线 AL 与水平面呈 φ 角。

（3）过 A 点作直线 AM 与 AL 成 ψ 角，$\psi=90°-\alpha-\delta$，此直线 AM 称为基线。

（4）任意假定一个滑动面 AC_1 计算滑动楔体的自重 W_1，按一定比例作 $An_1=W_1$，作 m_1n_1 平行于 AM，m_1n_1 与滑动面 AC_1 相交于 m_1 点。

（5）用类似方法作假定破坏面 AC_2、AC_3、AC_4…，对应滑动楔体自重的线段 An_2、An_3、An_4…，相应作 m_2n_2、m_3n_3、m_4n_4…平行于 AM。

（6）将 m_1、m_2、m_3…各点连成光滑曲线。

（7）平行于 AL 作曲线的切线，切点为 m。过 m 点作 AM 的平行线，与 AL 相交于 n。连接 mn，量取线段 mn 长度并按绘图比例换算为力，该力的大小就是主动土压力 E_a。

（8）连接 Am 并延长，与填土面交于 C，AC 平面即为真正的最危险滑动面。

可以看出，图 6-13 中三角形△Amn 与图 6-9（b）所示的封闭力矢三角形是相似三角形，An 代表滑动楔体自重，因而 mn 代表了主动土压力 E_a，这就是库尔曼图解法的原理。

土压力的作用点可按以下方法近似确定（参见图 6-14）。

设 AC 为按上述方法确定的最危险破坏面，滑动楔体 ABC 的重心为 O，过 O 点作 OO' 线与 AC 平行，则 AC 与墙背的交点 O' 即为主动土压力 E_a 的作用点。

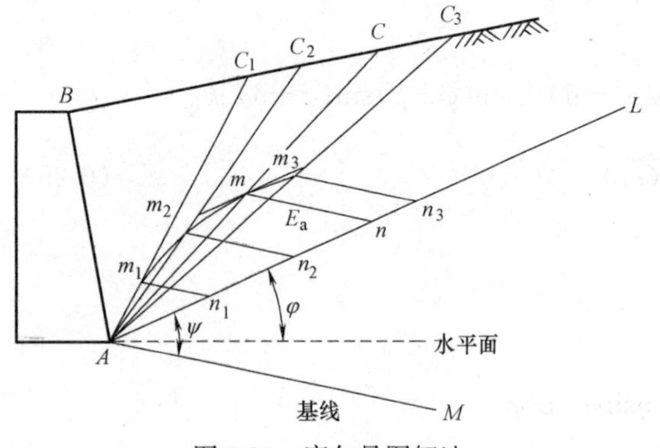

图 6-13 库尔曼图解法

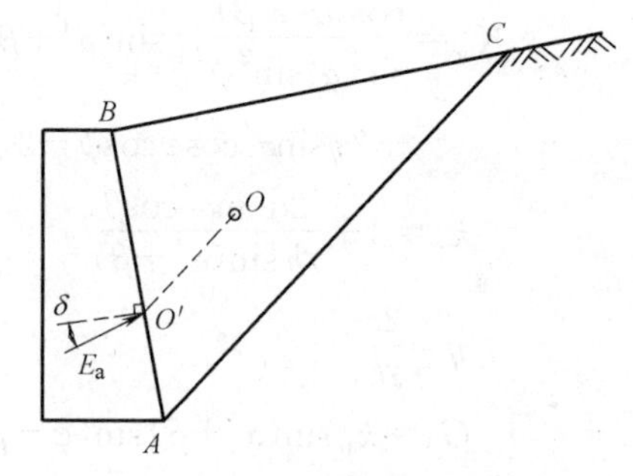

图 6-14 主动土压力作用点确定方法

当填土面作用有超载时，可将超载与滑动楔体自重相加，然后视为滑动楔体自重，按上述方法即可求得土压力。同理，库尔曼图解法也可用于求解被动土压力 E_p。

6.5 几种常见情况土压力的计算

工程上所遇到的挡土墙及墙后土体的条件，要比朗肯土压力所假定的条件复杂得多。

如填土面上有荷载作用，填土可能是性质不同的成层土，墙后填土有地下水作用等。对于这些情况，只能在前述基础上作近似处理。以下介绍几种常见情况下的主动土压力计算方法。

码 6-5　特殊情况下土压力计算

6.5.1　填土表面有均布荷载

当填土墙后填土表面有连续均布荷载 q 作用时，如图 6-15（a）所示，墙背深度 z 处土单元所受的大主应力 $\sigma_1=q+\gamma z$，小主应力 $\sigma_3=p_a=\sigma_1 K_a-2c\sqrt{K_a}$，即：

无黏性土：
$$p_a=(q+\gamma z)K_a \tag{6-26}$$

黏性土：
$$p_a=(q+\gamma z)K_a-2c\sqrt{K_a} \tag{6-27}$$

由式（6-26）可知，作用在墙背面的主动土压力强度 p_a 由两部分组成：一部分由均布荷载 q 引起，其分布与深度无关，是常数；另一部分由土重引起，与 z 成正比。土压力为图示的梯形分布图的面积。式（6-27）还需考虑黏聚力的影响，由于黏聚力产生负的土压力导致土压力分布可能出现梯形分布或三角形分布，必须时需计算临界深度。

如果填土面上均布荷载从墙背后某一距离开始，如图 6-15（b）所示，在这种情况下的土压力计算可按以下方法进行：从均布荷载的起点 O 作 Oa 和 Ob，分别与水平面成 φ 和 $\theta=45°+\varphi/2$。a 点以上计算时不考虑均布荷载 q 的作用，b 点以下计算时按式（6-26）或式（6-27）考虑 q 的作用，a 点和 b 点之间的土压力用直线连接，最后的主动土压力强度分布图形为多边形 $ABCDE$，其主动土压力为多边形 $ABCDE$ 的面积，如图 6-15（b）所示。

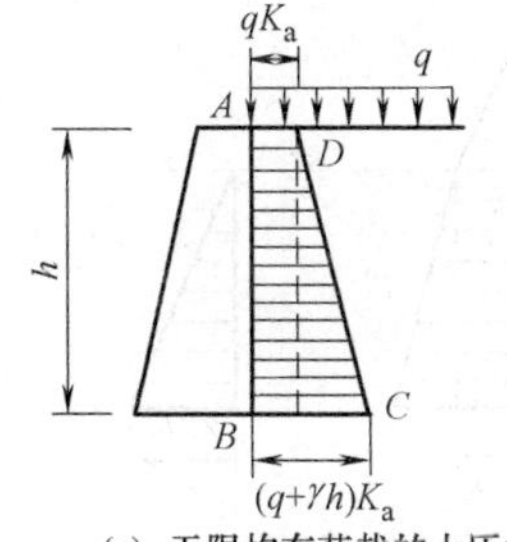

(a) 无限均布荷载的土压力

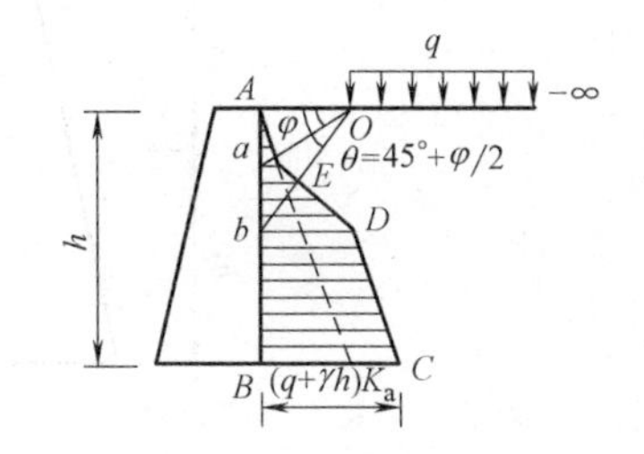

(b) 距挡土墙一定距离均布荷载的土压力

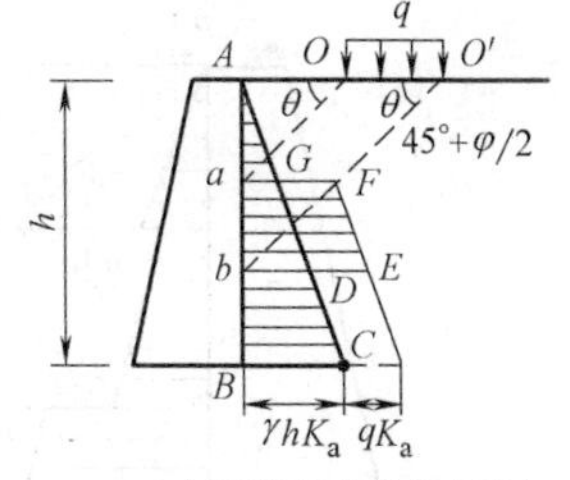

(c) 局部均布荷载的土压力

图 6-15　填土表面有均布荷载的土压力计算

当墙顶面上建有建筑物、道路时，在墙顶地面上形成局部均布荷载，如图 6-15（c）所示。墙面上的土压力计算可近似按以下方法进行：从局部荷载 q 的两个端点 O、O' 分别作与水平面成 $45°+\varphi/2$ 角的斜线交墙背于 a、b 两点，认为 a 点以上和 b 点以下的土压力都不受局部荷载 q 的影响，a、b 之间的土压力按均布荷载计算，作用于 AB 墙背面上的主动土压力强度分布图形为多边形 $ABCDEFG$，其主动土压力为多边形 $ABCDEFG$ 的面积，如图 6-15（c）所示。

6.5.2　成层填土

当墙后填土有多层不同类型的水平土层时，任一深度 z 处的土单元所受的竖向应力为其上覆土的自重应力之和，即 $\sum_{i=1}^{n}\gamma_i h_i$，$\gamma_i$、$h_i$ 分别为第 i 层土的重度和厚度，n 为上覆土层数。以无黏性土为例，成层土产生的主动土压力强度为 $p_{\mathrm{a}}=\sigma_1 K_{\mathrm{a}}=K_{\mathrm{a}}\sum_{i=1}^{n}\gamma_i h_i$。如图 6-16 所示的挡土墙各层的主动土压力强度为：

第一层填土顶面：$p_{\mathrm{a1}}^{\text{上}}=0$

第一层填土底面：$p_{\mathrm{a1}}^{\text{下}}=\gamma_1 h_1 K_{\mathrm{a1}}$

第二层填土顶面：$p_{\mathrm{a2}}^{\text{上}}=\gamma_1 h_1 K_{\mathrm{a2}}$

第二层填土底面：$p_{\mathrm{a2}}^{\text{下}}=(\gamma_1 h_1+\gamma_2 h_2)K_{\mathrm{a2}}$

第三层填土顶面：$p_{\mathrm{a3}}^{\text{上}}=(\gamma_1 h_1+\gamma_2 h_2)K_{\mathrm{a3}}$

第三层填土底面：$p_{\mathrm{a3}}^{\text{下}}=(\gamma_1 h_1+\gamma_2 h_2+\gamma_3 h_3)K_{\mathrm{a3}}$

由于各层土的性质不同，主动土压力系数也不同，因此主动土压力强度会在土层分界面处出现两个值，其数值往往不同，应分别计算。

6.5.3 墙后填土有地下水

挡土墙后的填土常会部分或全部处于地下水位以下，此时要考虑地下水位对土压力的影响。

在计算墙体受到的总的侧向压力时，对地下水位以上部分的土压力计算同前，对地下水位以下部分的水、土压力一般采用“水土分算”或“水土合算”的方法计算。对于砂性和粉土，可按水土分算的原则进行，即分别计算土压力和水压力，然后两者叠加；对于黏性土，可根据现场情况和工程经验，按水土分算和水土合算进行计算。

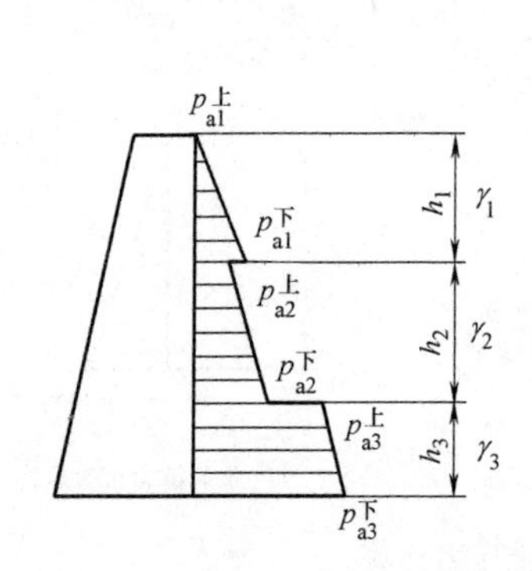

图 6-16 成层填土的土压力计算

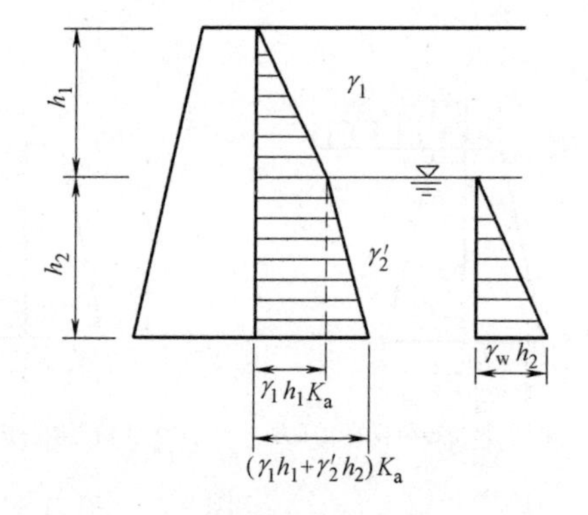

图 6-17 墙后有地下水的土压力分布

(1) 水土分算法

这种方法计算作用在挡土墙上的土压力时采用有效重度，计算水压力时按静水压力计算，然后两者叠加为总的侧压力。例如，当墙后填土为无黏性土时（图 6-17），主动土压力与水压力强度的和为：

$$\sigma_{\mathrm{z}}K_{\mathrm{a}}+\sigma_{\mathrm{w}}=K_{\mathrm{a}}\left(\sum_{i=1}^{n}\gamma_i h_i+\sum_{j=1}^{m}\gamma_j' h_j\right)+\sum_{j=1}^{m}\gamma_{\mathrm{w}} h_j \tag{6-28}$$

式中 n、m——地下水位以上和以下土层层数；

γ_i、γ_j'——地下水位以上各层土重度和地下水位以下各层土有效重度（$\mathrm{kN/m^3}$）；

γ_{w}——水的重度（$\mathrm{kN/m^3}$）；

h_i、h_j——地下水位上、下各层土的厚度（m）。

（2）水土合算法

这种方法比较适合渗透性小的黏性土层。计算作用在挡土墙上的土压力时，采用饱和重度，水压力不再单独计算叠加，即

$$p_a=\gamma_{sat}HK_a-2c\sqrt{K_a} \tag{6-29}$$

式中 γ_{sat}——土的饱和重度，地下水位以下可近似采用天然重度；

K_a——按总应力强度指标计算的主动土压力系数，$K_a=45°-\frac{\varphi}{2}$；

其他符号意义同前。

【例 6-3】 某挡土墙墙高 $h=6$m，墙背直立、光滑，填土面水平，填土由两层土组成，厚度均为 3m，第一层土的物理力学性质指标：$\gamma_1=18\text{kN/m}^3$，$c_1=10$kPa，$\varphi_1=0°$。第二层土的物理力学性质指标：$\gamma_2=19\text{kN/m}^3$，$c_2=15$kPa，$\varphi_2=30°$。求：①主动土压力的大小及其作用点位置；②绘制主动土压力强度分布图。

解：（1）主动土压力系数

$$K_{a1}=\tan^2\left(45°-\frac{\varphi_1}{2}\right)=1$$

$$K_{a2}=\tan^2\left(45°-\frac{\varphi_2}{2}\right)=0..333$$

（2）每层土的主动土压力强度

第一层填土：

顶面：$p_{a1}^{上}=-2c_1\cdot\sqrt{K_{a1}}=-2\times10\times1=-20\text{kPa}$

拉应力区深度：$z_0=\dfrac{2c_1}{\gamma\sqrt{K_{a1}}}=1.11\text{m}$

底面：$p_{a1}^{下}=\gamma_1h_1K_{a1}-2c_1\cdot\sqrt{K_{a1}}=18\times3\times1-2\times10\times1=34\text{kPa}$

第二层填土：

顶面：$p_{a2}^{上}=\gamma_1h_1K_{a2}-2c_2\cdot\sqrt{K_{a2}}=18\times3\times0.333-2\times15\times0.577=0.59\text{kPa}$

底面：

$$\begin{aligned}p_{a2}^{下}&=(\gamma_1h_1+\gamma_2h_2)K_{a2}-2c_2\cdot\sqrt{K_{a2}}\\&=(18\times3+19\times3)\times0.333-2\times15\times0.577\\&=19.40\text{kPa}\end{aligned}$$

（3）主动土压力合力及作用点

主动土压力合力：

$$\begin{aligned}E_a&=\frac{1}{2}p_{a1}^{上}(h-z_0)+\frac{1}{2}(p_{a2}^{上}+p_{a2}^{下})h_2\\&=\frac{1}{2}\times34\times(3-1.11)+\frac{1}{2}\times(0.59+19.40)\times3=62.12\text{kN/m}\end{aligned}$$

主动土压力作用点距墙底的距离 z_a 为：

$$z_a=\left[\frac{1}{2}p_{a1}^{下}(h-z_0)\cdot\left(\frac{h_1-z_0}{3}+h_2\right)+\frac{1}{2}(p_{a2}^{下}-p_{a2}^{上})h_2\cdot\frac{h_2}{3}+p_{a2}^{上}\cdot h_2\cdot\frac{h_2}{2}\right]\Big/E_a$$

$$=\left[\frac{1}{2}\times34\times(3-1.11)\times\left(\frac{3-1.11}{3}+3\right)+\frac{1}{2}\times(19.40-0.59)\times3\times\frac{3}{3}+0.59\times3\times\frac{3}{2}\right]\Big/62.12$$
$$=2.37\text{m}$$

主动土压力分布图如图 6-18 所示。

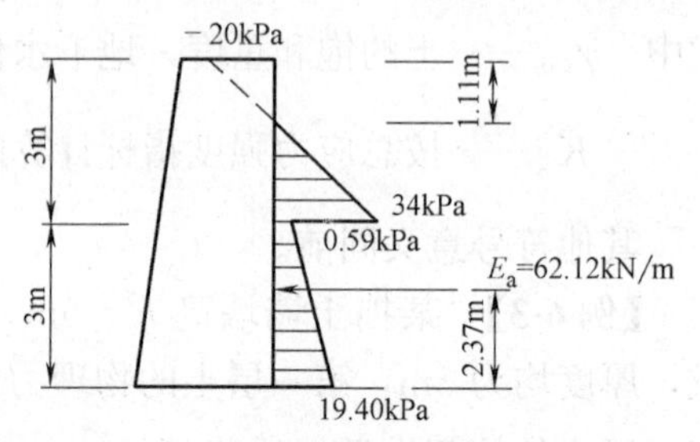

图 6-18　主动土压力分布

【例 6-4】 某挡土墙墙高 7m，墙背垂直、光滑、墙后填土面水平。在填土表面作用有均布荷载 $q=20$kPa，墙后填土共分两层，第一层土厚度 3m，第二层土厚度 4m，各层土的物理力学性质指标如图 6-19 所示。试计算：

（1）挡土墙墙背上的主动土压力大小，并绘制主动土压力分布图；

（2）当地下水位于挡土墙墙顶以下 3m 时，试计算作用在挡土墙墙背上的主动土压力大小，并绘制主动土压力分布图。

解：（1）无地下水作用时，主动土压力计算

① 主动土压力系数

$$K_{a1}=\tan^2\left(45°-\frac{\varphi_1}{2}\right)=\tan^2\left(45°-\frac{20°}{2}\right)=0.490$$

$$K_{a2}=\tan^2\left(45°-\frac{\varphi_2}{2}\right)=\tan^2\left(45°-\frac{26°}{2}\right)=0.390$$

② 每层土主动土压力强度

第一层填土：

顶面：$p_{a1}^{上}=q\cdot K_{a1}-2c_1\cdot\sqrt{K_{a1}}=20\times0.490-2\times12\times0.7=-7.00\text{kPa}$

设临界深度为 z_0：$(q+\gamma_1 z_0)K_{a1}-2c_1\sqrt{K_{a1}}=0$

$$z_0=\frac{2c_1\sqrt{K_{a1}}}{K_{a1}}-q/\gamma_1=0.79\text{m}$$

底面：$p_{a1}^{下}=(q+\gamma_1 h_1)K_{a1}-2c_1\cdot\sqrt{K_{a1}}$

$=(20+18\times3)\times0.49-2\times12\times0.7=19.46\text{kPa}$

第二层填土：

顶面：$p_{a2}^{上}=(q+\gamma_1 h_1)k_{a2}-2c_2\cdot\sqrt{k_{a2}}=(20+18\times3)\times0.390-0=28.86\text{kPa}$

底面：$p_{a2}^{下}=(q+\gamma_1 h_1+\gamma_2 h_2)k_{a2}-2c_2\cdot\sqrt{k_{a2}}$

$=(20+18\times3+19\times3)\times0.39-0$

$=51.09\text{kPa}$

③ 主动土压力合力及作用点

合力：

$$E_a=\frac{1}{2}p_{a1}^{下}(h_1-z_0)+\frac{1}{2}(p_{a2}^{上}+p_{a2}^{下})h_2$$

$$=\frac{1}{2}\times19.46\times(3-0.79)+\frac{1}{2}\times(28.86+51.09)\times3=141.43\text{kN/m}$$

主动土压力作用点距墙底的距离 z_a 为：

$$z_a=\left[\frac{1}{2}p_{a1}^{上}(h-z_0)\cdot\left(\frac{h_1-z_0}{3}+h_2\right)+\frac{1}{2}(p_{a2}^{下}-p_{a2}^{上})h_2\cdot\frac{h_2}{3}+p_{a2}^{上}\cdot h_2\cdot\frac{h_2}{2}\right]\Big/E_a$$

$$=\left[\frac{1}{2}\times19.46\times(3-0.79)\times\left(\frac{3-0.79}{3}+3\right)+28.86\times3\times\frac{3}{2}+\frac{1}{2}\times(51.09-28.86)\times3\times\frac{3}{3}\right]\Big/141.43$$

$=1.72\text{m}$

（2）有地下水作用时，主动土压力计算

因第二层填土为砂土，按水土分算。

① 第二层填土主动土压力强度

第一层填土主动土压力强度同（1）。第二层填土按“水土分算”时采用土的有效重度。

顶面：$p_{a2}^{上}=(q+\gamma_1h_1)k_{a2}-2c_2\cdot\sqrt{k_{a2}}=(20+18\times3)\times0.390-0=28.86\text{kPa}$

底面：$p_{a2}^{下}=(q+\gamma_1h_1+\gamma_2'h_2)k_{a2}-2c_2\cdot\sqrt{k_{a2}}$

$=[20+18\times3+(19-10)\times3]\times0.39-0$

$=39.39\text{kPa}$

水压力 $p_{w1}=0\text{kPa}$

$$p_{w2}=\gamma_wh_w=10\times3=30\text{kPa}$$

② 计算总主动土压力、总水压力

主动土压力：

$$E_a=\frac{1}{2}p_{a1}^{下}(h_1-z_0)+\frac{1}{2}(p_{a2}^{上}+p_{a2}^{下})h_2$$

$$=\frac{1}{2}\times19.46\times(3-0.79)+\frac{1}{2}\times(28.86+39.39)\times3=123.88\text{kN/m}$$

水压力：

$$E_w=\frac{1}{2}p_wh_w=\frac{1}{2}\times30\times3=45\text{kN/m}$$

土压力作用点：

$$z_a=\left[\frac{1}{2}p_{a1}^{上}(h-z_0)\cdot\left(\frac{h_1-z_0}{3}+h_2\right)+\frac{1}{2}(p_{a2}^{下}-p_{a2}^{上})h_2\cdot\frac{h_2}{3}+p_{a2}^{上}\cdot h_2\cdot\frac{h_2}{2}\right]\Big/E_a$$

$$=\left[\frac{1}{2}\times19.46\times(3-0.79)\times\left(\frac{3-0.79}{3}+3\right)+28.86\times3\times\frac{3}{2}+\frac{1}{2}\times(39.39-28.86)\times3\times\frac{3}{3}\right]\Big/123.88$$

$=1.82\text{m}$

水压力作用点：$z_w=\frac{1}{3}\times3=1.0\text{m}$

6.5.4 墙背形状有变化的情况

1. 折线形墙背

图 6-20 中墙背为折线形的挡土墙，是从仰斜墙背演变而来的，以减小上部的断面尺寸和墙高，多用于公路路堑墙或路肩墙。其常用近似的延长墙背法计算。对于上部 AB 段墙背，采用墙背俯斜（$\alpha_1>0$）时库仑公式计算主动土压力强度，其主动土压力分布为图

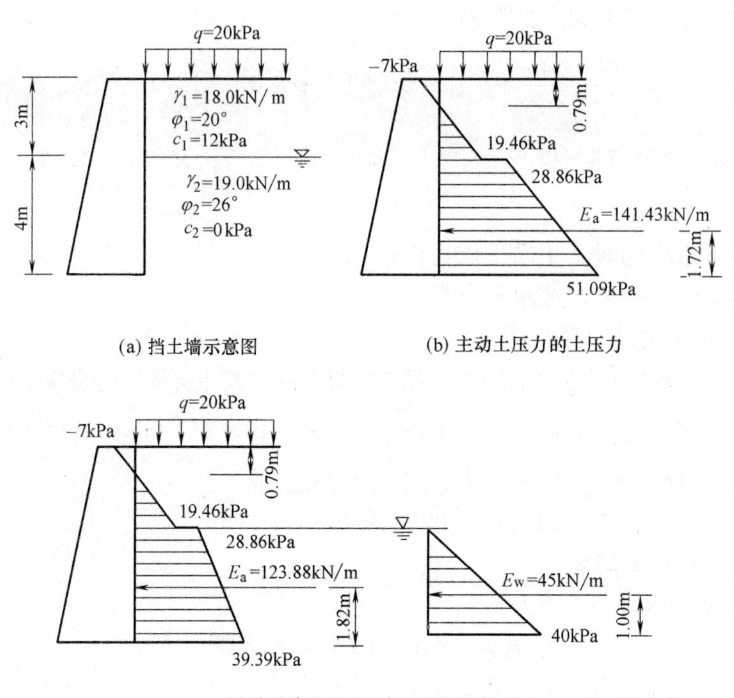

图 6-19　主动土压力分布计算图示

中△abc。对于下部 BC 段墙背，延长 CB 与填土面交于点 B'，将 $B'C$ 看作假想墙背，用墙背仰斜（$\alpha_1<0$）时库仑公式计算主动土压力强度，但仅分布在 BC 段上，为△$b'de$，最终叠加成主动土压力分布图为 $adefca$。

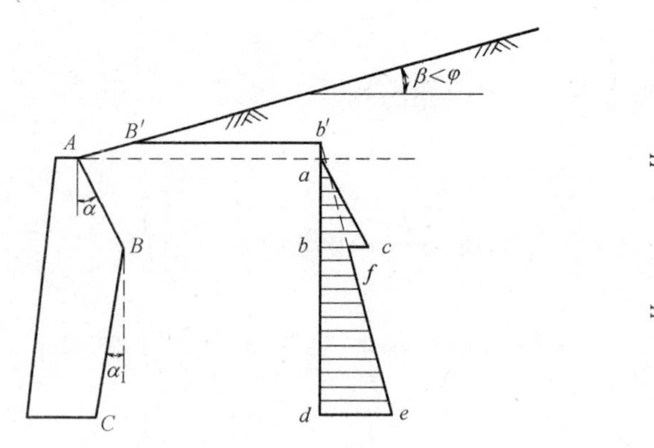

图 6-20　折线形墙背挡土墙的土压力分布

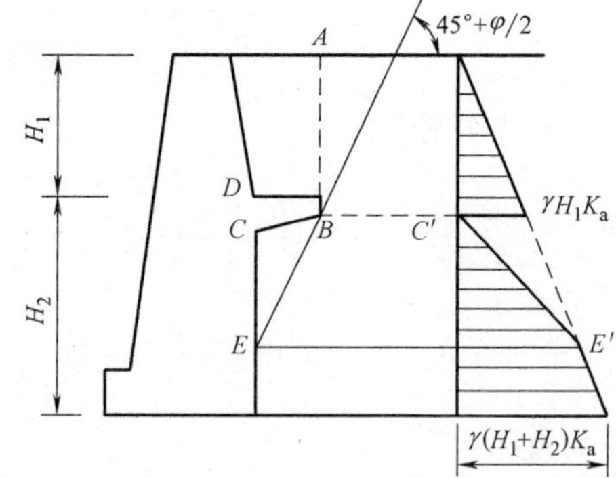

图 6-21　设有卸荷平台的挡土墙土压力分布

延长墙背法忽略了延长墙背与实际墙背之间的土楔（$\Delta ABB'$）重和土楔上可能有的荷载重，并且由于延长墙背与实际墙背上土压力作用方向的不同引起了竖直分力差，因此存在一定的误差。当上下墙背倾角相差超过 10°时，可以对假想墙背进行校正。

2. 墙背设置卸荷台

为了减小作用在墙背上的主动土压力，可以设置卸荷平台。如图 6-21 所示。平台以上 H_1 高度内，可按朗肯或库仑理论计算作用在面上的土压力分布。由于平台以上土重

W 已由卸荷台 BCD 承担，故平台下 C 点处土压力变为零，从而起到减小平台下 H_2 段内土压力的作用。一般认为减压范围至滑裂面与墙背交点 E 处。连接图中相应的 C'和 E'，则图中阴影部分即为减压后的土压力分布。显然，卸荷平台伸出越长，则减压作用越大。

6.6 关于土压力计算应用问题的讨论

朗肯和库仑两种土压力理论都是研究土压力问题的一种简化方法，但它们研究的出发点和途径不同，分别根据不同的假设，以不同的分析方法计算土压力，只有在简单情况下（$\alpha=0$，$\beta=0$，$\delta=0$）两种理论计算结果才一致。因此，在应用时必须注意针对实际情况合理选择，否则将会产生不同程度的误差。

1. 分析方法的异同

朗肯与库仑土压力均属于极限状态土压力理论，即都是墙后土体处于极限平衡状态下的土压力。但二者在分析方法上有着较大的差别，二者研究的出发点和途径不同。朗肯理论采用极限应力法，从研究土中一点的极限平衡应力状态和极限平衡条件出发，推导出土压力计算公式。库仑土压力采用滑动土楔体法，根据挡土墙后滑动土楔体的静力平衡条件推导出土压力计算公式。推导时考虑了实际墙背与填土之间的摩擦力，并可以用于墙背倾斜情况。

2. 适用条件

朗肯土压力理论概念比较清楚，理论比较严密，公式简单，计算方便，可适用于黏性土及无黏性土的土压力计算。但其适用条件严苛，必须满足墙背垂直、光滑、墙后填土面水平，使得它的应用范围受到限制，只能求解简单边界条件的土压力。

库仑土压力理论是一种简化理论，推导时考虑了墙背与填土之间的摩擦力，以及墙背倾斜的情况。因此，能适用于较为复杂的边界条件，应用范围更为广泛。需要注意的是，库仑公式一般只用于无黏土土，对于黏性土或粉土可采用“广义库仑理论”。图解法对无黏性土、黏性土均可方便应用。

3. 计算误差

朗肯土压力理论忽略了实际墙背与填土之间摩擦力的影响，使计算所得的主动土压力偏大、被动土压力偏小。库仑土压力理论虽然考虑了墙背与填土之间的摩擦力的影响，但假设破裂面是一平面，而实际上却是一曲面。试验证明，在计算主动土压力时，只有当墙背的倾角较小（$\alpha<15°$），墙背与填土之间的摩擦角较小时（$\delta<15°$），破坏面才接近于平面。对于被动土压力，滑动面呈明显的曲面。通常情况下，计算主动土压力时，计算得出的结果与曲线滑动面的结果相比要小 2%～10%，可以认为已满足工程需要的精度；但计算被动土压力时，由于破坏面接近对数螺线，计算结果误差较大，有时可达 2～3 倍，甚至更大。

思　考　题

6-1　阐述静止土压力、主动土压力、被动土压力产生的条件，并比较三者的数值大小。

6-2　影响挡土墙土压力的因素有哪些？其中最主要的影响因素是什么？

6-3　试分析刚性挡土墙产生位移时，墙后土体中应力状态有哪些变化？

6-4　朗肯土压力理论有何假设条件？适用于什么范围？

6-5 库仑土压力理论研究的内容是什么？有何基本假定？适用于什么范围？

6-6 试比较朗肯土压力理论和库仑土压力理论有何异同？

6-7 墙背的粗糙程度、填土排水条件的好坏对土压力有何影响？

习　题

6-1 已知某地下水外墙墙高 4m，墙后填土为粉土，重度 $\gamma=18.5\text{kN/m}^3$，$c=8\text{kPa}$，$\varphi'=26°$，计算作用在此挡土墙上的静止土压力分布、合力大小及作用点位置。

[参考答案：$E_0=82.88\text{kN/m}$]

6-2 某挡土墙墙高 5m，墙背竖直、光滑、填土面水平，$\gamma=18.5\text{kN/m}^3$，$c=15\text{kPa}$，$\varphi=20°$，试计算：(1) 作用在墙背上主动土压力，并绘制主动土压力分布图；(2) 若挡土墙在外力作用下，朝填土方向产生较大的位移时，试计算此时作用在墙背上的土压力值，并绘制主动土压力分布图。

[答案：(1) $E_a=32.60\text{kN/m}$；(2) $E_p=685.95\text{kN/m}$]

6-3 挡土墙墙高 6m，墙背垂直、光滑，墙后填土面水平，填土分两层，上层土厚 3m，$\gamma_1=17.5\text{kN/m}^3$，$c_1=0$，$\varphi_1=15°$；下层土厚 3m，$\gamma_2=18\text{kN/m}^3$，$c_2=12\text{kPa}$，$\varphi_2=20°$，计算作用在此墙背上主动土压力，并绘制土压力分布图。

[参考答案：$E_a=112.86\text{kN/m}$]

6-4 某挡土墙墙高 $h=6\text{m}$，墙背直立、光滑，填土面水平，在填土表面作用有均布荷载 $q=8\text{kPa}$。墙后填土共分两层各 3m，上层土的物理力学性质指标：$\gamma_1=18\text{kN/m}^3$，$c_1=10\text{kPa}$，$\varphi_1=0°$。下层土的物理力学性质指标：$\gamma_2=19\text{kN/m}^3$，$c_2=15\text{kPa}$，$\varphi_2=30°$。试计算：(1) 主动土压力的大小及其作用点位置；(2) 绘制出主动土压力强度分布图。

[参考答案：(1) $E_a=87.42\text{kN/m}$，$z_a=2.61\text{m}$]

6-5 挡土墙墙背直立、光滑，填土面水平，墙高 10m，墙后填土为砂土 $\gamma=18\text{kN/m}^3$，$\varphi=30°$，地下水位于距墙顶 6m 处，砂土的饱和重度 $\gamma=19\text{kN/m}^3$，试用水土分算法计算挡土墙上的主动土压力、水压力。

[参考答案：$E_a=276\text{kN/m}$；$E_w=80\text{kN/m}$]

*6-6 挡土墙墙背直立、光滑，填土面水平，墙高 7m，且作用均布荷载 $q=20\text{kPa}$，墙后填土的物理力学性质 $\gamma=19\text{kN/m}^3$，$c=0\text{kPa}$，$\varphi=35°$，如图 6-22 所示，已知 $AO=1\text{m}$，$AO'=3\text{m}$，试计算作用在墙背上的主动土压力 E_a。

[参考答案：$E_a=146.97\text{kN/m}$]

6-7 某挡土墙墙后填土为粗砂，如图 6-23 所示，求此墙背后的主动土压力。

[参考答案：$E_a=99.75\text{kN/m}$]

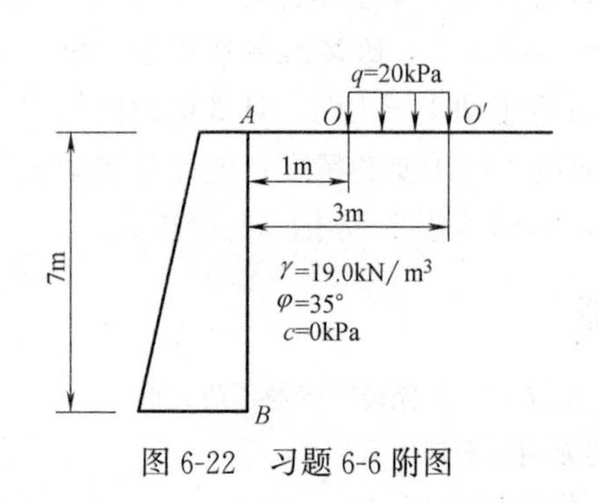

图 6-22　习题 6-6 附图

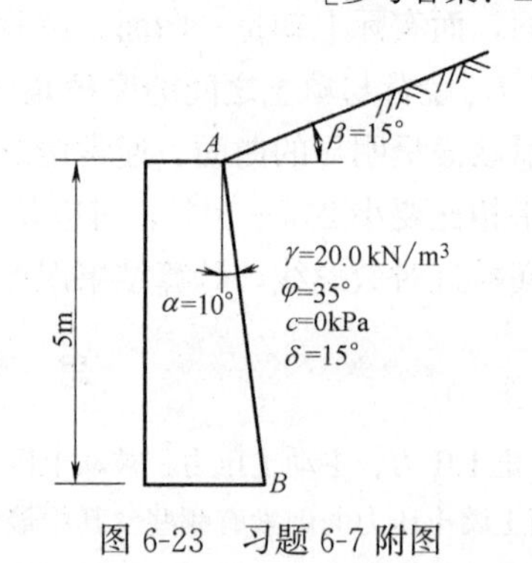

图 6-23　习题 6-7 附图

码 6-6　第 6 章习题参考答案

第 7 章　地基承载力

地基承受建筑物荷载作用后，内部应力发生变化，附加应力一方面引起地基内土体变形，造成建筑物沉降；另一方面，引起地基内土体的剪应力增加。当某一点的剪应力达到土体的抗剪强度后，这一点的土体就处于极限平衡状态。若土体中某一区域内各点都达到极限平衡状态，就形成塑性区。若荷载继续增大，地基内塑性区的发展范围随之不断增大，局部的塑性区发展成连续贯通到地表的整体滑动面。此时，基础下一部分土体将沿滑动面产生整体滑动，称为地基失稳。许多建筑工程质量事故往往与地基失稳有关。例如加拿大特朗斯康谷仓，由于未勘察到基础下有厚达 16m 的软黏土层，建成后初次储存谷物时，基底压力超过了地基极限承载力，致使谷仓一侧陷入土中 8.8m，另一侧抬高 1.5m，倾斜 27°。

地基承载力是指单位面积上地基所能承受荷载的能力，通常区分为两种承载力，一种为极限承载力，它是指地基即将丧失稳定性时的承载力，地基土体内部整体达到极限平衡，形成整体滑裂面。另一种称为容许承载力，它是指在保证地基稳定前提下，使建筑物变形不超过其容许变形值的承载力。

地基承载力取决于地基土的抗剪强度，地基承载力是土的抗剪强度宏观表现的一种形式，它不仅与土的物理力学性质有关，而且还与基础形式、埋深、建筑物类型、结构特点、施工速度和施工方法等因素有关。

7.1　地基破坏模式

试验研究表明，建筑地基在荷载作用下往往由于承载力不足而产生剪切破坏，其破坏模式可分为整体剪切破坏、局部剪切破坏和冲剪破坏三种，如图 7-1 所示。

码 7-1　地基承载力

7.1.1　整体剪切破坏

整体剪切破坏是在外荷载作用下地基产生连续剪切滑动面的一种破坏模式。其破坏过程如图 7-2 曲线 a 所示，地基变形的发展可分为三个阶段：

1. 线性变形阶段

当荷载较小时，基底压力 p 与沉降 s 基本呈线性变化关系，属线性变形阶段，如图 7-2 中曲线 a 中 OA 段所示。A 点所对应的基底压力 p_{cr} 称为临塑荷载（或比例极限）。当 $p<p_{cr}$ 时，地基处于线性变形阶段，地基土中各点均处于弹性应力平衡状态，地基中应力-应变关系符合线性关系。

2. 弹塑性变形阶段

随着荷载的增加，即 $p \geqslant p_{cr}$ 时，基础边缘处土体首先达到极限平衡状态，出现塑性变形区，并逐渐加深加大，土体开始向周围挤出，p-s 曲线由直线段变成曲线段，如图 7-2 曲线 a 的 AB 段，土体进入弹塑性变形阶段。

3. 完全破坏阶段

当荷载继续增大时，即 $p \geqslant p_u$ 时，塑性变形区迅速扩展，在地基内部形成一连续的滑动面，一直延伸到地表，如图 7-1（a）所示，基础急剧下沉或向一侧倾斜，同时土体被挤出，基础四周地面隆起，地基发生整体剪切破坏，p-s 曲线形成陡降段（BC 段），地基完全丧失承载能力，称为完全破坏阶段。B 点对应的荷载为极限荷载，以 p_u 表示。一般紧密的砂土、硬黏性土地基以整体剪切破坏为主。

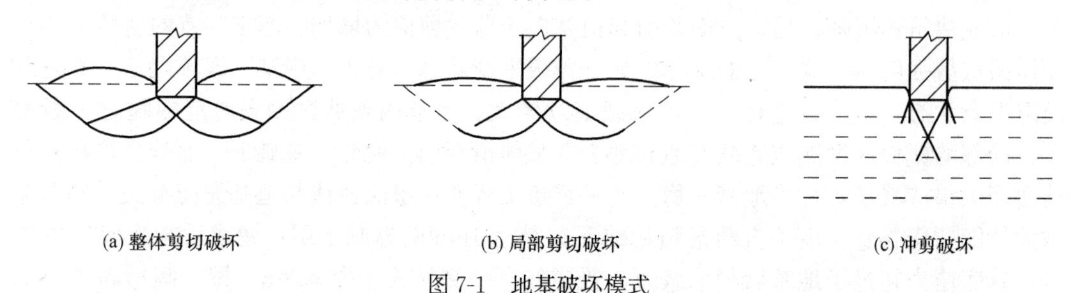

图 7-1　地基破坏模式

7.1.2　局部剪切破坏

局部剪切破坏是在外荷载作用下地基某一范围内发生剪切破坏区的地基破坏模式。随着荷载增加，塑性变形区从基础边缘开始，发展到地基内部某一区域终止，剪切滑动面并未延伸到地面，基础四周地面有微微隆起迹象，但并不如整体剪切破坏时明显。基础也不会发生明显的倒塌和倾斜破坏。相应的 p-s 曲线如图 7-2 中曲线 b 所示，曲线呈非线性变化，随着 p 的增加，变形加速发展，但直至地基破坏，也不像整体剪切破坏那样急剧增加，只是总变形量大，说明地基已破坏，变形量大是局部剪切破坏形式之一。局部剪切破坏一般常发生在中等以下密实的砂土地基。

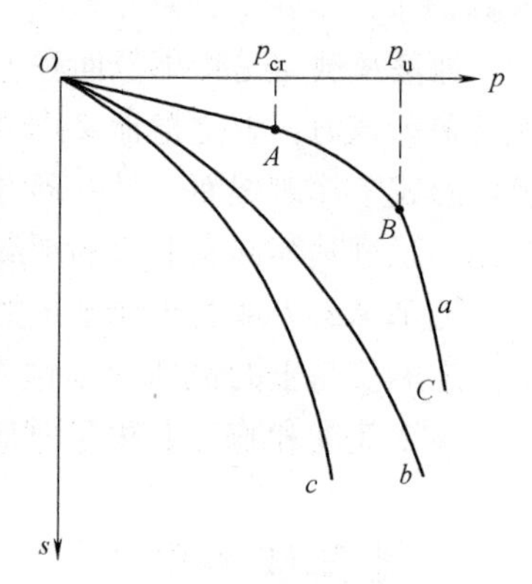

图 7-2　载荷试验 p-s 曲线

7.1.3　冲剪破坏

冲剪破坏也称刺入破坏，是在外荷载作用下地基土体发生垂直剪切破坏，使基础产生较大沉降的一种地基破坏模式，图 7-1（c）为冲剪破坏的情况。随着荷载的增加，基础下土层发生压缩变形，当荷载继续增加，基础四周土体发生竖向剪切破坏，基础“切入”土中，但地基中不出现明显的连续剪切滑动面，基础四周地面不隆起，沉降随荷载的增加而加大，沉降 p-s 曲线无明显拐点。冲剪破坏常发生在松砂及软土地基。

7.1.4　地基破坏模式的影响因素

地基土究竟发生哪一种模式的破坏取决于许多因素，例如：地基土的物理力学性质，如种类、密度、含水率、压缩性、抗剪强度等；基础条件，如基础形式、埋深、尺寸等。其中，土的压缩性和基础埋深是影响破坏模式的主要因素。

1. 土的压缩性

一般来说，密实砂土和坚硬的黏土将发生整体剪切破坏，而松散的砂土或软黏土可能出现局部剪切或冲剪破坏。

2. 基础埋深及加荷速率

基础浅埋，加荷速率慢，往往出现整体剪切破坏；基础埋深较大，加荷速率较快时，往往发生局部剪切破坏或冲剪破坏。

地基剪切破坏形式与诸多因素有关，目前尚无合理的理论作为统一的判别标准，表 7-1 给出了条形基础在中心荷载下不同剪切破坏的各种特征，以供参考。

条形基础在中心荷载下各类地基破坏形式的特征　　表 7-1

破坏形式	地基中滑动面情况	p-s 沉降曲线	基础四周地面情况	基础沉降	基础的表现	设计控制因素	事故出现情况	适用条件	基础相对埋深
整体剪切	连续、贯穿至地表	有明显拐点	隆起	较小	倾斜	强度	突然倾倒	密实	小
局部剪切	连续、地基内部	拐点不易确定	微有隆起	中等	可能倾斜	变形为主	较慢下沉时有倾倒	松软	中
冲剪破坏	不连续	拐点无法确定	沿基础下陷	较大	仅有下沉	变形	缓慢下沉	松软	大

7.2　临塑荷载与临界荷载

码 7-2　临塑荷载确定

7.2.1　临塑荷载

由地基的破坏形式可知，地基土的破坏首先是从基础边缘开始的，在荷载较小的阶段，地基内部无塑性点（区）出现，对应的荷载沉降 p-s 关系曲线呈直线。当荷载增大到某一值时，基础边缘的点首先达到极限平衡状态，p-s 曲线的直线段到达了终点（如图 7-2 曲线 a 的 A 点），A 点所对应的荷载称为比例界限荷载，或称临塑荷载，用 p_{cr} 表示。因此，临塑荷载是地基中即将出现塑性区时对应的荷载。

根据土中应力计算的弹性力学解答，当在地表作用有竖向均布条形荷载 p_0 时，如图 7-3（a）所示，地表下任一点深度 M 处的大、小主应力可按下式计算

$$\begin{cases} \sigma_1 = \dfrac{p_0}{\pi}(\beta_0 + \sin\beta_0) \\ \sigma_3 = \dfrac{p_0}{\pi}(\beta_0 - \sin\beta_0) \end{cases} \tag{7-1}$$

式中　p_0——均布条形荷载大小（kPa）；

β_0——任意点 M 与均布荷载两端点的夹角（rad）。

实际工程中，一般基础都具有一定的埋深 d，如图 7-3（b）所示，此时在地基中任一点 M 除了基底附加应力 p_0 外，还有土的自重应力（$\gamma_0 d + \gamma z$）。设基础为无限长条形基础，则由基底附加应力 p_0 在 M 点引起的大、小主应力仍可近似用式（7-2）计算，即：

$$
\begin{cases}
\sigma_1=\dfrac{p_0}{\pi}(\beta_0+\sin\beta_0)=\dfrac{p-\gamma_0 d}{\pi}(\beta_0+\sin\beta_0)\\
\sigma_3=\dfrac{p_0}{\pi}(\beta_0-\sin\beta_0)=\dfrac{p-\gamma_0 d}{\pi}(\beta_0-\sin\beta_0)
\end{cases}
\tag{7-2}
$$

由于自重应力在各个方向是不等的，计算 M 点的总应力不能直接把竖向自重应力叠加到式（7-2）所计算的大、小主应力上。为推导方便，假设当土即将产生塑性流动、达到极限平衡状态时，土像流体一样，各点处自重应力沿各个方向的应力相等，则地基中任一点的大、小主应力为：

$$
\begin{cases}
\sigma_1=\dfrac{p_0}{\pi}(\beta_0+\sin\beta_0)=\dfrac{p-\gamma_0 d}{\pi}(\beta_0+\sin\beta_0)+\gamma_0 d+\gamma z\\
\sigma_3=\dfrac{p_0}{\pi}(\beta_0-\sin\beta_0)=\dfrac{p-\gamma_0 d}{\pi}(\beta_0-\sin\beta_0)+\gamma_0 d+\gamma z
\end{cases}
\tag{7-3}
$$

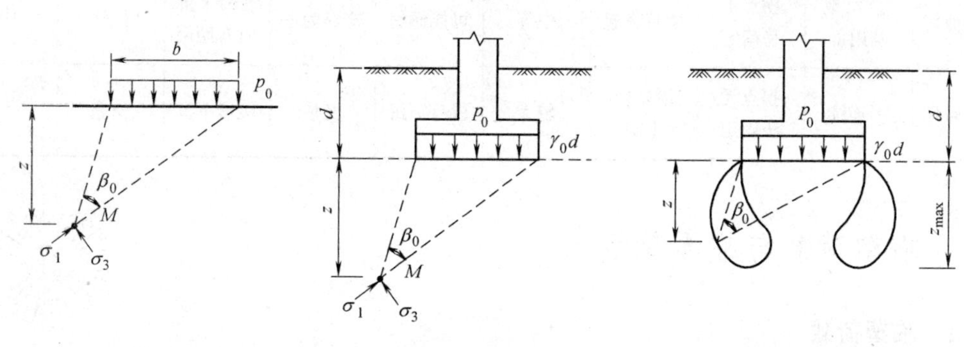

图 7-3　条形均布荷载下地基中的主应力及塑性区分布

根据摩尔-库仑强度理论，当 M 点处于极限平衡状态时，作用在该点单元体上的大、小主应力应满足极限平衡条件：

$$
\sigma_1=\sigma_3\tan^2\left(45°+\frac{\varphi}{2}\right)+2c\tan\left(45°+\frac{\varphi}{2}\right)
\tag{7-4}
$$

将式（7-4）代入式（7-3），整理后得：

$$
z=\frac{p-\gamma_0 d}{\pi\gamma}\left(\frac{\sin\beta_0}{\sin\varphi_0}-\beta_0\right)-\frac{c}{\gamma\tan\varphi}-\frac{\gamma_0}{\gamma}d
\tag{7-5}
$$

式（7-5）即为满足极限平衡条件的地基塑性区的边界方程，它描述出了边界上任意一点坐标与 β 的关系。如果 p、γ_0、γ、d、c 和 φ 已知，则可绘出塑性区的边界线，如图 7-3 所示。采用弹性理论计算，基础两边缘处的主应力最大，因此塑性区首先从基础两边缘处开始向深度发展。利用数学上求极值的方法，由 $\dfrac{dz}{d\beta_0}=0$，求得塑性区最大开展深度 z_{max}。

$$
\frac{dz}{d\beta_0}=\frac{p-\gamma_0 d}{\pi\gamma}\left(\frac{\cos\beta_0}{\sin\varphi}-1\right)=0
$$

则有

$$
\cos\beta_0=\sin\varphi
$$

$$
\beta_0=\frac{\pi}{2}-\varphi
\tag{7-6}
$$

将式（7-6）代入式（7-5），可求得 z_{max}：

$$z_{max}=\frac{p-\gamma_0 d}{\pi\gamma}\left[\cot\varphi-\left(\frac{\pi}{2}-\varphi\right)\right]-\frac{c}{\gamma\tan\varphi}-\frac{\gamma_0}{\gamma}d \tag{7-7}$$

若 $z_{max}=0$，则意味着在地基内部即将出现塑性区的情况，其对应的荷载即为临塑荷载 p_{cr}，其表达式如下：

$$p_{cr}=\frac{\pi(\gamma_0 d+c\cot\varphi)}{\cot\varphi+\varphi-\pi/2}+\gamma_0 d \tag{7-8}$$

式中　γ——基底面以上土的加权平均重度（kN/m^3）；

φ——地基土的内摩擦角（rad）；

其他符号意义同前。

7.2.2　临界荷载

工程实践表明，若采用不允许地基产生塑性区的临塑荷载 p_{cr} 作为地基承载力特征值时，往往不能充分发挥地基的承载能力，取值偏于保守。而只要地基中塑性区范围不超出某一限度，就不会影响建筑物的安全和正常使用。一般将允许地基产生一定范围塑性变形区所对应的荷载称为临界荷载。

对于中等强度以上的地基土，将控制地基中塑性区在一定深度范围内的临界荷载作为地基承载力特征值，使地基既有足够的安全度和稳定性，又能比较充分地发挥地基的承载能力，从而达到优化设计、减少基础工程量、节约投资的目的，符合经济合理的原则。允许塑性区开展深度的范围大小与建筑物的重要性、荷载性质和大小、基础形式和特性、地基土的物理力学性质等有关。

根据工程实践经验，在中心荷载作用下，控制塑性区最大开展深度 $z_{max}=\frac{b}{4}$（b 为条形基础宽度），则相应荷载即为临界荷载 $p_{1/4}$，即：

$$p_{1/4}=\frac{\pi\left(\gamma_0 d+c\cdot\cot\varphi+\frac{\gamma b}{4}\right)}{\cot\varphi+\varphi-\frac{\pi}{2}}+\gamma_0 d \tag{7-9}$$

在偏心荷载作用下控制 $z_{max}=\frac{b}{3}$，则相应的荷载即为临界荷载 $p_{1/3}$，即：

$$p_{1/3}=\frac{\pi\left(\gamma_0 d+c\cdot\cot\varphi+\frac{\gamma b}{3}\right)}{\cot\varphi+\varphi-\frac{\pi}{2}}+\gamma_0 d \tag{7-10}$$

式（7-8）、式（7-9）和式（7-10）可统一改写成如下形式：

$$p_{cr}=cN_c+\gamma_0 dN_q=cN_c+qN_q$$

$$p_{\substack{1/4\\1/3}}=cN_c+\gamma_0 dN_q+\frac{1}{2}\gamma bN_r \tag{7-11}$$

式中　γ——基底面以下土的重度，地下水位以上取天然重度，水位以下取有效重度（kN/m^3）；

N_c、N_q、N_r——承载力系数，可按下列公式计算，即

$$\begin{cases} N_c = \dfrac{\pi\cot\varphi}{\cot\varphi + \varphi - \dfrac{\pi}{2}} \\ N_q = 1 + \dfrac{\pi}{\cot\varphi + \varphi - \dfrac{\pi}{2}} \\ N_{r(1/4)} = \dfrac{\pi}{2\left(\cot\varphi + \varphi - \dfrac{\pi}{2}\right)} \\ N_{r(1/3)} = \dfrac{2\pi}{3\left(\cot\varphi + \varphi - \dfrac{\pi}{2}\right)} \end{cases} \tag{7-12}$$

由式（7-12）可知，临塑荷载由两部分组成：第一部反映了地基土黏聚力的作用，第二部分是基础埋深对承载力的影响。临界荷载由三部分组成：第一、二部分分别反映了地基土黏聚力和基础埋深对承载力的影响，这两部分组成了临塑荷载；第三部分表现为基础宽度和持力层地基土重度的影响，实际上是受塑性区开展深度的影响。这三部分都随土的内摩擦角 φ 的增大而增大，其值可从公式计算得到，为方便查用，可查表 7-2 求得。

承载力系数表 **表 7-2**

内摩擦角 φ(°)	$N_{r(1/4)}$	$N_{r(1/3)}$	N_q	N_c	内摩擦角 φ(°)	$N_{r(1/4)}$	$N_{r(1/3)}$	N_q	N_c
0	0	0	1.0	3.14	24	1.44	1.91	3.87	6.45
2	0.06	0.08	1.12	3.32	26	1.68	2.24	4.37	6.90
4	0.12	0.16	1.25	3.51	28	1.97	2.62	4.93	7.40
6	0.20	0.26	1.39	3.71	30	2.29	3.06	5.59	7.95
8	0.28	0.37	1.55	3.93	32	2.67	3.56	6.34	8.55
10	0.37	0.49	1.73	4.17	34	3.11	4.15	7.22	9.22
12	0.47	0.63	1.94	4.42	36	3.62	4.83	8.24	9.97
14	0.59	0.78	2.17	4.69	38	4.22	5.62	9.44	10.80
16	0.72	0.95	2.43	4.99	40	4.92	6.56	10.85	11.73
18	0.86	1.15	2.72	5.31	42	5.76	7.68	12.51	12.79
20	1.03	1.37	3.06	5.66	44	6.75	9.00	14.50	13.98
22	1.22	1.63	3.44	6.04	45	7.32	9.76	15.64	14.64

需要说明的是，以上公式均是以条形荷载情况推导得到的，对于矩形或圆形基础（空间问题），用此公式计算，其结果偏于安全。此外，在公式的推导过程中采用了弹性力学的解答，对于已出现塑性区的塑性变形阶段，其推导是不够严格的。

【例 7-1】 地基上有一条形基础受中心荷载作用，宽 $b=5.0\text{m}$，基础埋深 $d=1.5\text{m}$，基底面以上土的重度 $\gamma=18.0\text{kN/m}^3$，地下水位位于基础底面，基底面以下土的饱和重度 $\gamma_{sat}=19.5\text{kN/m}^3$，$\varphi=22°$，$c=20\text{kPa}$，试求 p_{cr} 与 $p_{1/4}$。

$$p_{cr} = \frac{\pi(\gamma_0 d + c\cot\varphi)}{\cot\varphi + \varphi - \pi/2} + \gamma_0 d = \frac{\pi(18.0\times1.5 + 20\times\cot22°)}{\cot22° + \dfrac{22\times\pi}{180°} - \dfrac{\pi}{2}} + 18\times15 = 213.37\text{kPa}$$

$$p_{1/4}=\frac{\pi\left(\gamma_0 d+c\cdot\cot\varphi+\frac{\gamma b}{4}\right)}{\cot\varphi+\varphi-\frac{\pi}{2}}+\gamma_0 d=\frac{\pi(18\times1.5)+20\times\cot22^\circ+\frac{(19.5-10)\times5}{4}}{\cot22^\circ+\frac{20^\circ\times\pi}{180^\circ}-\frac{\pi}{2}}+18\times1.5$$

$$=222.58\text{kPa}$$

7.3 地基的极限承载力

地基的极限承载力是地基发生剪切破坏丧失整体稳定性时的基底压力，反映地基承受荷载的极限能力。目前，求解极限承载力的方法有两种：①根据静力平衡和极限平衡条件建立微分方程，根据边界条件求出地基整体达到极限平衡时各点的应力的精确解。由于这一方法只对一些简单的条件得到了解析解，对其他情况则求解困难，故此法不常用。②假定滑动面法。此法先假设滑动面的形状，然后借助该滑动面上的极限平衡条件，求出地基极限承载力。此种方法概念明确，计算简单，得到广泛的应用。由于推导时的假设条件不同，所得极限承载力结果有所不同，下面介绍几种常用的计算公式。

码 7-3 普朗德尔极限承载力公式

7.3.1 普朗德尔极限承载力理论

普朗特尔（L. Prandtl，1920）根据塑性理论，推导出了刚性体压入无质量的半无限刚塑性介质时的极限压应力公式。在理论推导中，作了三个假设：①把地基土当成无重介质，即假设基础底面以下，土的重度 $\gamma=0\text{kN/m}^3$；②基础底面是完全光滑面。因为没有摩擦力，所以基底的压应力垂直于地面；③对于埋置深度 D 小于基础宽度 B 的浅基础，可以把基底平面当成地基表面，滑裂面只延伸到这一假定的地基表面。在这个平面以上基础两侧的土体，当成作用在基础两侧的均布荷载 $q=\gamma_0 d$，d 表示基础的埋置深度。

根据普朗德尔的假设和土体极限平衡理论，得出地基土滑动面的形状如图 7-4 所示。当荷载达到极限荷载 p_u 时，地基内出现连续的滑裂面，滑动土体可分为Ⅰ、Ⅱ、Ⅲ三个区域。其中位于基底面以下的Ⅰ区，称为朗肯主动区，由于基底光滑，该区的竖向应力即为大主应力 σ_1，滑动面与水平面夹角为（$45^\circ+\varphi/2$）。由于Ⅰ区的土楔 ABC 向下位移，将附近的土体挤向两侧，使Ⅲ区中的土体 ADF 和 BEG 达到被动朗肯状态，故称为朗肯被动区，该区大主应力 σ_1 作用方向为水平向，滑动面与水平面夹角为（$45^\circ-\varphi/2$）。Ⅱ区的边界线 CE 为对数螺线 CE，对数螺线方程为 $\gamma=\gamma_0 e^{\theta\tan\varphi}$。取脱离体 $OCDd$（图 7-4b），根据作用在脱离体 $OCDd$ 上力的平衡条件，普朗特尔推导出极限承载力的公式为：

$$p_u=cN_c \tag{7-13}$$

$$N_c=\cot\varphi\left[\exp(\pi\tan\varphi)\tan^2\left(45^\circ+\frac{\varphi}{2}\right)-1\right] \tag{7-14}$$

式中 N_c——承载力系数，为内摩擦角 φ 的函数；

φ——土的内摩擦角。

若考虑基础有埋深 d，则将基底平面以上的覆土以柔性超载 $q=\gamma_0 d$ 代替，瑞斯诺

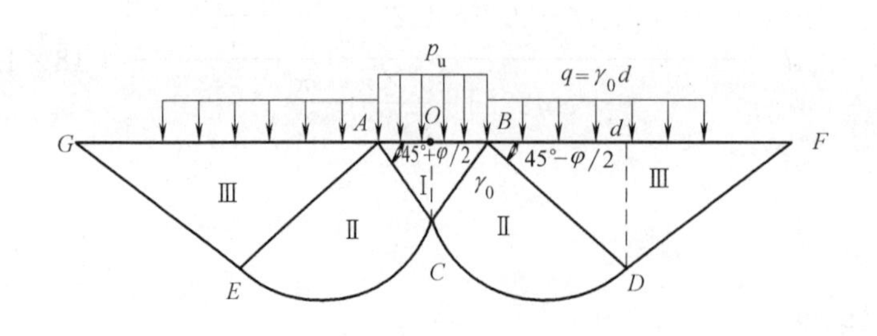

(a) 普朗德尔地基滑动面

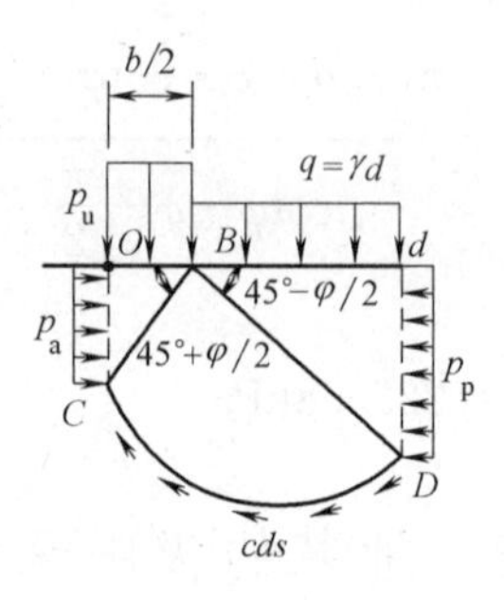

(b) $OCDd$脱离体

图 7-4 普朗德尔极限承载力理论模型

(H. Reissner，1924) 提出了考虑基础埋深后的极限承载力为：

$$p_u = cN_c + qN_q \tag{7-15}$$

其中：

$$\begin{cases} N_q = \exp(\pi\tan\varphi)\tan^2\left(45° + \dfrac{\varphi}{2}\right) \\ N_c = (N_q - 1)\cot\varphi \end{cases} \tag{7-16}$$

普朗德尔的极限承载力公式与基础宽度无关，这是由于公式推导过程中不计地基土的重度所致，此外基底与土之间尚存在一定的摩擦力，因此，普朗德尔公式只是一个近似公式。此后，不少学者在这方面进行了许多研究工作，如太沙基（1943 年）、泰勒（Taylor，1948 年）、梅耶霍夫（Meyerhof，1951 年）、汉森（Hansen，1961 年）以及魏锡克（Vesic，1973 年）等。

7.3.2 太沙基极限承载力理论

码 7-4 太沙基极限承载力公式

太沙基假定基础底面是粗糙的，基底与土之间的摩阻力阻止了基底处剪切位移的发生，因此直接在基底以下的土不发生破坏而处于弹性平衡状态，此部分土体称为弹性楔体。由于荷载的作用，基础向下移动，弹性楔体与基础成为整体向下移动。弹性楔体向下移动时，挤压两侧地基土体，使两侧土体达到极限平衡状态，滑动面的形状如图 7-5 所示。滑动土体分三个区，Ⅰ区为基础下的弹性楔体，代替了普朗德尔的朗肯主动区，与水平面成 φ 角；Ⅲ区为朗肯被动区，即处于被动极限平衡状态，滑动面与水平面夹角为 $(45°-\varphi/2)$；Ⅱ区为过渡区，边界为对数螺旋曲线，与普朗特尔模型相同。

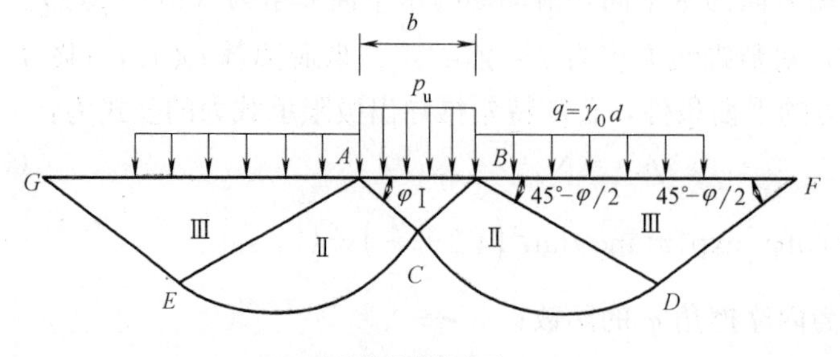

(a) 太沙基地基滑动面

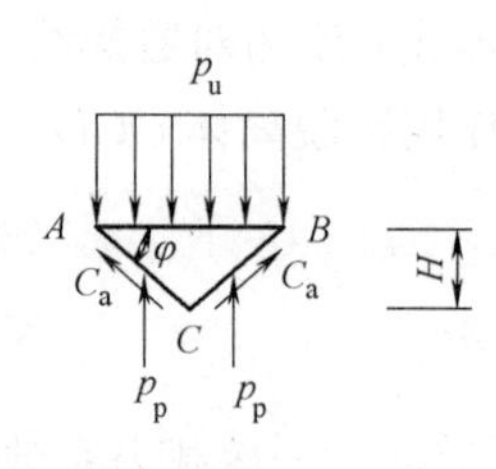

(b) 弹性楔体脱离体

图 7-5 太沙基极限承载力理论模型

极限承载力可根据弹性土楔的静力平衡条件确定，得出太沙基极限承载力为：

$$p_u = cN_c + qN_q + \frac{1}{2}\gamma bN_r \tag{7-17}$$

式中　q——基底水平面以上基础两侧的超载（kPa），$q=\gamma d$；

b、d——基底的宽度和埋置深度（m）；

N_c、N_q、N_r——破坏整体剪切承载力系数，仅与土的内摩擦角有关，可由图 7-6 实线或表 7-3 中查得；N_c、N_q 也可按式（7-16）计算求得；N_r 可按式（7-18）计算求得，其中 K_{pr} 为土压力系数，需由试算确定。式（7-17）适用于条形荷载下的整体剪切破坏情况。

$$N_r = \frac{1}{2}\left(\frac{K_{pr}}{\cos^2\varphi} - 1\right)\tan\varphi \tag{7-18}$$

太沙基承载力系数　　**表 7-3**

φ(°)	N_c	N_q	N_r	φ(°)	N_c	N_q	N_r
0	5.7	1.00	0.00	24	23.4	11.4	8.6
2	6.5	1.22	0.23	26	27.0	14.2	11.5
4	7.0	1.48	0.39	28	31.6	17.8	15
6	7.7	1.81	0.63	30	37.0	22.4	20
8	8.5	2.20	0.86	32	44.4	28.7	28
10	9.5	2.68	1.20	34	52.8	36.6	36
12	10.9	3.32	1.66	36	63.6	47.2	50
14	12.0	4.00	2.20	38	77.0	61.2	90
16	13.0	4.91	3.00	40	94.8	80.5	130
18	15.5	6.04	3.90	42	119.5	109.4	195
20	17.6	7.42	5.00	44	151.0	147.0	260
22	20.2	9.17	6.50	45	172.2	173.3	326

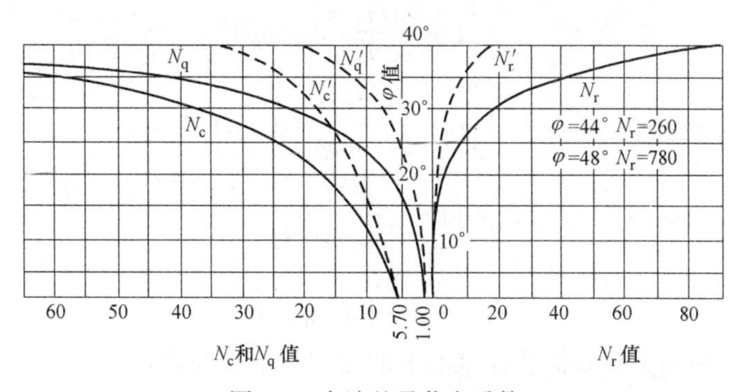

图 7-6　太沙基承载力系数

对于局部剪切破坏的情况，太沙基建议采用经验方法调整抗剪强度指标 c、φ，即以 $c'=2c/3$，$\varphi'=\arctan(2\tan\varphi/3)$ 代替式（7-17）中的 c、φ 得到：

$$p_u = \frac{2}{3}cN_c' + qN_q' + \frac{1}{2}\gamma bN_r' \tag{7-19}$$

式中　N_c'、N_q'、N_r'——局部剪切破坏承载力系数，由 φ 查图 7-6 中的虚线，或由 φ' 查图中的实线。

方形和圆形基础情况则属于三维问题，太沙基根据一些试验资料建议按下列半经验公式计算。方形基础（基础宽度为 b）：

$$p_u=1.2cN_c+qN_q+0.4\gamma bN_r \tag{7-20}$$

圆形基础（直径为 b）：

$$p_u=1.2cN_c+qN_q+0.6\gamma bN_r \tag{7-21}$$

对于矩形基础（$b\times l$），可按 b/l 值在条形基础（$b/l=0$）和方形基础（$b/l=1$）之间内插求得极限承载力。若地基为软黏土或松砂，将发生局部剪切破坏，此时，式（7-20）、式（7-21）中的承载力系数均应改为 N'_c、N'_q、N'_r值。

在实际工程中，在许多时候荷载是偏心的甚至是倾斜的，这时情况相对复杂一些，基础可能会整体剪切破坏，也可能水平滑动破坏，其理论破坏模式与中心荷载下不同。

20 世纪 70 年代魏锡克在太沙基理论基础上假定基底光滑，考虑荷载倾斜、偏心、基础形状、地面倾斜等影响，提出了极限承载力公式：

$$p_u=cN_cS_cd_ci_c+qN_qS_qd_qi_q+\frac{1}{2}\gamma bN_rS_rd_ri_r \tag{7-22}$$

式中 S_c、S_q、S_r——基础的形状修正系数；

i_c、i_q、i_r——荷载的倾斜修正系数；

d_c、d_q、d_r——基础的深度修正系数；

N_c、N_q、N_r——承载力系数，见表 7-4；

其余符号同前。

魏锡克公式的基本形式与太沙基公式类似，在应用中又考虑了基础底面的形状、荷载偏心与倾斜、基础两侧覆盖土层的抗剪强度、基底和地面倾斜的影响等，对地基承载力的分别进行了修正。

当满足 $H\leqslant C_aA+P\tan\delta$ 时，荷载倾斜修正系数按式（7-23a）~式（7-23c）确定。

$$i_c=\begin{cases}1-\dfrac{mH}{cAN_c} & (\varphi=0)\\ i_q-\dfrac{1-i_q}{N_c\tan\varphi} & (\varphi>0)\end{cases} \tag{7-23a}$$

$$i_q=\left(1-\frac{H}{P+cA\cot\varphi}\right)^m \tag{7-23b}$$

$$i_r=\left(1-\frac{0.7H-\eta/45^\circ}{P+cA\cot\varphi}\right)^5>0 \tag{7-23c}$$

式中 H、P——分别为倾斜荷载在基底上的水平与垂直分力；

C_a——基底与土之间的附着力；

A——基底面积，当荷载偏心时，则用有效面积；

δ——基底与土之间的摩擦角；

η——倾斜地基与水平面的夹角（°）；

m——系数，由下列各式计算：

当荷载在短边倾斜时，$m=\dfrac{2+b/l}{1+b/l}$；当荷载在长边倾斜时，$m=\dfrac{2+l/b}{1+l/b}$；对于条形基础 $m=2$。

基础底面形状修正系数可按式（7-24）确定：

$$\begin{cases}S_{c}=1+\dfrac{bN_{q}}{lN_{c}}\\S_{q}=1+\dfrac{b}{l\tan\varphi}\\S_{r}=1-\dfrac{0.4b}{l}\end{cases}\tag{7-24}$$

考虑基础两侧土的作用及基底以上土的抗剪强度等因素时，可按式（7-25a）～式（7-25c）的深度修正系数加以修正。

$$d_{c}=\begin{cases}1+0.4\dfrac{d}{b} & (\varphi=0°,d\leqslant b)\\1+0.4\arctan\left(\dfrac{d}{b}\right) & (\varphi=0°,d>b)\\d_{q}-\dfrac{1-d_{q}}{N_{c}\tan\varphi} & (\varphi>0°)\end{cases}\tag{7-25a}$$

$$d_{q}=\begin{cases}1+2\tan(1-\sin\varphi)^{2}\left(\dfrac{d}{b}\right) & (d\leqslant b)\\1+2\tan\varphi(1-\sin\varphi)\arctan\left(\dfrac{d}{b}\right) & (d>b)\end{cases}\tag{7-25b}$$

$$d_{r}=1\tag{7-25c}$$

7.3.3 汉森极限承载力公式

与魏锡克公式相似，汉森在极限承载力公式中也考虑了基础形状与荷载倾斜的影响，其形式如下：

$$p_{u}=cN_{c}S_{c}d_{c}i_{c}+qN_{q}S_{q}d_{q}i_{q}+\frac{1}{2}\gamma b'N_{r}S_{r}d_{r}i_{r}\tag{7-26}$$

式中 b'——基础有效宽度，$b'=b-2e_{0}$；

e_{0}——合力作用点的偏心距；

S_{c}、S_{q}、S_{r}——基础的形状修正系数，由式（7-27）计算确定；

i_{c}、i_{q}、i_{r}——荷载的倾斜修正系数，由式（7-28a）～式（7-28c）计算确定；

d_{c}、d_{q}、d_{r}——基础的深度修正系数，由式（7-25a）～式（7-25c）计算确定；

N_{c}、N_{q}、N_{r}——承载力系数，见表 7-4；

其他符号同前。

$$\begin{cases}S_{c}=1+\dfrac{0.2i_{c}b}{l}\\S_{q}=1+\dfrac{i_{q}b}{l\sin\varphi}\\S_{r}=1-\dfrac{0.4i_{r}b}{l}\geqslant0.6\end{cases}\tag{7-27}$$

$$i_c=\begin{cases}0.5-0.5\sqrt{1-\dfrac{H}{cA}} & (\varphi=0)\\ i_q-\dfrac{1-i_q}{cN_c} & (\varphi>0)\end{cases} \tag{7-28a}$$

$$i_q=\left(1-\frac{0.5H}{P+cA\cot\varphi}\right)^5 \tag{7-28b}$$

$$i_r=\left(1-\frac{0.7H-\eta/45°}{P+cA\cot\varphi}\right)^5>0 \tag{7-28c}$$

魏锡克与汉森公式承载力系数　　　表 7-4

φ(°)	N_c	N_q	$N_{r(V)}$	$N_{r(H)}$	φ(°)	N_c	N_q	$N_{r(V)}$	$N_{r(H)}$
0	5.14	1.00	0	0	24	19.33	9.61	9.44	6.90
2	5.69	1.20	0.15	0.01	26	22.25	11.83	12.54	9.53
4	6.17	1.43	0.34	0.05	28	25.80	14.71	16.72	13.13
6	6.82	1.72	0.57	0.14	30	30.15	18.40	22.40	18.09
8	7.52	2.06	0.86	0.27	32	35.50	23.18	30.22	24.95
10	8.35	2.47	1.22	0.47	34	42.18	29.45	41.06	34.54
12	9.29	2.97	1.69	0.76	36	50.61	37.77	56.31	48.08
14	10.37	3.58	2.29	1.16	38	61.36	48.92	78.03	67.43
16	11.62	4.33	3.06	1.72	40	75.36	64.23	109.41	95.51
18	13.09	5.25	4.07	2.49	42	93.69	85.36	155.55	136.72
20	14.83	6.40	5.39	3.54	44	118.41	115.35	224.64	198.77
22	16.89	7.82	7.13	4.96	45	133.86	134.86	271.76	240.95

7.3.4 地基承载力的安全度

由理论公式计算的地基极限承载力是地基处于极限平衡时的承载力，为了保证建筑物的安全和正常施工，地基承载力特征值应以一定的安全度将极限承载加以折减。安全系数 K 与上部结构类型、荷载性质、地基土类型以及建筑物的预期寿命和破坏结果等因素有关，目前尚无统一的安全度准则可用于工程实践。一般认为可取 2～3，但不得小于 2。表 7-5、表 7-6 给出了应用魏锡克公式和汉森公式时所采用的安全系数参考值。

魏锡克公式的安全系数　　　表 7-5

种类	典型建筑物	所属特征	土的勘察	
			完全、彻底	有限的
A	铁路桥、仓库、高炉、水工建筑、土工建筑	最大设计荷载可能出现；破坏的结果是灾难性的	3.0	4.0
B	公路桥轻工业和公共建筑	最大设计荷载偶然出现，破坏结果是严重的	2.5	3.5
C	房屋和办公室建筑	最大设计荷载极不可能出现	2.0	3.0

注：1. 对于临时性建筑物，可将表中的数值降低至 75%，但不得使安全系数低于 2.0；

2. 对于非常高的建筑物，例如烟囱、水塔，或随时可能发展成为承载力破坏危险的建筑物，表中数值将增加 20%～50%；

3. 如果基础设计是由沉降控制，必须采用高的安全系数。

汉森公式的安全系数 **表 7-6**

土或荷载情况	安全系数
无黏性土	2.0
黏性土	3.0
瞬时荷载(风、地震及相当的活载)	2.0
静荷载或长时期的活荷载	2.0 或 3.0(视土样而定)

【例 7-2】 若例 7-1 的地基属于整体剪切破坏，试分别采用太沙基公式及汉森公式确定其承载力设计值。

解：(1) 太沙基公式

根据 $\varphi=22°$，由图 7-1 查表 7-3 得太沙基承载力系数为：$N_c=16.9$，$N_q=7.8$，$N_r=6.9$

由式 (7-17) 得其地基极限承载力为：

$$p_u=cN_c+qN_q+\frac{1}{2}\gamma bN_r=20\times16.9+18\times1.5\times7.8+\frac{1}{2}\times(19.5-10)\times5\times6.9$$
$$=712.48\text{kPa}$$

(2) 根据汉森公式可得，$N_c=16.9$，$N_q=7.8$，$N_r=4.1$

垂直荷载 $i_c=i_q=i_r=1.0$

条形基础 $S_c=S_q=S_r=1.0$

根据 $d/b=1.5/5=0.3$

$$d_c=1+0.4\frac{d}{b}=1+0.4\times\frac{1.5}{5}=1.12$$

$$d_q=1+2\tan\varphi(1-\sin\varphi)^2\left(\frac{d}{b}\right)=1+2\times\tan22°(1-\sin22°)^2\times\frac{1.5}{5}=1.10$$

$$d_r=1$$

由式 (7-26) 可得：

$$p_u=20\times16.9\times1.0\times1.12\times1.0+18\times1.5\times7.8\times1.0\times1.1+\frac{1}{2}\times(19.5-10)\times$$
$$5.0\times4.1\times1.0\times1.0\times1.0=707.60\text{kPa}$$

(3) 若取安全系数 $K=3.0$ (黏性土)，则可得承载力特征值 f_a 为：

太沙基公式：$f_a=\dfrac{712.48}{3}=237.49\text{kPa}$

汉森公式：$f_a=\dfrac{707.60}{3}=235.87\text{kPa}$

7.4 按规范方法确定地基承载力

7.4.1 地基承载力特征值

地基承载力是指地基土单位面积上所能承受荷载的能力。所有建筑物和土工构筑物的地基基础设计均应满足地基承载力和变形的要求。《建筑地基基础设计规范》GB 50007 采用了地基承载力特征值这一概念。地基承载力特征值指地基稳定有保证可靠度的承载能力，它作为随机变量以概率理论为基础，以分项系数表达的实用极限状态设计法确定的地基承载力，同时也要验算地基变形不超过允许变形值。

《建筑地基基础设计规范》GB 50007 将地基承载力特征值定义为由载荷试验测定的地基土的压力-变形曲线线性变形阶段内规定的变形所对应的压力值，其最大值为比例界限值。同时规定，地基承载力特征值可由载荷试验或其他原位测试、公式计算，并结合工程实践经验等方法综合确定。

7.4.2 按原位载荷试验确定地基承载力特征值 f_{ak}

1. 按静载荷试验确定地基承载力特征值 f_{ak}

码 7-5 按规范确定地基承载力

测定地基承载力最可靠的方法是在拟建场地进行载荷试验。载荷试验是工程地质勘察工作中的一项原位测试，分为浅层和深层平板载荷试验。浅层平板载荷试验适用于浅层地基承压板影响范围内土层承载力，深层平板载荷试验适用于深部土层及大直径桩端土层的承载力测定。本节以浅层平板载荷试验为主介绍。

载荷试验可用于测定地基变形模量、地基承载力及黄土的失陷量等岩土力学性质。试验装置一般由加荷稳压装置、反力装置及观测装置三部分组成。加荷稳压装置包括承压板、立柱、加荷千斤顶及稳压器；反力装置包括地锚系统或堆重系统；观测装置包括百分表及固定反力架。

载荷试验一般在试验基坑内进行，即在基础底面标高处或需要进行试验的土层标高处。试验基坑尺寸以方便设置试验装置、便于操作为宜。一般规定试坑宽度不应小于 $3b$（b 为承压板的宽度或直径）。试验点一般布置在勘察取样的钻孔附近。承压板的面积不应小于 $0.25m^2$，对于软土不应小于 $0.50m^2$。挖试坑和放置试验设备时必须注意保持试验土层的原状土结构和天然湿度。试验土层顶面宜采用不超过 20mm 厚的粗砂或中粗砂找平。

试验加荷分级不应少于 8 级。最大加载量不应小于设计要求的 2 倍，并应尽量接近预估的地基极限荷载。第一级荷载（包括设备重量）应接近开挖试坑所卸除的土重，其相应的沉降量不计。以后每级荷载增量对较软的土采用 10～25kPa，对较密实的土采用 50kPa。

载荷试验的观测标准：

（1）每级加载后，按间隔 10min、10min、10min、15min、15min，以后为每隔半小时测读一次沉降量，当在连续 2h 内每小时的沉降量小于 0.1mm 时，则认为已趋稳定，可加下一级载荷。

（2）当试验出现下列情况之一时，即可终止加载：

① 承压板周围的土明显地侧向挤出。

② 沉降 s 急剧增大，荷载-沉降（p-s）曲线出现陡降段。

③ 在某一级载荷下，24h 内沉降速率不能达到稳定标准。

④ 沉降量与承压板宽度或直径之比大于或等于 0.06。

当满足终止加载前三种情况之一时，其对应的前一级荷载定为极限荷载。

根据各级荷载及其相应的稳定沉降的观测值，即可采用适当比例绘制荷载和稳定沉降

量的关系曲线 p-s 曲线，如图 7-7 所示。必要时也可绘制各级荷载下的沉降与时间的关系曲线（即 s-t 曲线或 s-lg$t$ 曲线）。

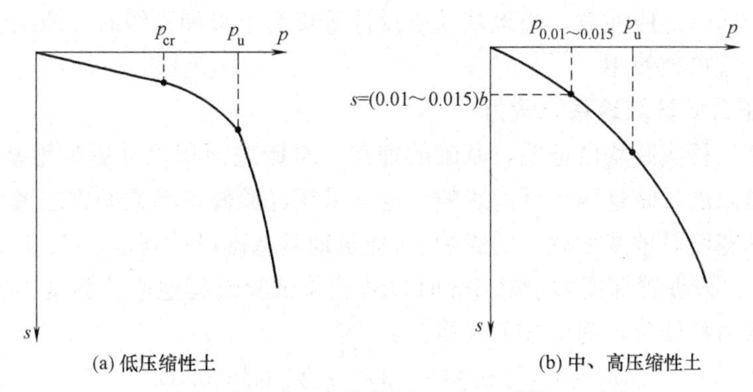

图 7-7　荷载-沉降（p-s）曲线

（3）地基承载力特征值 f_{ak} 确定的原则

① 当 p-s 曲线上有比例界限 p_{cr} 时，取该比例界限所对应的荷载值。

② 当极限荷载小于对应比例界限的荷载值的 2 倍时，取极限荷载值的一半。

③ 当不能按上述两款要求确定时，当承压板面积为 0.25～0.50m^2，可取 s/b＝0.01～0.015 所对应的荷载，但其值不应大于最大加载量的一半。

对于密实砂土、硬塑黏土等低压缩性土，其 p-s 曲线通常有比较明显的起始直线段和陡降段，如图 7-7（a）所示，出现陡降的前一级荷载即为极限荷载 p_u。考虑到低压缩性土的承载力特征一般由强度安全控制，故《建筑地基基础设计规范》GB 50007 规定取图中的直线段最大荷载（比例界限荷载）p_{cr} 作为承载力特征值。此时，地基的沉降量很小，强度会有很大的安全储备，一般建筑物均可满足。但对于少数地基土会出现 p_u 与 p_{cr} 很接近的情况，为了保证足够的安全储备，规定当 $p_u < 2p_{cr}$ 时，取 $p_u/2$ 作为地基承载力特征值。

对于有一定强度的中、高压缩性土，如松砂、填土、可塑黏性土等，p-s 曲线无明显转折点。但是曲线的斜率随荷载的增加而逐渐增大，最后稳定在某个最大值，即呈渐进破坏的“缓变型”，如图 7-7（b）所示。对于此类土，载荷试验要取得 p_u，荷载要加到很大，将产生较大的沉降，而实践中往往因受加荷设备的限制，或处于安全考虑，不能将试验进行到结束，因而无法取得 p_u。此外，土的压缩性较大，通过极限荷载确定的地基承载力未必能满足对地基沉降的限制。

事实上，中、高压缩性土的地基承载力，往往由沉降量控制。由于沉降量与基础（载荷板）底面尺寸、形状有关，而试验采用的荷载板通常总是小于实际基础的底面尺寸，为此，不能直接以基础的允许沉降值在 p-s 曲线上定出地基承载力。规范总结了许多实测资料，当压板面积为 0.25～0.5m^2 时，规定取 s＝(0.01～0.015) b 时所对应的荷载作为承载力特征值，但其值不应大于最大加载量的一半。

同一土层参加统计的试验点不应少于 3 点，当试验实测值的极差不超过其平均值的 30％时，取此平均值作为该土层的地基承载力特征值 f_{ak}。

2. 其他原位测试确定地基承载力特征值 f_{ak}

除了载荷试验外，对于静力触探、动力触探、标准贯入试验等原位测试我国已经积累了丰富的经验，《建筑地基基础设计规范》GB 50007 允许将其应用于确定地基承载力特征值。但是强调必须有地区经验，即当地的对比资料，还应对承载力特征值进行基础宽度和埋置深度修正，同时还应注意，当地基基础设计等级为甲级和乙级时，应结合室内试验成果综合分析，不宜单独使用。

3. 按照修正公式计算地基承载力

理论分析和工程实践均已证明，基础的埋深、基础底面积尺寸影响地基的承载能力。而上述原位测试未能反映这两个因素影响。通常采用经验修正系数的方法考虑实际基础的埋置深度和基础宽度对地基承载力的影响。《建筑地基基础设计规范》GB 50007 规定，当基础宽度大于 3m 或埋置深度大于 0.5m 时，从载荷试验或其他原位测试、经验值等方法确定的地基承载力特征值，尚应按下式修正：

$$f_a = f_{ak} + \eta_b \gamma (b-3) + \eta_d \gamma_m (d-0.5) \tag{7-29}$$

式中 f_a——修正后的地基承载力特征值（kPa）；

f_{ak}——地基承载力特征值（kPa）；

η_b、η_d——基础宽度和埋深的地基承载力修正系数，按基底下土的类别查表 7-7 取值；

γ——基础底面以下土的重度，地下水位以下取有效重度（kN/m^3）；

γ_m——基础底面以上埋深范围内土的加权平均重度，地下水位以下取有效重度（kN/m^3）；

b——基础底面宽度（m）；当宽度小于 3m 按 3m 取值，大于 6m 按 6m 取值；

d——基础埋置深度（m），宜自室外地面标高算起。在填方整平地区，可自填土地面标高算起，但填土在上部结构施工后完成时，应从天然地面标高算起。对于地下室，如采用箱形基础或筏板基础时，基础埋置深度自室外地面标高算起；当采用独立基础或条形基础时，应从室内地面标高算起。

承载力修正系数 **表 7-7**

土的类别		η_b	η_d
淤泥和淤泥质土		0	1.0
人工填土 e 或 I_L 大于等于 0.85 的黏性土		0	1.0
红黏土	含水比 $\alpha_W > 0.8$	0	1.2
	含水比 $\alpha_H \leqslant 0.8$	0.15	1.4
大面积压实填土	压实系数大于 0.95、黏粒含量 $\rho_c \geqslant 10\%$ 的粉土	0	1.5
	最大干密度大于 $2.1t/m^3$ 的级配砂石	0	2.0
粉土	黏粒含量 $\rho_c \geqslant 10\%$ 的粉土	0.3	1.5
	黏粒含量 $\rho_c < 10\%$ 的粉土	0.5	2.0
e 及 I_L 均小于 0.85 的黏性土		0.3	1.6
粉砂、细砂（不包括很湿与饱和时的稍密状态）		2.0	3.0
中砂、粗砂、砾砂和碎石土		3.0	4.4

注：1. 强风化和全风化的岩石，可参照所风化成的相应土类取值，其他状态下的岩石不修正；

2. 地基承载力特征值按深层平板载荷试验确定时 η_d 取 0；

3. 含水比是指土的天然含水率与液限的比值；

4. 大面积压实填土是指填土范围大于两倍基础宽度的填土。

7.4.3 按土的抗剪强度指标计算地基承载力

实践证明，地基从开始出现塑性区到整体破坏，相应的基础荷载有一个相当大的变化范围，地基中出现小范围的塑性区对安全并无障碍，而且相应的荷载与极限荷载相比，一般仍有足够的安全度。因此，《建筑地基基础设计规范》GB 50007 采用塑性临界荷载的概念，并参考普朗特尔、太沙基的极限承载力公式规定了按地基土抗剪强度指标确定地基承载力特征值的方法。当偏心距 e 小于或等于 0.033 倍基础底面宽度时，根据土的抗剪强度指标确定地基承载力特征值时可按下式计算，并应满足变形要求：

$$f_a = M_b \gamma b + M_d \gamma_0 d + M_c c_k \tag{7-30}$$

式中 f_a——由土的抗剪强度指标确定的地基承载力特征值（kPa）；

M_b、M_d、M_c——承载力系数，按表 7-8 确定；

b——基础底面宽度（m），大于 6m 时按 6m 取值，对于砂土，小于 3m 时按 3m 取值；

c_k——基底下 1 倍短边宽深度内土的黏聚力标准值（kPa）；

其他符号同前。

M_b、M_d、M_c 地基承载力系数 **表 7-8**

φ_k(°)	M_b	M_d	M_c	φ_k(°)	M_b	M_d	M_c
0	0	1.00	3.14	22	0.61	3.44	6.04
2	0.03	1.12	3.32	24	0.80	3.87	6.45
4	0.06	1.25	3.51	26	1.10	4.37	6.90
6	0.10	1.39	3.71	28	1.40	4.93	7.40
8	0.14	1.55	3.93	30	1.90	5.59	7.95
10	0.18	1.73	4.17	32	2.60	6.35	8.55
12	0.23	1.94	4.42	34	3.40	7.21	9.22
14	0.29	2.17	4.69	36	4.20	8.25	9.97
16	0.36	2.43	5.00	38	5.00	9.44	10.80
18	0.43	2.72	5.31	40	5.80	10.84	11.73
20	0.51	3.06	5.66	-			

注：φ_k 为基底下 1 倍短边宽深度内土的内摩擦角标准值。

7.4.4 岩石地基承载力特征值的确定

岩石地基承载力特征值，可按岩基载荷试验方法确定。对完整、较完整和较破碎的岩石地基承载力特征值，可根据室内饱和单轴抗压强度按式（7-31）计算。

$$f_a = \psi_r f_{rk} \tag{7-31}$$

式中 f_a——岩石地基承载力特征值（kPa）；

f_{rk}——岩石饱和单轴抗压强度标准值（kPa）；

ψ_r——折减系数。根据岩体完整程度以及结构面的间距、宽度、产状和组合，由地区经验确定。无地区经验时，对完整岩体可取 0.5；对较完整岩体可取 0.2～0.5；对较破碎岩体可取 0.1～0.2。

对破碎、极破碎的岩石地基承载力特征值，可根据地区经验系数取值，无地区经验系数，可根据平板载荷试验确定。

思 考 题

7-1 进行地基基础设计时，地基必须满足哪些条件？为什么？

7-2　地基剪切破坏的类型有哪些？其中整体剪切破坏时的过程和特征如何？

7-3　什么是地基临塑荷载？临塑荷载如何计算？

7-4　什么是地基的临界荷载？它在工程中有何实际意义？怎样利用地基临界荷载确定地基承载力？

7-5　什么是地基的极限荷载？常用的计算极限荷载的公式有哪些？地基极限荷载可否作为地基的承载力？

7-6　按理论公式计算地基极限承载力的安全系数的意义是什么？

7-7　什么是地基承载力？有哪几种确定方法？各适用于什么情况？

习　题

7-1　某条形基础，宽度 $b=3\text{m}$，埋置深度 $d=2.0\text{m}$，地基土重度 $\gamma=19\text{kN/m}^3$，$c=10\text{kPa}$，$\varphi=20°$，试用理论公式分别计算地基的 p_{cr} 和 $p_{1/4}$。

[答案：$p_{cr}=172.81\text{kPa}$，$p_{1/4}=202.15\text{kPa}$]

7-2　某条形基础，宽度 $b=3\text{m}$，基础埋深 $d=2.0\text{m}$，基底面以上为人工填土，重度 $\gamma=19\text{kN/m}^3$，$c=10\text{kPa}$，$\varphi=20°$，地下水位位于地面以下 2m 处，基底面以下为粉质黏土，饱和重度为 $\gamma_{sat}=195\text{kN/m}^3$，试用承载力系数表格法分别计算地基的 p_{cr} 和 $p_{1/4}$。

[答案：$p_{cr}=172.88\text{kPa}$，$p_{1/4}=187.56\text{kPa}$]

7-3　一方形基础，受垂直中心荷载作用，基础宽 $b=3\text{m}$，基础埋深 $d=2.5\text{m}$，地基土重度 $\gamma=18\text{kN/m}^3$，$c=10\text{kPa}$，$\varphi=5°$，试按太沙基公式计算地基极限承载力 p_u。

[答案：$p_u=217.13\text{kPa}$]

7-4　某办公楼的独立基础受中心荷载作用，设计基础宽度 $b=5.0\text{m}$，基础埋深 $d=1.5\text{m}$，地基为坚硬黏土，$\gamma=18.0\text{kN/m}^3$，$\varphi=22°$，$c=15\text{kPa}$，若基础呈整体破坏，试按太沙基公式计算地基承载力特征值 f_a（安全系数 $K=3$）。

[答案：$f_a=281.03\text{kPa}$]

7-5　某承受中心荷载的柱下独立基础，基础底宽 $b=8\text{m}$，埋深 $d=3.0\text{m}$，地基土为粉土，重度 $\gamma=17.8\text{kN/m}^3$，摩擦角标准值 $\varphi_k=22°$，$c_k=1.2\text{kPa}$，试确定地基承载力特征值 f_a。

[答案：$f_a=201.80\text{kPa}$]

7-6　拟在某细砂地基上建 6 层教学楼，地基土的重度 $\gamma=19\text{kN/m}^3$，该细砂地基的平板载荷试验结果如表 7-9 所示，试验采用正方形承压板，边长为 0.7m，已知该教学楼基础底面为 30m×12m 的筏板基础，埋深 4.8m，试根据荷载试验 $s/b=0.015$ 确定修正后的地基承载力特征值 f_a。

[答案：$f_a=484.1\text{kPa}$]

平板载荷试验数据　　**表 7-9**

p(kPa)	50	75	100	125	150	175	200	250	300
s(mm)	4.20	6.44	8.61	10.57	14.10	17.05	21.07	31.46	49.10

码 7-6　第 7 章习题参考答案

第 8 章　边坡稳定性分析

8.1　概述

码 8-1　边坡

土坡是指具有倾斜坡面的土体，它的外形与各部分名称如图 8-1 所示。土坡可根据形成原因的不同，分为天然土坡与人工土坡。天然土坡指由于自然地质作用所形成的土坡，如山坡、江河湖海的岸坡、山麓堆积的坡积层等。人工土坡指由于人工开挖、回填而形成的坡面，如基坑、渠道、土坝、路堤等的边坡。

由于土坡表面倾斜，在土体重量以及渗透力等周围外力作用下，土体内部将会出现剪应力，若剪应力超过土体的抗剪强度，将会发生剪切破坏。如果坡面内剪切破坏的面积较大，则会发生一部分土体相对于另一部分土体的滑动，这一现象称为滑坡，即土坡由于丧失稳定而滑动。

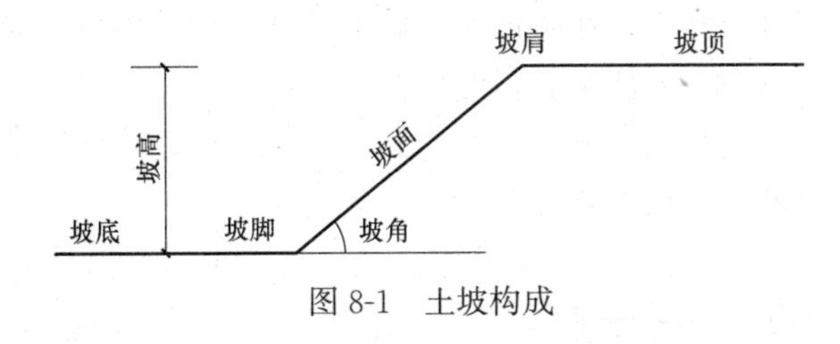

图 8-1　土坡构成

滑坡并不是瞬间完成的，它的形成需要一段较长的时间。大致可分为三个阶段，分别是蠕动变形、滑动破坏与渐趋稳定。在蠕动变形阶段，土坡中的一部分开始产生微小的位移，逐渐在坡顶出现拉裂缝，裂缝随时间不断扩张，而坡脚附近的底面则将出现较大的侧向位移并微微隆起，随着裂缝宽度的不断扩大以及坡脚侧向位移的增加，土体开始沿着一个滑动面急剧下滑，产生较大危害。蠕动变形阶段在三个阶段中持续时间较长，同时也是最先出现的阶段。在滑动破坏阶段，滑坡体迅速移动，在遇到缓坡后滑动速度减缓，趋于稳定。

滑坡的分类方式较多，按照滑坡体的厚度可分为浅层滑坡（$<$6m）、中层滑坡（6～20m）与深层滑坡（$>$20m）。若按照滑动面的形状则可分为圆弧滑动面滑坡、折线滑动面滑坡与复合滑动面滑坡。按发生滑坡的力学条件可分为牵引式滑坡与推力式滑坡。

土坡滑动失稳的原因一般有以下两类：

（1）外界力的作用破坏了土体内的原始应力平衡状态。如路堑或基坑的开挖，使得地基自身的重力发生变化，从而改变了土体原始的应力平衡状态；此外，当路堤的填筑或土坡面上有外荷载作用，例如堆料、车辆荷载时，土坡内部的应力状态也将发生改变；并且地震作用、土中的渗流力或邻近打桩施工扰动等外界作用，也都会破坏土体原有的应力平衡状态，导致土坡坍塌。

（2）土的抗剪强度由于受到外界各种因素的影响而降低，使得土坡发生失稳破坏。例如由于外界气候、温度等自然条件的变化，使土体产生干湿循环、体积收缩膨胀、冻结、融化等现象时，都会导致土体强度降低；土坡受到因施工引起的振动，如打桩、爆破等，以及地震作用时，也会引起土的液化或触变，使土体强度降低。

土坡稳定分析属于土力学中的稳定问题，影响土坡的稳定有多种因素，包括土坡的边界条件、土质条件和外界条件等，具体表现在以下方面：

1. 边坡失稳的内部因素

（1）土坡的土质条件：即土的物理力学性质。土的力学性质越好，土坡越趋于稳定。

（2）土坡所处的地质地形条件：当斜坡上堆有较厚的土层时，较易在交界面上发生滑动。

（3）土坡的几何条件：土坡的高度越高，土坡越容易失稳。坡度越陡，土坡的稳定性也越差。

2. 边坡失稳的外部因素

（1）气候条件：持续的降雨或地下水渗透，会导致土体的含水率升高，土质变软，强度降低；同时，渗入的水体将增加土的重度，并升高土的孔隙水压力，使土体同时受到动、静水压力作用，促使土体失稳。

（2）振动作用：地震或施工打桩、爆破都会对土体产生振动作用，导致邻近土坡产生变形或失稳现象。特别对于砂土，在施加振动后极易产生液化现象，而黏性土在受到振动时其内部结构也会受到影响，内部抗剪强度降低。

（3）人为影响：将开挖基坑、道路产生的弃土、建筑垃圾等堆积于坡顶附近，或在斜坡上堆放大量重物，也极易导致土体变形，引发滑坡。

8.2 无黏性土边坡稳定分析

无黏性土指的是由粗粒土堆积而成的土坡，滑动面一般为浅层平面型滑动，稳定性分析方法较为简单，可按照滑动摩擦理论进行分析。

8.2.1 无渗流作用时的无黏性土边坡

无渗流作用的无黏性土边坡可分为均质干坡与水下坡，指的是由无黏性土组成，分别处于非浸水状态或完全浸水状态下的边坡。这两种情况下，只要坡面上土颗粒在重力作用下能够保持稳定，整个边坡就是稳定的。

码 8-2 无黏性土边坡稳定性分析

如图 8-2 所示为一均质无黏性土边坡，坡角为 α，土的内摩擦角为 φ，从坡面上任取一侧面竖直、底面与坡面平行的土单元体，假定不考虑单元体两侧应力对稳定性的影响。设该单元体的自重为 W，其法向分力 $N=W\cos\alpha$，切向分力 $T=W\sin\alpha$。由于无黏性土的黏聚力为 0，所以将由法向分力产生的摩擦阻力来阻止土体下滑，称为抗滑力，其值为 $T_{\mathrm{f}}=N\tan\varphi=W\cos\alpha\tan\varphi$。而切向分力 T 将促使土体下滑，称为滑动力 T，则土体的稳定安全系数 K 为：

$$K=\frac{T_{\mathrm{f}}}{T}=\frac{W\cos\alpha\tan\varphi}{W\sin\alpha}=\frac{\tan\varphi}{\tan\alpha} \tag{8-1}$$

由式（8-1）可知，对于均质无黏性土边坡，边坡稳定性不受土的重度、坡高影响，只要坡角 α 小于土的内摩擦角 φ，土坡就将保持稳定。当 $\alpha=\varphi$ 时，$K=1$，即其抗滑力等于滑动力，土坡处于极限平衡状态，此时 α 称为自然休止角。为了使土坡有足够的安全储备，工程上一般要求 $K\geqslant1.25\sim1.30$。

码 8-3 有渗流作用无黏性土边坡稳定性分析

8.2.2 有渗流作用时的无黏性土边坡

在工程中经常遇到土坡内、外存在水位差，例如基坑排水、坡外水位下降等，这样的水位变化将对土坡产生不利影响，导致其稳定性因受到渗流力作用而降低。

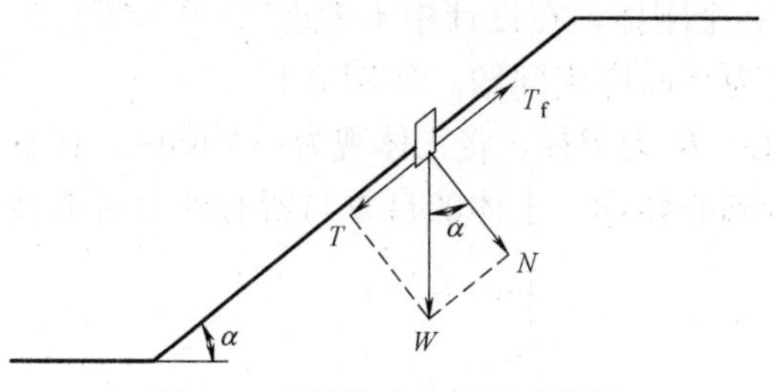

图 8-2 无黏性土边坡受力分析

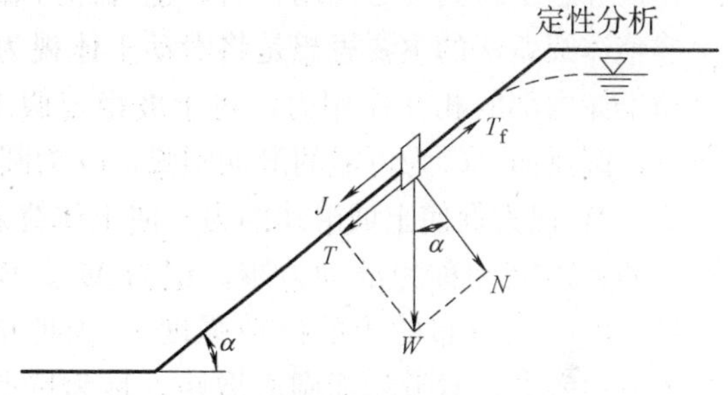

图 8-3 有渗流作用时无黏性土边坡受力分析

如图 8-3 所示，若水流在溢出段顺坡流动，则溢出处的渗流方向与坡面平行，此时使土体下滑的剪切力变为：

$$T+J=G\sin\alpha+J$$

土体单元的抗剪力变为 $T_f=W\cos\alpha\tan\varphi$，由于土体单元位于水位线下，所以自重按浮重度计算，并且在计算中将水头损失 $i=\sin\alpha$ 纳入考虑范围中，因此安全系数变为：

$$K=\frac{T_f}{J+T}=\frac{W\cos\alpha\tan\varphi}{J+W\sin\alpha}=\frac{\gamma'\cos\alpha\tan\varphi}{i\gamma_w+\gamma'\sin\alpha}=\frac{\gamma'\tan\varphi}{\gamma_{sat}\tan\alpha} \tag{8-2}$$

式中 γ'——土的浮重度（kN/m^3）；

γ_w——水的重度（kN/m^3）；

γ_{sat}——土的饱和重度（kN/m^3）。

将式（8-2）与没有渗流作用的式（8-1）相比，安全系数 K 相差 γ'/γ_{sat} 倍，此值接近于 1/2。因此，当坡面有顺坡渗流作用时，无黏性边坡的安全系数将会降低近一半。若要保持同样的安全度，与没有渗流作用时相比，有渗流溢出的坡角更加平缓。

8.3 黏性土边坡稳定分析

黏性土边坡的剪切破坏滑动面大多数情况下都是曲面，并且在滑动破坏发生前会出现张拉裂缝，在裂缝不断扩张后，整个土体沿着一个曲线发生整体滑动。如果在坡面上取一薄片土体进行稳定性分析，由于其厚度是一个微量，因此该土体重量与由土体重量而产生的滑动力也是一个微量。在抗滑力中，虽然摩擦力是微量，但因为黏聚力具有一定面积，故不将其也视为微量。因此，土体的稳定安全系数将会较大，不会沿着边坡表面滑动，危险滑动面将会出现在土体内部区域。由土体的极限平衡理论可以得出，均质黏性土边坡的滑动面为对数螺旋线曲面，形状类似于圆柱面，而在断面上接近圆弧形。而通过观察现场滑坡体断面形状发现，实际断面与圆弧相近。因此在理论分析中，经常将这一滑动面近似假定为一圆弧面，简称为滑弧。以这一假定为基础的土坡稳定性分析方法称为圆弧滑动法，其可分为整体圆弧法、瑞典条分法与毕肖普法。

8.3.1 整体圆弧法

码 8-4 圆弧滑动面法

1915 年瑞典彼得森（K. E. Petterson）开始用圆弧滑动法分析边坡的稳定性，这种方法在经瑞典的费伦纽斯（W. Fellenius，1927）研究改进之后在世界各国得到广泛应用，所以也可称为瑞典圆弧法。

整体圆弧法的主要思想是将滑动土体视为一个刚体，在设计中不考虑滑动土体内部的相互作用力，将土坡稳定假定为平面应变问题。如图 8-4 所示，圆弧面 AC 为可能的滑动圆弧，O 为圆心，R 为半径，将土体视为一个刚体，将土体重力 W 视为促使土坡滑动的力，使土体绕着圆心转动。土体的自重与所有外力对滑动圆心的力矩之和称为滑动力矩，记为 M_s；而沿着圆弧面上分布的土的抗剪强度 τ_f 为抵抗土体滑动的力，对滑动面圆心取矩，称为抗滑力矩，记为 M_R，二者分别为：

$$M_s = W \cdot x$$

$$M_R = \tau_f LR$$

图 8-4 整体圆弧滑动受力分析

式中 W——滑动土体的重力（kN）；

x——W 对圆心 O 点的力臂（m）；

τ_f——土的抗剪强度（kPa）；

L——滑动面圆弧长（m）；

R——滑动圆弧面的半径（m）。

取抗滑力矩与滑动力矩比值作为土坡的稳定安全系数 K，即：

$$K = \frac{M_R}{M_s} = \frac{\tau_f LR}{W \cdot x} \tag{8-3}$$

当 $\varphi = 0$ 时，$\tau_f = c$，此时式（8-3）变为：

$$K = \frac{M_R}{M_s} = \frac{cLR}{W \cdot x} \tag{8-4}$$

当 $\varphi > 0$ 时，可使用瑞典条分法、毕肖普法等方法求解土坡的稳定性。

8.3.2 瑞典条分法（费伦纽斯法）

码 8-5 瑞典条分法

对于外形较为复杂，同时又包含多土层的土坡，对滑动土体进行受力分析较为困难，也很难确定滑动土体的重量以及重心位置，另外圆弧滑动面上土的抗剪强度也不尽相同，因此不能使用式（8-3）直接计算土的稳定安全系数。针对这个问题，费伦纽斯提出了一种名为条分法的解决方法。条分法的主要思想是将圆弧滑动面上的滑动土体按竖直方向划分为若干个竖直土条，将每一个土条都视为刚体，分别进行受力分析，求出各土条底面上的滑动力与抗滑力，再求解整个滑动土体的稳定安全系数。在此过程中，假定作用于土条侧面上的水

平力 H 与竖向力 V 都是平衡力。瑞典条分法是使用时间最长，并且也最简单、最实用的条分法，同时也可称为费伦纽斯法。

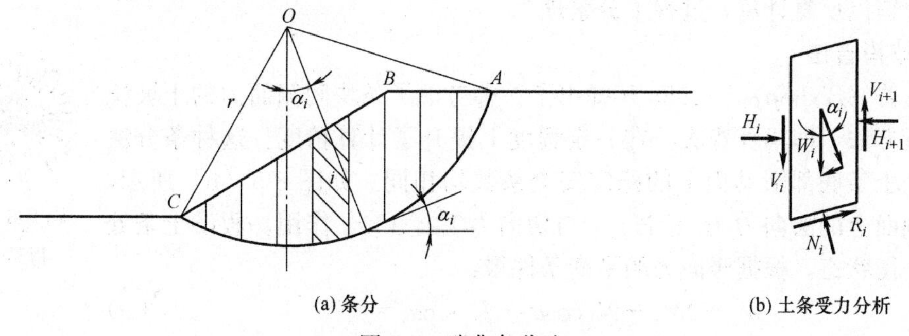

图 8-5　瑞典条分法

如图 8-5 所示，AC 为假定滑动面，滑弧圆心为 O，半径为 r，将滑动土体划分为 n 个竖直土条，对其中任一土条 i 作受力分析。由于假定作用于土条两侧的条间力均为平衡力，大小相等，方向相反，作用于同一直线上，相互抵消，因此不会影响刚体的平衡，可以不考虑其影响。此时土条还受自重 W_i，滑动面上的法向支持力 N_i 与摩擦阻力 R_i 作用。若将土条滑弧段切线与水平面的夹角设为 α_i，同时也是土条中心线与该处半径的夹角，则重力的切向分力为 $W_{ti}=W_i\sin\alpha_i$，法向分力为 $W_{ni}=W_i\cos\alpha_i$。同时法向的支持力 N_i 与重力的法向分力 W_{ni} 二者方向相反，大小相等。将摩擦阻力 R_i 记为抗滑力，假定各土条的稳定安全系数与土坡整体稳定安全系数相等，都记为 K，则可通过抗剪强度除以稳定安全系数来计算摩擦阻力 R_i，即 $R_i=(c_il_i+N_i\tan\varphi_i)/K$，其中 l_i 为土条 i 的滑弧长度。而滑动力 T_i 等于重力的切向分力 W_{ti}。

土条所受的三个力中，只有自重 G_i 与滑动面上的摩擦阻力 R_i 会对圆心 O 产生力矩作用，而法向支持力 N_i 过圆心 O 点，不产生力矩。再结合整体力矩平衡条件可得：

$$\sum R_ir-\sum T_ir=0 \tag{8-5}$$

将 $T_i=W_{ni}=W_i\sin\alpha_i$，$N_i=W_i\cos\alpha_i$，$R_i=(c_il_i+N_i\tan\varphi_i)/K$ 代入式（8-5）得：

$$K=\frac{\sum W_i\cos\alpha_i\tan\varphi_i+\sum c_il_i}{\sum W_i\sin\alpha_i} \tag{8-6}$$

式中　l_i——土条 i 的滑弧长度（m）；

c_i——土条 i 滑动面所在土层的黏聚力（kPa）；

φ_i——土条 i 滑动面所在土层的内摩擦角（°）。

若对于均质土的各个土条，其强度指标相等，则式（8-6）可简化为：

$$K=\frac{\tan\varphi\sum W_i\cos\alpha_i+cL}{\sum W_i\sin\alpha_i} \tag{8-7}$$

式中　L——滑弧长度（m）。

以上为费伦纽斯法，当考虑滑动面上的孔隙水压力 u 时，应使用有效应力法。此时采用有效应力抗剪强度指标 c_i' 与 φ_i'，稳定安全系数为：

$$K=\frac{\sum(W_i\cos\alpha_i-u_il_i)\tan\varphi_i'+\sum c_i'l_i}{\sum W_i\sin\alpha_i} \tag{8-8}$$

需要注意的是，由于滑动面是任意假定的，可能并不是最危险的滑动面，所以以上几个式子计算得出的安全系数 K 也不一定是土坡的真实安全系数。真正的滑动面，即最危险滑动面对应于最小安全系数 $K_{\min}$ 的滑动面。而为了求得 K_{mm}，往往需要假设一系列滑动面，并辅以反复计算，过程十分繁琐。

8.3.3 毕肖普法

码 8-6 毕肖普法

毕肖普（Bishop）于 1955 年提出了一种考虑了条块间侧面力的土坡稳定性分析方法，即毕肖普法，在一定程度上提升了计算精度。这种条分法假定每个土条底部滑动面上的稳定安全系数均相同。如图 8-5（b）所示，土条受侧面上的法向力 H_i、H_{i+1} 与切向力 V_i、V_{i+1} 作用。假设土条处于静力平衡状态，根据竖向力的平衡条件得：

$$W_i+\Delta V_i-N_i\cos\alpha_i-R_i\sin\alpha_i=0 \tag{8-9}$$

其中 $\Delta V_i=V_{i+1}-V_i$，土条滑动面上的抗滑力 R_i 为：

$$R_i=\frac{N_i\tan\varphi_i+c_il_i}{K} \tag{8-10}$$

将式（8-10）代入式（8-9）可得：

$$N_i=\frac{1}{m_{\alpha_i}}\left(W_i+\Delta V_i-\frac{c_il_i\sin\alpha_i}{K}\right) \tag{8-11}$$

其中 $$m_{\alpha_i}=\cos\alpha_i+\frac{\sin\alpha_i\tan\varphi_i}{K}$$

考虑到滑动土体整体力矩平衡，各土条的作用力对圆心的力矩之和为零，即

$$\sum T_ir-\sum R_ir=0 \tag{8-12}$$

将式（8-10）、式（8-11）代入式（8-12）并整理可得：

$$K=\frac{\sum\frac{1}{m_{\alpha_i}}[c_ib_i+(W_i+\Delta V_i)\tan\varphi_i]}{\sum W_i\sin\alpha_i} \tag{8-13}$$

其中 b_i 为土体宽度，取 $b_i=l_i\cos\alpha_i$。

总应力分析的简化毕肖普法公式为：

$$K=\frac{\sum\frac{1}{m_{\alpha_i}}(c_ib_i+W_i\tan\varphi_i)}{\sum W_i\sin\alpha_i} \tag{8-14}$$

式（8-14）中的参数 m_{α_i} 包含有稳定安全系数 K，无法直接去除稳定安全系数，应采用试算法，具体步骤为先假定 $K_1=1.0$，用此值计算出参数 m_{α_i} 的值，再代入式（8-14）求解 K_2，如此反复迭代计算，直至 $K_1\approx K_{i+1}$，二者近似相等为止。

8.3.4 费伦纽斯法确定最危险滑动面圆心

土坡稳定分析的过程中需要假定一系列滑动面，并计算这些滑动面的稳定安全系数，其中最小安全系数对应的滑动面称为最危险滑动面。最危险滑动面的圆心位置以及半径的确认过程十分繁琐，需要大量计算才能完成。费伦纽斯通过计算，提出了确定最危险滑动面圆心的经验方法，该方法流传广泛，至今仍被使用。该方法可简要概括为以下步骤：

（1）当土的内摩擦角 $\varphi=0$ 时，费伦纽斯提出此时土坡的最危险圆弧滑动面经过坡脚，如图 8-6 所示。再由坡脚 B 与坡顶 C 分别做直线 BD 与 CD，二者分别与坡顶以及水

平面成β_1与β_2角，将这两条直线交点记为D，即滑弧面圆心。β_1与β_2都与土坡坡角β有关，可从表 8-1 中查得。

β_1与β_2数值 表 8-1

土坡坡度(竖直：水平)	坡角β	β_1	β_2
1：0.58	60°	29°	40°
1：1	45°	28°	37°
1：1.5	33°41′	26°	35°
1：2	26°34′	25°	35°
1：3	18°26′	25°	35°
1：4	14°02′	25°	37°
1：5	11°19′	25°	37°

(2) 当土的内摩擦角$\varphi>0$时，费伦纽斯提出此时最危险滑动面也通过坡脚，其圆心位于ED的延长线上，如图 8-6 所示。并且圆心D点的位置会随着φ的增大而不断上移。E点的位置由坡脚B点向下竖直移动H、向右水平移动$4.5H$得到。计算时，可从D点向外在ED的延长线上取若干个试算圆心O_1，O_2，O_3，…，通过坡脚B分别做圆弧滑动面，并求出对应的滑动稳定安全系数K_1，K_2，K_3，…，以此绘制成K值曲线，求得最小安全系数值$K_{\min}$，其相应的圆心便是最危险滑动面圆心O_m。但是真正的最危险滑动面圆心可能并不在ED或其延长线上，这时可以通过圆心O_m作DE线的垂线FG，在FG线上再取几个点O_1'，O_2'，O_3'，…，作为试算圆心，再计算出一系列相应的滑动稳定安全系数K_1'，K_2'，K_3'，…，绘制相应的安全系数K'值曲线。从中选出最小安全系数的$K_{\min}'$，此值对应的圆心O点即最危险滑动面的圆心。

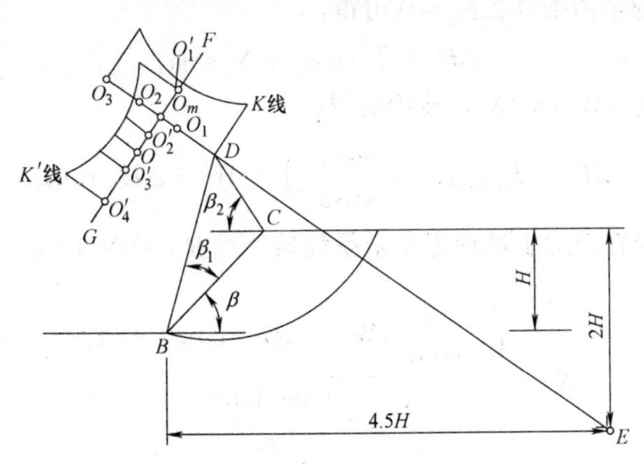

图 8-6 确定最危险滑动面圆心的位置

从上述步骤可以看出，虽然费伦纽斯法已将最危险滑动面的圆心位置缩小至一定范围，但其实际计算量还是很大。同时，假如实际的地基土层力学性质与填土相比更为软弱，或填土种类不一，强度各不相同时，最危险滑动面有可能不经过坡脚。此时就要使用其他方法来寻找最危险滑动面位置，相应的计算量也会有一定的增加。随着近些年来计算机技术与岩土工程的相结合，可以使用多种非数值方法来寻找最危险滑动面以及最小安全系数，例如随机搜索法、遗传算法、蒙特卡洛法等。

8.4 非圆弧滑动面土坡稳定分析

在实际工程中往往会遇到土坡存在明显的软弱夹层或在层面倾斜的岩面上构筑土堤、开挖时遇到裂隙较多的岩土体等情况，滑动面受到这些夹层或硬层的影响将呈现出非圆弧的形状。此时以圆弧滑动面作为前提的瑞典法与毕肖普法都不再适用，需要使用其他非圆柱滑动面分析方法。

8.4.1 简布（Janbu）条分法

简布条分法是普遍条分法的一种，可适用于各种滑动面，特别是不均匀土体的情况。在简布条分法的分析中，每个土条都满足全部的静力平衡条件与极限平衡条件，并且简布条分法在求解时会给出两个假定条件：

码 8-7 简布条分法

（1）与毕肖普的假定相同，认为滑动面上的切向力 T_i 等于滑动面上土体的抗剪强度 τ_{fi}，即 $T_i=\tau_{fi}l_i=(N_i\tan\varphi_i+c_il_i)/K$。

（2）假定土条两侧法向力的作用点位置已知。经分析表明，作用点位置对土坡稳定安全系数的影响较小，故通常假定其作用点在土条底面以上 1/3 高度处。

从图 8-7（a）所示的滑动土体中取出任意条块 i 进行静力分析，土条 i 所受作用力及其作用点如图 8-7（b）所示，由静力平衡条件 $\sum F_z=0$ 可得：

$$N_i\cos\alpha_i+T_i\sin\alpha_i=W_i+\Delta H_i$$

整理后得：

$$N_i=\frac{W_i+\Delta H_i-T_i\sin\alpha_i}{\cos\alpha_i} \tag{8-15}$$

由水平方向力的平衡条件 $\sum F_x=0$ 可得：

$$\Delta P_i=T_i\cos\alpha_i-N_i\sin\alpha_i \tag{8-16}$$

将式（8-15）代入式（8-16），整理后得：

$$\Delta P_i=T_i\left(\cos\alpha_i+\frac{\sin^2\alpha_i}{\cos\alpha_i}\right)-(W_i+\Delta H_i)\tan\alpha_i \tag{8-17}$$

结合之前已推导得出的土坡稳定安全系数的公式 $R_i=(N_i\tan\varphi_i+c_il_i)/K$，可得：

$$R_i=\frac{\frac{1}{K}\left[\frac{1}{\cos\alpha_i}(W_i+\Delta H_i)\tan\varphi_i+c_il_i\right]}{1+\frac{\tan\alpha_i\tan\varphi_i}{K}} \tag{8-18}$$

将式（8-18）代入式（8-17），整理后得：

$$\Delta P_i=\frac{1}{K}\frac{\sec^2\alpha_i}{1+\frac{\tan\alpha_i\tan\varphi_i}{K}}[c_il_i\cos\alpha_i+(W_i+\Delta H_i)\tan\alpha_i]-(W_i+\Delta H_i)\tan\alpha_i \tag{8-19}$$

如图 8-8 所示，作用在条块侧面的法向力 P_i，显然有 $P_0=0$，$P_1=\Delta P_1$，$P_2=P_1+\Delta P_2=\Delta P_1+\Delta P_2$，以此类推，可得：

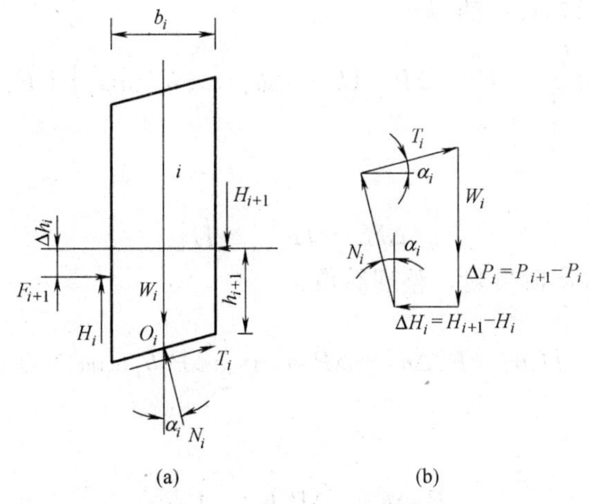

图 8-7　简布法条块作用力

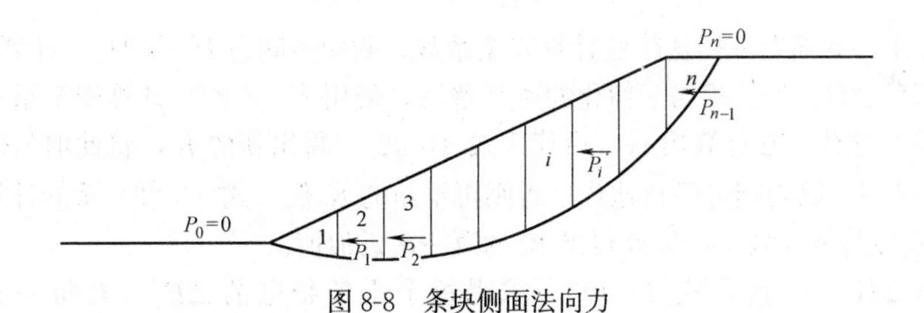

图 8-8　条块侧面法向力

$$P_i=\sum_{j=1}^{i}\Delta P_i \tag{8-20}$$

假设土条的总数为 n，则有：

$$P_i=\sum_{j=1}^{i}\Delta P_i=0 \tag{8-21}$$

将式（8-19）代入式（8-21），整理后得：

$$K=\frac{\sum[c_i l_i\cos\alpha_i+(W_i+\Delta H_i)\tan\alpha_i]\dfrac{\sec^2\alpha_i}{1+\tan\alpha_i\tan\varphi_i/K}}{\sum(W_i+\Delta H_i)\tan\alpha_i}$$

$$=\frac{\sum[c_i l_i\cos\alpha_i+(W_i+\Delta H_i)\tan\alpha_i]\dfrac{1}{m_{\alpha_i}\cos\alpha_i}}{\sum(W_i+\Delta H_i)\tan\alpha_i} \tag{8-22}$$

比较毕肖普公式（8-13）与简布公式（8-22），能够发现二者十分相似，但仍有一定差别。前者是以滑动面为圆弧形，并且滑动土体满足整体滑动力矩条件为前提推导得到，而简布公式则是以力的多边形闭合与极限平衡条件为前提，从 $P_n=0$ 中推导得到。可以看到在式（8-22）中，ΔH_i 是待定的未知量。在毕肖普公式中直接假设 $\Delta H_i=0$，从而得到了简化的毕肖普公式。而在简布法中则是利用土条的力矩平衡条件求解 ΔH_i，将作用于土条上的力对土条滑弧段中点 O 取矩，并且力矩之和为零，即 $\sum M=0$。而在土条所受作用力中，重力 W_i、滑弧段作用力 N_i 与 T_i 均通过滑弧圆心 O 点，不产生力矩。而条块间力的作用点位置已确定，所以：

$$H_i \frac{b_i}{2}+(H_i+\Delta H_i)\frac{b_i}{2}-(P_i+\Delta P_i)\left(h_i+\Delta h_i-\frac{1}{2}b_i\tan\alpha_i\right)+P_i\left(h_i-\frac{1}{2}b_i\tan\alpha_i\right)=0 \tag{8-23}$$

其中

$$\Delta H_i=H_{i+1}-H_i \tag{8-24}$$

将式（8-23）略去高阶微量，整理后得：

$$H_i b_i-P_i\Delta h_i-\Delta P_i h_i+\frac{1}{2}\Delta P_i b_i\tan\alpha_i=0 \tag{8-25}$$

由上式得：

$$H_i=\frac{P_i\Delta h_i}{b_i}+\frac{\Delta P_i h_i}{b_i}-\frac{1}{2}\Delta P_i\tan\alpha_i \tag{8-26}$$

求解以上公式需要使用迭代法计算安全系数、侧向条间力 P_i 与 H_i，计算步骤如下：

（1）假设 $\Delta H_i=0$，相当于简化的毕肖普法，使用式（8-22）计算安全系数。此时将 K 设为 1 进行迭代，在计算出 m_{α_i} 后代入式（8-22），得出新的 K，将此值与假定值作比较，若相差在 5%以内则可停止迭代。否则再将新的 K 代入式（8-22）重新计算，直至得出的 K 与假定值相差较小，以此得出 K 的第一次近似值。

（2）将 $\Delta H_i=0$ 代入式（8-19），求得每个土条相应的 ΔP_i（对每一土条，从 1 到 n）。

（3）由式（8-20），求得土条间的法向力（对每一土条，从 1 到 n）。

（4）将 P_i 和 ΔP_i 代入式（8-24）与式（8-26），求解土条间的切向作用力 H_i（对每一土条，从 1 到 n）以及 ΔH_i；

（5）将 ΔH_i 重新代入式（8-26），迭代计算出新的稳定安全系数 K。

假如 $|K_{i+1|-K_i}>\Delta$（Δ 为规定的稳定安全系数计算精度），需要按步骤（2）～（5）再次计算，直至 $|K_{i+1}-K_i|\leqslant\Delta$，此时 K 即假定滑动面的稳定安全系数。通过假定不同的滑动面进行计算，找出稳定安全系数最小的滑动面，其对应的稳定安全系数就是土坡真正的安全系数。

8.4.2 不平衡推力传递法

不平衡推力法也称为传递系数法或剩余推力法，这种方法计算简单，广泛适用于土质与岩质边坡，并且滑动面的形状不限。

码 8-8 不平衡推力传递法

1. 基本假设和受力分析

山区一些边坡常覆盖在起伏变化的岩基面上，边坡失稳往往沿着这些分界面发生，形成折线滑动面。对于岩质边坡，滑动面沿断层或裂隙发生时形成的折线滑动面，也可采用不平衡推力传递法进行分析。

按折线滑动面将滑动土体分为数个土条，并且假定条块间力的合力与上一条块底面平行，这样能够确定条块间力的作用方向，同时也能够减少 $n-1$ 个未知量，如图 8-9 所示。根据每个条块的平衡条件，逐条向下推求，直到最后一个土条的推力为零。

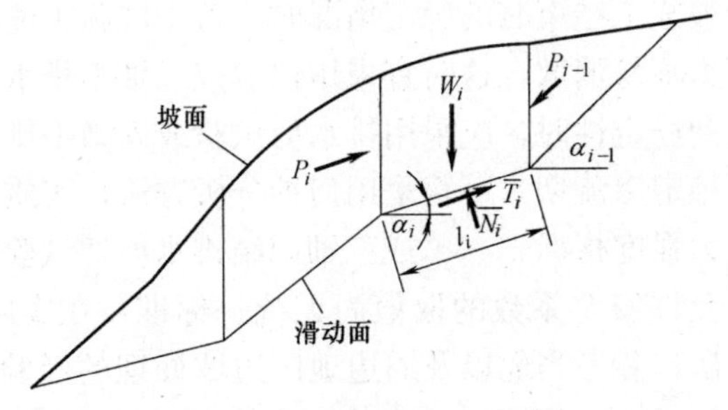

图 8-9 不平衡推力法示意图

2. 计算公式推导

取任一土条，根据垂直与平行于土条的底面上力的平衡公式得：

$$N_i - W_i \cos\alpha_i - P_{i-1}\sin(\alpha_{i-1}-\alpha_i)=0 \tag{8-27}$$

$$T_i + P_i - W_i \sin\alpha_i - P_{i-1}\cos(\alpha_{i-1}-\alpha_i)=0 \tag{8-28}$$

根据安全系数定义与摩尔-库仑破坏准则得：

$$T_i=\frac{c_i l_i + N\tan\varphi_i}{K} \tag{8-29}$$

联合解式（8-27）～式（8-29），消去 T_i 与 N_i，整理得：

$$P_i = W_i\sin\alpha_i - \left(\frac{c_i l_i + W_i\cos\alpha_i\tan\varphi_i}{K}\right) + P_{i-1}\psi_i \tag{8-30}$$

式中，ψ_i 为传递系数，表达式为：

$$\psi_i=\cos(\alpha_{i-1}-\alpha_i)-\frac{\tan\varphi_i}{K}\sin(\alpha_{i-1}-\alpha_i) \tag{8-31}$$

3. 计算步骤

当使用不平衡推力法计算时，假定 $K=1$，随后从坡顶第一个条块开始逐条向下推求 K，推至最后一个土条的推力 P_n，此时 P_n 须为零，否则需要重新假定 K 进行试算。而抗剪强度指标 c、φ 值可根据土的性质与当地经验，采用试算与滑坡反算结合的方法确定。同时，因为土条之间不能承受拉应力，所以如果任何土条的推力 P_i 出现负值，此 P_i 不再向下传递，而对下一土条取 $P_{i-1}=0$。这种方法也常用来按照假定的安全系数反推各个土条与最后一个土条承受的推力大小，以便确定是否需要或设计挡土建筑物。

8.5 关于土坡稳定性分析的几个问题

8.5.1 土的抗剪强度指标与安全系数的选用

在进行黏性土边坡的稳定性分析时，不仅要求提出适合的计算方法，更要关注怎样选取土的抗剪强度指标及设定恰当的安全系数。因为土坡稳定分析成果是否可靠在很大程度上取决于填土与地基的抗剪强度的正确。而采用不同的试验方法及试验仪器得到的抗剪强度指标会有较大差异，对于同一个土坡，选用不同的条件下得到的土的抗剪强度指标进行计算，将会得到完全不同的结果。

在实践中，应结合土坡的实际加载情况、填土性质以及排水条件等，选用最合适的抗剪强度指标。在验算土坡施工结束时的稳定情况时，若土坡施工速度较快，填土的渗透性较差，则土中孔隙水压力不易消散，这时宜采用快剪或三轴不排水剪试验指标，用总应力法分析。如验算土坡长期稳定性时，应采用排水剪试验或固结不排水剪试验强度指标，用有效应力法分析。对于稳定渗流期，不管采用何种分析方法，实质上均属于有效应力分析的范畴，应采用有效应力强度指标 c'、φ' 或三轴固结排水剪切试验强度指标。

目前对于土坡稳定允许安全系数的取值尚无统一标准，在实际工程中应根据计算方法、强度指标的测定方法，参考当地以及周边地区边坡处理的经验综合选定。《建筑边坡工程技术规范》GB 50330—2002 规定一～三级边坡的稳定安全系数为 1.20～1.35。

8.5.2 土坡稳定的允许高度

《建筑地基基础设计规范》GB 50007—2011 规定：边坡的坡度允许值应该结合当地以及周边地区经验，参照同类土层稳定坡度来确定，当土质良好且均匀时，可按表 8-2 确定。

土质边坡的坡度允许值 **表 8-2**

土的类别	密实度或状态	坡度允许值(高宽比)	
		坡高在 5m 以内	坡高为 5～10m
碎石土	密实	1∶0.50～1∶0.35	1∶0.75～1∶0.50
	中密	1∶0.75～1∶0.50	1∶1.00～1∶0.75
	稍密	1∶1.00～1∶0.75	1∶1.25～1∶1.00
黏性土	坚硬	1∶1.00～1∶0.75	1∶1.25～1∶1.00
	硬塑	1∶1.25～1∶1.10	1∶1.50～1∶1.25

注：1. 表中碎石土的充填物为坚硬或硬塑状态的黏性土；
2. 对于砂土或充填物为砂土的碎石土，其边坡坡度允许值按自然休止角确定。

8.5.3 坡顶开裂时的稳定计算

如图 8-10 所示，在黏性路堤的坡顶附近，由于土体的收缩与张力作用可能会发生裂缝，地表水或雨水渗入裂缝后，将会产生一定的静水压力 $P_w=\frac{\gamma_w h_0^2}{2}$，它将促使土体发生滑动，在土坡稳定分析中应纳入考虑范围。

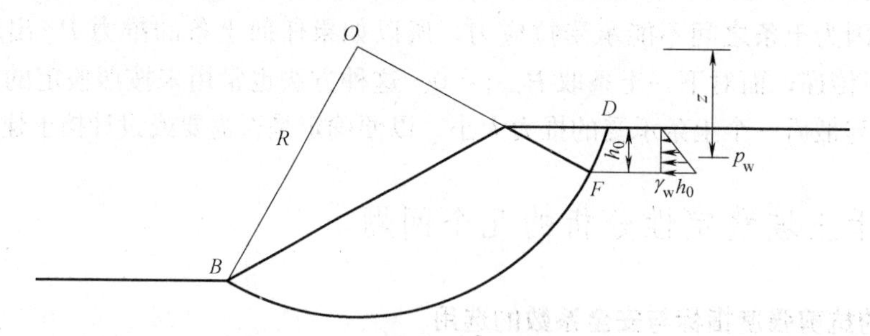

图 8-10 土坡坡顶开裂时稳定计算图示

坡顶裂缝开展深度 h_0 可近似按黏性填土挡土墙墙顶产生的拉力区高度公式计算：

$$h_0=\frac{2c}{\gamma\tan\left(45°-\frac{\varphi}{2}\right)}=\frac{2c}{\gamma\sqrt{K_a}} \tag{8-32}$$

式中 K_a——朗肯主动土压力系数。

裂缝中因为积水产生的静水压力 P_w 对于最危险滑动面圆心 O 的力臂为 z。在按前述各种方法分析土坡稳定时，不能忽略 P_w 所引起的滑动力矩。同时土坡滑动面的弧长也将由 BD 缩短至 BF。假如坡顶出现裂缝将会对土体稳定产生一定影响，应使用黏土等材料进行封闭，阻止地表水的渗入，以免对土坡稳定产生不良影响。

8.5.4 土中水渗流时的土坡稳定性

当河滩路堤两侧水位不同时，水将由水位较高的一侧向较低的一侧渗流。有时河滩与沿河路堤的水位会在缓慢上涨后急剧下降，此时路堤内的水将向外渗流。边坡内水的渗流所产生的渗流力 D 的方向指向边坡，它将会对边坡稳定产生不良影响。如图 8-11 所示，土坡内水将由于水位突然下降而向外渗流。已知的浸润线（渗流水位线）为 efg。当用条分法分析土体稳定时，土条 i 的重力按 W_i 计算，在浸润线以下的部分应当考虑水的浮力作用，因此采用浮重度代替，渗流力 D 计算式为：

$$D = G_D A = i\gamma_w A \tag{8-33}$$

式中 G_D——作用于单位体积土体上的渗流力（kN/m^3）；

γ_w——水的重度（kN/m^3）；

A——滑动土体在浸润线以下部分的面积（$fgBf$）（m^2）；

i——面积（$fgBf$）范围内的水头梯度平均值，可以假设 i 等于浸润线两端 fg 连线坡度。渗流力 D 的作用点在 $fgBf$ 形心，其作用方向假定与 fg 线平行，D 对滑动面与圆心 O 的力臂为 r。在考虑渗流力后，进行土坡稳定安全系数计算时需将渗流力 D 引起的滑动力矩 rD 加入总滑动力矩中。以毕肖普条分法为例，土坡稳定安全系数的计算式为：

$$K = \frac{\sum_{i=1}^{n} \frac{1}{m_{\alpha_i}}(c_i b_i + W_i \tan\varphi_i)}{\frac{r}{R}D + \sum_{i=1}^{n} W_i \sin\alpha_i} \tag{8-34}$$

有效应力的计算式可以写为：

$$K = \frac{\sum_{i=1}^{n} \frac{1}{m'_{\alpha_i}}(c'_i b_i + W_i \tan\varphi'_i)}{\frac{r}{R}D + \sum_{i=1}^{n} W_i \sin\alpha_i} \tag{8-35}$$

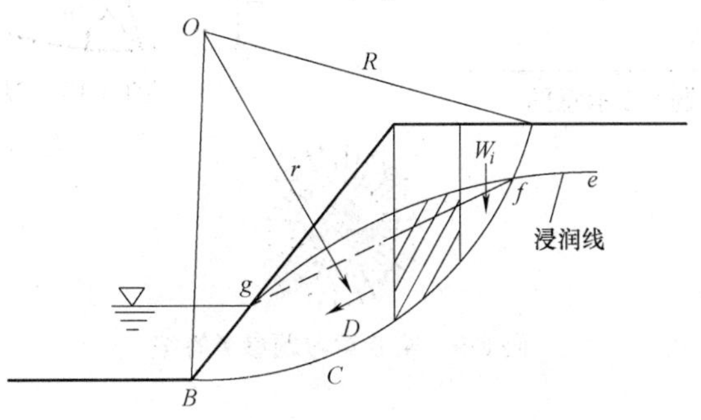

图 8-11 水渗流时的土坡稳定计算

思 考 题

8-1 影响土坡稳定性因素有哪些？

8-2 无黏土坡滑动面与黏性土坡滑动面有什么区别？

8-3 无黏性土坡的自然休止角的含义是什么？

8-4 影响无黏性土坡稳定性的因素有哪些？

8-5 简述条分法的基本原理与计算步骤。

8-6 整体圆弧法、瑞典条分法、简化毕肖普法有哪些异同？

8-7 费伦纽斯法如何确定土坡最危险滑动面圆形？

8-8 进行土坡稳定性分析时，应如何选取土的抗剪强度指标及稳定安全系数？

习 题

8-1 一均质无黏性边坡，其饱和重度 $\gamma_{sat}=19.5\text{kN/m}^3$，$\varphi=\varphi'=30°$，要求该边坡的安全系数为1.25，问：(1) 在干坡时坡角 α 应取多少？(2) 完全浸水时坡角 α 应取多少？(3) 坡面有顺坡渗流时坡角 α 应取多少？

［参考答案：(1) $\alpha=25.5°$；(2) $\alpha=25.5°$；(3) $\alpha=13.2°$］

8-2 有一开挖边坡，土的物理性质指标为 $\gamma=18.9\text{kN/m}^3$，$\varphi'=10°$，$c'=11.6\text{kPa}$。若取稳定安全系数为1.5，试求：(1) 将坡角设为 $\alpha=60°$时，边坡的最大高度为多少？(2) 若挖方开挖高度为6m，坡角 α 最大为多少？

［参考答案：(1) 2.91m；(2) $\alpha=31°$］

8-3 某基坑深度 $H=8\text{m}$，放坡开挖，坡角 $\varphi'=10°$，土的物理性质指标为 $\gamma=19\text{kN/m}^3$，$\varphi_u=0°$，$c_u=40\text{kPa}$。试用瑞典圆弧法计算如图8-12所示圆弧的稳定安全系数。

［参考答案：$K=1.62$］

8-4 一均质黏性边坡，高15m，坡比为1∶2，土的物理性质指标为 $\gamma=19\text{kN/m}^3$，$\varphi=8°$，$c=40\text{kPa}$，试按照费伦纽斯法确定其最危险滑动面圆心的位置。

［参考答案：$x=12.86$，$y=24.84$］

*8-5 试用条分法计算如图8-13所示边坡的稳定安全系数。

［参考答案：$K=1.55$］

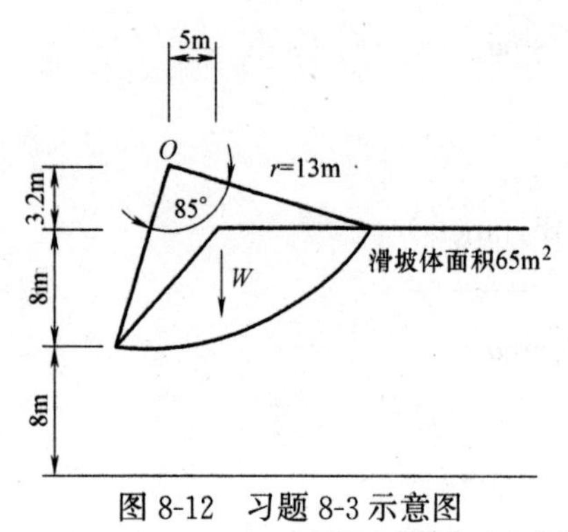

图8-12 习题8-3示意图

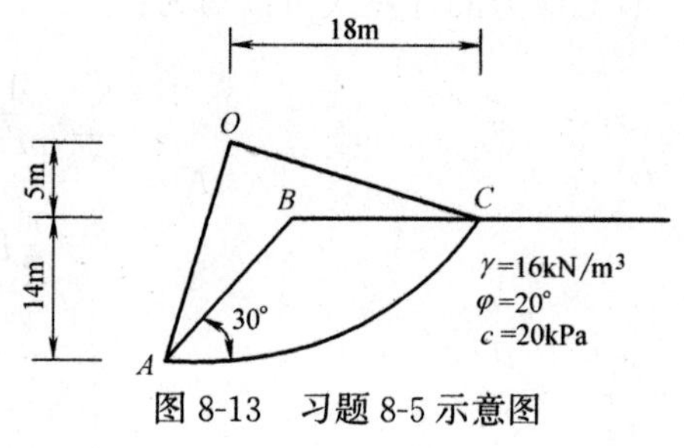

图8-13 习题8-5示意图

码8-9 第8章习题参考答案

参考文献

［1］ 中华人民共和国国家标准. 建筑地基基础设计规范 GB 50007—2011［S］. 北京：中国建筑工业出版社，2012.

［2］ 中华人民共和国国家标准. 岩土工程勘察规范 GB 50021—2001［S］. 北京：中国建筑工业出版社，2002.

［3］ 中华人民共和国国家标准. 土工试验方法标准 GB/T 50123—1999［S］. 北京：中国计划出版社，1999.

［4］ 中华人民共和国行业标准. 公路桥涵地基与基础设计规范 JTG 3363—2019［S］. 北京：人民交通出版社，2019.

［5］ 中华人民共和国行业标准. 公路土工试验规程 JTG E40—2007［S］. 北京：人民交通出版社，2007.

［6］ 李广信，张丙印，于玉贞. 土力学（第 2 版）［M］. 北京：清华大学出版社，2013.

［7］ 刘松玉. 土力学（第三版）［M］. 北京：中国建筑工业出版社，2020.

［8］ 陈希哲. 土力学地基基础（第 5 版）［M］. 北京：清华大学出版社，2013.

［9］ 张怀静. 土力学［M］. 北京：机械工业出版社，2011.

［10］ 张向东. 土力学（第 2 版）［M］. 北京：人民交通出版社，2011.

［11］ 袁聚云，钱建固，张宏鸣，等. 土质学与土力学［M］. 北京：人民交通出版社，2015.

［12］ 张春梅. 土力学［M］. 北京：机械工业出版社，2012.

［13］ 建筑地基基础设计规范理解与应用（第二版）编委会. 建筑地基基础设计规范理解与应用［M］. 北京：中国建筑工业出版社，2012.

参考文献

[1] 中华人民共和国国家标准．建筑地基基础设计规范（GB 50007—2011）[S]．北京：中国建筑工业出版社，2011.

[2] 中华人民共和国国家标准．岩土工程勘察规范（GB 50021—2001）[S]．北京：中国建筑工业出版社，2002.

[3] 中华人民共和国国家标准．土工试验方法标准（GB/T 50123—1999）[S]．北京：中国计划出版社，1999.

[4] 中华人民共和国行业标准．公路桥涵地基与基础设计规范（JTG 3363—2019）[S]．北京：人民交通出版社，2019.

[5] 中华人民共和国行业标准．公路土工试验规程（JTG E40—2007）[S]．北京：人民交通出版社，2007.

[6] [illegible]．土力学（第2版）[M]．北京：清华大学出版社，2016.

[7] [illegible]．土力学（第2版）[M]．北京：中国建筑工业出版社，[illegible].

[8] [illegible]．土力学地基基础（第5版）[M]．北京：清华大学出版社，2020.

[9] [illegible]．土力学 [M]．北京：机械工业出版社，2011.

[10] [illegible]．土力学（第2版）[M]．北京：人民交通出版社，2010.

[11] 袁聚云，钱建固，张宏鸣，等．土质学与土力学 [M]．北京：人民交通出版社，2009.

[12] [illegible]．土力学 [M]．北京：机械工业出版社，2011.

[13] [illegible]．[illegible]．北京：中国建筑工业出版社，[illegible].